纤维增强复合材料约束混凝土柱的受压性能研究

胡　波　著　　　导师　王建国

合肥工业大学出版社

图书在版编目(CIP)数据

纤维增强复合材料约束混凝土柱的受压性能研究/胡波著.—合肥:合肥工业大学出版社,2016.10

ISBN 978-7-5650-3052-9

Ⅰ.①纤… Ⅱ.①胡… Ⅲ.①纤维增强混凝土—钢筋混凝土柱—受力性能—研究 Ⅳ.①TU375.3

中国版本图书馆CIP数据核字(2016)第262060号

纤维增强复合材料约束混凝土柱的受压性能研究

胡 波 著　王建国 导师　责任编辑 权 怡　责任校对 黄芸梦

出 版	合肥工业大学出版社	版 次	2015年12月第1版
地 址	合肥市屯溪路193号	印 次	2016年6月第1次印刷
邮 编	230009	开 本	710毫米×1010毫米 1/16
电 话	编校中心:0551-62903210	印 张	13
	市场营销部:0551-62903198	字 数	193千字
网 址	www.hfutpress.com.cn	印 刷	合肥现代印务有限公司
E-mail	hfutpress@163.com	发 行	全国新华书店

ISBN 978-7-5650-3052-9　定价:28.00元

摘　要

纤维增强复合材料(约束)混凝土柱的受压性能作为基本的力学性能,是FRP加固混凝土柱技术应用的关键基础问题。本书对FRP约束混凝土柱受压性能的三个热点问题:FRP约束混凝土柱的轴压性能、FRP约束钢筋混凝土柱的偏压性能和FRP-混凝土-钢混合双管柱的轴压性能进行了较为深入的研究。本书的主要研究工作和成果如下:

(1)通过理论分析和回归分析,提出了轴压下FRP约束圆形和矩形截面混凝土应力-应变关系的统一计算模型。统一模型计算曲线与试验曲线吻合较好。建议先判别试件的强弱约束,再选取相应的混凝土本构关系模型,对FRP采用分层壳体模拟,建立了用于模拟FRP约束混凝土柱轴压过程的数值计算模型。数值模型计算结果与试验结果吻合良好。

(2)对已有的FRP约束混凝土柱强度和极限应变模型进行了收集和评估。评估结果表明,已有模型对强度的预测要好于对极限应变的预测。已有模型中,Campione模型对圆形截面强约束试件和矩形截面弱约束试件强度的预测较准确;De Lorenzis模型对圆形截面试件极限应变的预测较准确。在保持Campione强度模型和De Lorenzis极限应变模型准确性的基础上,考虑截面有效约束影响,提出了预测更为准确且计算简便的强度和极限应变模型。

(3)针对FRP约束钢筋混凝土柱的特点,对通常的钢筋整体式法进行了改进,建立了用于模拟FRP约束钢筋混凝土柱偏压过程的数值计算模型。数值模型计算结果与试验结果吻合较好。基于数值计算模型的数值试验的结果表明,柱中部受压区混凝土的最大应力和最大应变都与混凝土的强度和FRP的约束作用有关,此外最大应变还与试件的偏心率和长细比成反比。在数值模拟研究的基础上,提出了承载力的计算模型,包括分析模型和设计模型。分析模型和设计模型计算结果与数值计算结果以及试验结果均吻合良好。在设计模型的基础上，提出了承载力-弯矩关系简化计算模型。

(4)在平面应变条件下，建立了轴压下FRP与钢双管约束混凝土应力-应变关系的理论分析模型。理论模型计算曲线与试验曲线吻合较好。针对FRP管不同的制作方式建议选取不同的单元模拟FRP管，提出了用于模拟FRP-混凝土-钢混合双管柱轴压过程的数值计算模型。数值模型计算结果与试验结果吻合良好。对数值计算结果的分析表明，FRP-混凝土-钢混合双管短柱存在三种破坏类型。最后对不同加载方式下FRP-混凝土-钢混合双管柱的轴压性能进行了理论分析。

关键词：FRP；混凝土柱；轴心受压；偏心受压；应力-应变关系；数值模拟

Abstract

Fiber reinforced polymer/plastic (FRP) composite materials have been widely used forstructural rehabilitation and strengthening, especially in the aspect of upgrading concrete columns. As a basic mechanical performance, compressive behavior of FRP-confined concrete columns is of crucial importance. In this thesis, the compressive behavior of three major concrete columns confined with FRP is investigated in detail, which includes behavior of FRP-confined concrete columns under axial compression, behavior of FRP-confined reinforced concrete (RC) columns under eccentric compression and behavior of FRP-concrete-steel hybrid double-skin tubular columns under axial compression.

The major contributions of the work presented in this thesis are listed as follows:

(1) A unified model for stress-strain relationship of circular and rectangular concrete confined with FRP under axial compression is proposed based on theoretical analysis and regression analysis. The theoretical curves are in good agreement with the experimental curves. A finite element model (FEM) for simulating the behavior of FRP-confined concrete columns under axial compression is proposed based on selecting different concrete constitutive model according to different confinement level and using layered shell to simulate FRP. The numerical results are in good agreement with the experimental results.

(2) Extensive collection and evaluation of existing strength and ultimate strain models for concrete columns confined with FRP are presen-

ted. The results show that the prediction for strength is more accurate than the prediction for ultimate strain. Among these existing models, the prediction of Campione's strength model for circular specimens with strain-hardening and rectangular specimens with strain-softening are more accurate, and the prediction of De Lorenzis's ultimate strain model for circular specimens are more accurate. Based on maintaining the accuracy of Campione's strength model and De Lorenzis's ultimate strain model and considering the effectiveness of confinement caused by cross-section, improved models for predicting strength and ultimate strain are proposed. The comparison with experimental results and existing models shows that the proposed models are more accurate, simpler and more convenient.

(3)A FEM is proposed to simulate the behavior of eccentrically loaded FRP-confined RC columns based on the modified integrated model for steel reinforcement. The numerical results are in good agreement with experimental results. The results of numerical test based on the proposed numerical model show that the maximum stress and strain of concrete in compressive side of mid-section are related to concrete strength and confinement caused by FRP, and additionally, the maximum strain is inversely proportional to eccentricity-to-section height ratios and length-to-section height ratios. Based on numerical simulation study, an analytical model and a design model are proposed to predict the axial force. Comparisons between predicted and numerical results, predicted and experimental results demonstrate the accuracy and validity of the proposed analytical and design models. A simplified model for axial force-bending moment relationship is proposed based on the design model.

(4)In plane strain conditions, a theoretical model for stress-strain relationship of concrete confined with FRP and steel double-skin tubes under axial compression is proposed. The theoretical curves are in good agreement with the experimental curves. A FEM for simulating the behavior of FRP-concrete-steel hybrid double-skin tubular columns under axial compression is proposed based on selecting different element type to simulate FRP tube with different production process. The numerical results are in good agreement with the experimental results. The numerical results show that there are three damage types with FRP-concrete-steel double-skin tubular short columns. Finally, the mechanical analysis for FRP-concrete-steel double-skin tubular columns under different loading methods is presented.

Keywords: FRP; concrete columns; axial compression; eccentric compression; stress-strain relationship; numerical simulation

目　　录

第一章 绪 论

1.1 研究背景

美国 Northridge 地震(1994 年)和日本 Kobe 地震(1995 年)中建筑物和桥梁的表现说明了老旧的钢筋混凝土结构的易坏性,然而对性能不足的结构进行完全的重建将会超出社会所能承受的能力,对已建结构的性能进行修复、对在建和未建结构的设计进行改进则是可行的选择。

近年来,纤维增强复合材料 FRP(Fiber Reinforced Polymer/Plastic)的轻质高强、耐腐蚀、施工方便等优越性能被工程界逐渐认可,开始以各种形式应用于各类土木与建筑结构工程中。目前工程结构中常用的 FRP 主要为碳纤维(Carbon Fiber)、玻璃纤维(Glass Fiber)和芳纶纤维(Aramid Fiber)增强的树脂基体,分别简称为 CFRP、GFRP 和 AFRP。对钢筋混凝土建筑物和桥梁来说,大多数结构的破坏是由于柱的设计不足(比如横向钢筋缺乏或塑性铰区域纵向钢筋拼接较差等)引起的,使用 FRP 约束混凝土柱可以有效地解决这个问题。

FRP 约束混凝土柱目前主要存在两种应用方式:一是使用 FRP 布或板缠绕在混凝土柱外形成 FRP 布约束混凝土柱,这种技术主要用于结构柱的加固和修复,如美国的 Texas Hamilton 饭店的部分柱结构加固、日本的 Shinmiya 桥的桥柱加固等;二是使用预制 FRP 管环绕混凝土柱或将混凝土注入预先制成的 FRP 管内形成 FRP 管约束混凝土柱,其中前者用于结构柱的加固和修复,后者已逐渐成为一种新的结构柱形式,如美国的 I－5/Gilman 桥的三角形桥塔就是采用这种形式的结构柱等。随着 FRP 约束混凝土柱的技术在世界各地的推广和发展，对FRP修复和加固性能不足的混凝土柱的应用研究也在不断深入。

1.2 FRP对性能不足的混凝土柱修复和加固的应用研究

在结构工程中使用FRP的初衷就是对受损构件进行修复和加固，近年来对受损柱修复和加固的研究仍在不断深入。2004年，Tastani等[1]对已加速电化学腐蚀的钢筋混凝土柱外包FRP布后进行了轴压试验，结果表明，不管FRP缠绕多少层、属于什么类型，都能有效地减小锈蚀的影响，柱的强度和延性都得到显著提高；CFRP修复的柱强度更高，GFRP修复的柱延性更好。2006年，Saenz等[2]将FRP约束混凝土柱短期和中期暴露在三种环境下后进行了轴压试验，结果表明经过室内、盐水中冻融循环和室外三种环境后，FRP约束混凝土的应力-应变关系没有发生根本性的变化。同年，Green等[3]对经受低温、冻融循环、钢筋锈蚀和暴露火中的FRP布约束圆形截面混凝土柱进行了轴压试验，试验发现，低温下混凝土中孔隙水冻结使柱的强度增大；只要在浇注时对混凝土进行适当的引气，冻融循环就不会使柱的强度降低很多；由于柱完全被FRP布包裹，减少了水和氧的渗透从而可以降低已锈蚀钢筋的锈蚀速率；如果提供合适的绝热材料，FRP布约束的柱可以达到4小时耐火等级要求。2007年，Belarbi等[4]将FRP布约束混凝土柱暴露在不同环境下后进行了轴压试验，结果表明冻融循环会少许地提高破坏荷载和塑性段刚度，但是冻融循环会引发FRP的断裂，最终使钢筋锈蚀而导致混凝土柱剧烈破坏；综合环境条件循环对CFRP布约束混凝土柱的强度没有明显影响，对GFRP布约束混凝土柱的强度有显著影响，其破坏荷载下降很大；盐水湿干循环后对GFRP布约束混凝土柱有显著影响，其破坏荷载和延性下降明显，CFRP布约束混凝土柱的破坏荷载只有少许下降；对钢筋已锈蚀的FRP布约束混凝土柱，由于内部裂缝的发展，破坏荷载和弹性段刚度都会降低。2007年，Tao等[5]对暴露在火中受损的钢管混凝土柱缠绕CFRP修复之后进行了轴压试验，结果表明随着CFRP层数的增加，柱的承载力和侧向刚度增大，延性降低；FRP对圆形截面柱的约束在提高承载力方面比对方形截面柱更有效。同年，Tao 等[6]对暴露在火中受损的钢管混凝土柱缠绕 CFRP 修复之后进行了轴压和偏压试验，结果表明，经过修复的试件承载能力得到提高但不能完全恢复到受损前状态，经过修复的长柱延性明显提高；随着偏心率和长细比的增大，由 FRP 约束产生的强度提高幅度在减小。2008 年，El Maaddawy 等[7]对受锈蚀的钢筋混凝土方柱（柱宽 125mm，柱长 1200mm）使用 CFRP 布包裹后进行了偏压试验，结果表明，偏心率为 0.3 和 0.43 时，完全 CFRP 布约束钢筋混凝土柱的强度比未受锈蚀钢筋混凝土柱分别高 40％和 60％，偏心率为 0.57 和 0.86 时，分别只高 8％和 5％；偏心率为 0.3 时，完全 CFRP 布约束钢筋混凝土柱的强度比部分 CFRP 布约束钢筋混凝土柱高 8％，偏心率更大时，两者强度没有明显差异。同年，Tao 等[8]对暴露在火中受损的钢管混凝土柱缠绕 CFRP 修复之后进行了水平反复加载试验，结果表明，用 CFRP 修复的试件比未作处理的受损试件的延性和刚度都有较大地提高，且滞回环饱满；随着 CFRP 层数的增加，修复过的试件的承载力和刚度增大，延性也有少许增大。同年，Ji 等[9]对暴露在火中 4 分钟、8 分钟和 12 分钟的 3 组圆形 FRP 管约束混凝土柱进行了轴压试验，结果发现暴露在火中对圆形 FRP 管约束混凝土柱强度的降低有很大影响，暴露在火中 8 分钟树脂完全燃烧并碳化，暴露在火中 12 分钟 FRP 管基本丧失对混凝土的约束作用。

在试验和理论研究的基础上，学者们还提出了一些新的加固方法。1997 年，Xiao 等[10]提出了使用多层预制复合壳对圆形混凝土柱进行加固（如图 1－1 所示），这种方法采用玻璃纤维与抗腐蚀聚酯树脂相结合进行环向加固。外包壳可被连续地制作成一个多层卷筒，或被切割成单个的单层筒形薄壳。在柱的加固过程中，外包壳被展开并环绕固定于柱上，然后使用聚氨酯胶粘剂将外包壳各层粘贴在柱上并形成一个套管。每个筒形薄壳的接口不是对接的而是交错的，以避免薄弱接口的集中。此外，Mortazavi 等[11]（2003 年）建议在对混凝土包裹之前先对 FRP 进行预张拉；Xiao 等[12]（2003 年）建议在塑性铰处用钢板等材料进行再加固。

由于 FRP 对方形和矩形截面混凝土柱约束的有效性不如对圆形截面混凝土柱，为了解决这个问题，学者们也建议了一些加固设计方法。Al－Salloum 等[13]（2007 年）建议扩大方形和矩形截面的拐角半径；Wu 等[14]

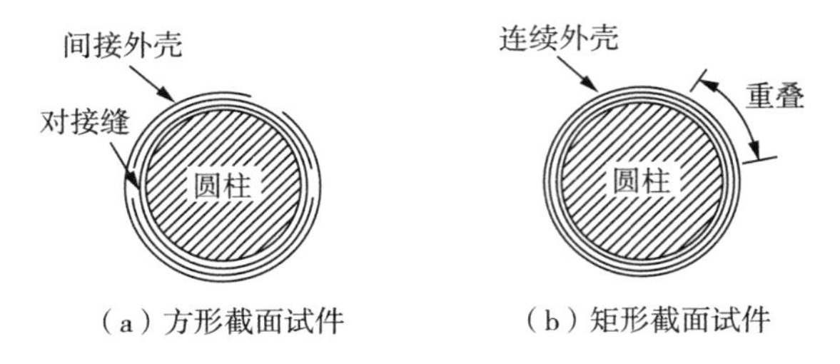

（a）方形截面试件　（b）矩形截面试件

图 1－1　预制型套管[10]

(2008 年)建议在 FRP 布约束矩形截面混凝土柱的塑性铰处植入 FRP 筋。2007 年，Yan 等[15]建议用圆形和椭圆形 FRP 管分别约束方形和矩形截面混凝土柱，在 FRP 管和混凝土之间的空隙注入膨胀水泥浆（如图 1－2 所示），水泥浆膨胀会使 FRP 受张拉，这种对原有横截面形状的修整有效地提高了柱的强度和极限应变。

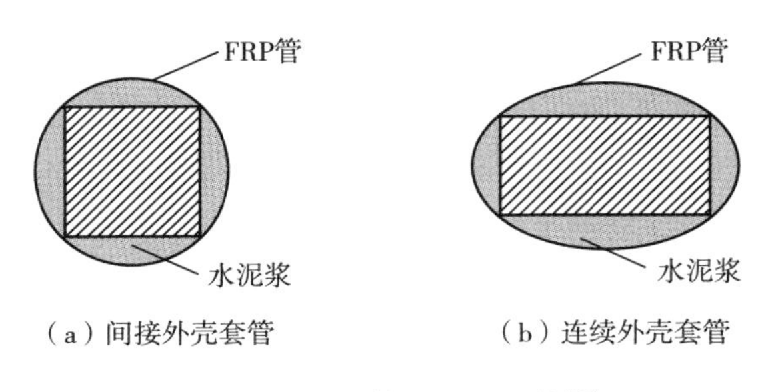

（a）间接外壳套管　（b）连续外壳套管

图 1－2　截面修整后的试件[15]

以上这些方法均可以延缓混凝土的刚度退化，提高柱的延性，但是新的修复和加固设计方法尚未形成规模，还需要更加深入的研究。在工程结构中，柱子的主要作用是承受压力。因此，为了更好地使用 FRP 对性能不足的混凝土柱进行修复和加固，有必要对 FRP 约束混凝土柱的受压性能进行深入研究。

1.3　FRP 约束混凝土柱受压性能的国内外研究现状

1.3.1　轴心受压性能

FRP 布约束混凝土柱的轴压试验早期是针对圆形截面柱的[16]，近几年对这方面的研究仍然在继续。2003年，Harries等[17]对10个FRP布约束圆形截面混凝土短柱进行了轴压试验，试验表明层数增多可以使FRP对混凝土的约束增强，进而使试件极限应力、应变增大。2004年，Lam等[18]对18个FRP布约束圆形截面混凝土短柱进行了轴压试验，研究表明FRP布搭接重叠部分长度对混凝土开裂变形的不一致性有较大影响。2005年，Au等[19]进行了18个FRP布约束圆形截面混凝土短柱的轴压试验，结果表明FRP布缠绕方向和组合次序对混凝土轴压应力-应变关系的影响较大，并发现试件破坏时会出现扭结现象。同年，Berthet等[20]进行了63个FRP布约束圆形截面混凝土短柱的轴压试验，试验发现CFRP布约束圆形截面混凝土短柱的承载力更高，而GFRP布约束圆形截面混凝土短柱的延性更好，并发现随着混凝土强度等级的提高，FRP布对混凝土的约束反而有所减弱。2006年，Chaallal等[21]对16个FRP布约束圆形截面混凝土柱（混凝土强度为15MPa和35MPa）进行了轴压试验，并将试验结果与已报道的应力-应变关系模型及各种设计规范相比较，结果表明对低强度混凝土（20MPa以下），各种模型和规范对柱承载力的预测都偏大。同年，Silva等[22]对13个GFRP布约束圆形截面混凝土短柱进行了轴压试验，研究表明同一长细比的试件，截面直径越小强度越大。同年，Lam等[23]对18个FRP约束圆形截面混凝土短柱进行了轴向加卸压试验，结果发现循环加压、卸压对FRP约束圆形截面混凝土的应力-应变关系影响很小。同年，Shao等[24]对24个FRP约束圆形截面混凝土短柱进行了单轴循环受压试验，考察了FRP类型、FRP厚度和加载制度对混凝土柱受压性能的影响，并在对试验数据回归分析的基础上，提出了FRP约束混凝土在加压、卸压循环作用下的应力-应变关系模型。同年，Li等[25]对不同FRP布缠绕方式下混凝土柱的受压性能进行了试验研究，发现在混凝土达到抗压强度之前，FRP布没有对混凝土产生有效约束，之后有效约束开始产生作用，当轴向应变相当大时有效约束才完全产生作用；FRP布缠绕角度与轴向一致时约束最差，与轴向垂直时约束最强。2009年，Eid等[26]对36个FRP布约束小尺寸圆形截面混凝土柱（柱直径152mm，柱长300mm）和21个FRP布约束较大尺寸圆形截面钢筋混凝土柱（柱直径303mm，柱长1200mm）进行了轴压试验，研究参数包括混凝土强度、钢筋体积率、混凝土保护层厚度以及FRP层数，结果表明在FRP约束混凝土柱中,钢筋的横向作用不可忽视;横向钢筋率越大,柱的强度和延性也越大。同年,Issa 等[27]对 30 个 CFRP 布约束圆形截面混凝土短柱进行了轴压试验,研究表明 CFRP 布越宽柱的强度越大。

随着对轴压 FRP 布约束圆形截面混凝土柱试验研究的深入,一些学者开始对 FRP 布约束方形和矩形截面混凝土柱的轴压性能进行了试验研究。2000 年,Rochette 等[28]对 FRP 布约束圆形、方形和矩形截面混凝土短柱进行了轴压试验,FRP 采用 CFRP 和 AFRP 两种,研究发现对于给定的横向约束,FRP 约束的有效性受截面形状影响。Harries 等[29](2003 年)和 Mukherjee 等[30](2004 年)均对 FRP 布约束圆形和方形截面混凝土短柱的受压性能进行了试验,结果都表明 FRP 布对圆形截面混凝土柱的约束最有效,FRP 布约束方形截面混凝土短柱的极限应力和应变较低,轴压 FRP 布约束方形截面混凝土短柱的破坏主要发生在角部。2006 年,Tastani 等[31]对 15 个 FRP 布约束方形截面钢筋混凝土短柱和 12 个先受压再用 FRP 布约束的方形截面钢筋混凝土短柱进行了轴压试验,试验表明所有试件的承载力和变形能力都得到提高,加载后再用 FRP 布约束的试件的强度提高得更大;FRP 布的脆性断裂主要发生在试件角部,并伴随着纵向钢筋屈曲。同年,Campione 等[32]对 22 个 CFRP 布约束方形截面混凝土短柱进行了轴压试验,针对 FRP 布主要在角部断裂这一特点,采取先对角部局部贴 FRP,再纵向间隔包裹 FRP 长条的方式进行加固,这种方法有效地避免了角部 FRP 布的过早断裂且强度与同层数连续 FRP 布包裹时相差不大。2007 年,Rousakis 等[33]对 92 个 FRP 约束方形截面混凝土短柱进行了轴向加卸压试验,试验发现循环加压、卸压对 FRP 约束方形截面混凝土的应力-应变关系影响很小。同年,Kumutha 等[34]对 GFRP 布约束矩形截面钢筋混凝土短柱进行了轴压试验,截面长宽比包括 1、1.25 和 1.66,试验表明 FRP 布对截面长宽比越接近于 1 的混凝土柱的约束效果越好,承载力也提高得越大。同年,Al-Salloum 等[13]对 10 个 CFRP 布约束混凝土短柱进行了轴压试验,结果表明试件强度与拐角半径成正比。2008 年,Ilki 等[35]对 FRP 布约束钢筋混凝土短柱进行了轴压试验,结果表明 FRP 布的约束作用使低强度混凝土柱的强度和变形显著提高;对中(31MPa)、低(14~16MPa)强度混凝土,圆形截面柱的强度提高得较大,方形和矩形截面柱的变形能力提高得较大。

同年,Wang 等[36]对 72 个 CFRP 约束混凝土短柱进行了轴压试验,研究表明试件承载力与拐角半径比($2r/b$,r 为拐角半径,b 为截面宽度)成正比。2010 年,Turgay 等[37]对 20 个 FRP 布约束方形截面钢筋混凝土柱(柱宽 200mm,柱长 1000mm)进行了轴压试验,研究发现横向钢筋直径越大柱的延性也越大,而纵向钢筋的影响则不明显。

此外,还有一些学者对 FRP 布约束其他截面形式的混凝土柱的轴压性能进行了研究。2002 年,Teng 等[38]对 FRP 布约束横截面长短轴比为 1～5/2 的椭圆形截面混凝土柱进行了轴压试验,试验表明截面长短轴比越大,FRP 对混凝土的约束作用越小。2005 年,Karantzikis 等[39]对 FRP 布约束 L 形截面混凝土短柱进行了轴压试验,建议在 L 形截面混凝土柱的阴角部植入锚钉以提高其抗剪能力。2006 年,Prota 等[40]对 GFRP 布约束墙形钢筋混凝土柱进行了轴压试验。

以上这些试验的试件长细比均较小,少数学者还对 FRP 约束长细比较大的混凝土柱的轴压性能进行了研究。2006 年,Matthys 等[41]对直径 400mm、高 2m 的 FRP 布约束圆形截面混凝土柱进行了轴压试验。2007 年,Pan 等[42]对 FRP 布约束矩形截面钢筋混凝土长柱进行了轴压试验,试验表明长细比、截面形状以及 FRP 对混凝土的约束率是影响长柱稳定性的主要因素,纵向钢筋率影响很小。

从近几年的报道看,对 FRP 布约束混凝土柱的轴压试验研究主要针对圆形、方形和矩形截面的短柱,其他截面类型较少,长柱试验数据较少,试件截面直径大都为 100～200mm,对较大截面柱的受力性能及破坏机理的研究很少。另外有的试验采用的是素混凝土柱,而有的则是钢筋混凝土柱,试件标准并不统一。

相对于 FRP 布约束混凝土柱,FRP 管约束混凝土柱的轴压试验开展得较晚。FRP 管作为约束材料可以减少对钢筋的需要,同时也是模具,因此可节约费用和缩短工期。FRP 管约束混凝土柱的试验研究较早的报道出现于 1995 年,Mirmiran 等[16]对混凝土填充 FRP 管柱进行了试验。相对于 FRP 布约束混凝土柱,对 FRP 管约束混凝土柱轴压试验的报道较少,且多是对圆形 FRP 管约束混凝土柱的研究[43-45],对方形和矩形 FRP 管约束混凝土柱的试验研究却不多[46]。2005 年,Fam 等[47]对矩形 FRP 管约束混凝土短柱进行了轴压试验，不同于钢管的连续性，FRP 管的翼缘和腹板的强度和刚度可以独立设计制作，研究表明矩形 FRP 管对混凝土的约束主要来自角部，对整个横截面加载使 FRP 管截面中部平展部分向外弯曲造成 FRP 管鼓凸，从而减弱了对混凝土的约束，最终以角部 FRP 管断裂的脆性方式破坏。同年，El Chabib 等[48]向 GFRP 管内注入自密实混凝土进行了轴压试验，结果表明这种柱的承载力比 FRP 管约束普通混凝土柱更高，最大的不同出现在应力-应变关系曲线中由线性向非线性过渡的区域，最后 GFRP 管内自密实混凝土发生突然破坏。2008 年，Ozbakkaloglu 等[49]对 FRP 管约束混凝土短柱的受压性能进行了试验，研究表明相似的约束水平下，方形 FRP 管约束混凝土柱的轴压性能要优于矩形 FRP 管约束混凝土柱；拐角半径越大，FRP 管对混凝土的约束越强；极限应变随 FRP 管厚度增加而增大；混凝土强度越大所需要的约束也越强。

还有一种中空截面的混凝土柱也被学者们所关注，使用中空钢筋混凝土柱可以降低结构自量和节约混凝土费用，而且中空钢筋混凝土柱在抵抗地震或其他侧向作用力时，易于形成塑性铰以耗散能量。对 FRP 管约束中空混凝土柱的报道主要集中在对桥墩的研究方面。2008 年，Wong 等[50]对圆形 FRP 管约束中空混凝土短柱进行了轴压试验，试验表明圆形 FRP 管约束中空混凝土的应力-应变关系曲线、变形能力和破坏机制主要依赖于空心率，FRP 管厚度的影响不大，特别是当空心率很大时。

由于开展较晚，对 FRP 管约束混凝土柱轴压性能的研究还没有像对 FRP 布约束混凝土柱那样深入。FRP 管之所以称之为管，是因为它的材料组成可以很复杂、很丰富，FRP 材料本身的各向异性决定了对 FRP 管性能的研究还有待于进一步探索。以上的报道多是针对 FRP 管约束混凝土短柱的，相比于 FRP 布的几乎没有弯曲强度，FRP 管已经具备了一定的抗弯能力，但是 FRP 管的抗弯能力还远低于钢管，这也局限了对 FRP 管约束混凝土中长柱的研究和应用。

1.3.2 应力-应变关系模型

对轴压下 FRP 约束混凝土应力-应变关系的研究一直是一个热点，其曲线如图 1－3 所示。在早期的研究中，Saadatmanesh 等[51]（1994 年）、Seible

等[52](1995 年)直接采用 Mander 等[53]于 1998 年提出的用于钢筋混凝土的应力-应变关系模型。随后的研究表明直接采用该模型并不合适,原因在于 Mander 等[53]提出的模型中,钢筋进入塑性阶段后混凝土的侧限压力被假定是不变的,而 FRP 材料近似弹性,不具有塑性,FRP 的约束使混凝土的侧限压力随轴压变化而变化。随着轴压试验研究的开展和深入,FRP 材料对混凝土约束的特性越来越引起关注[54-59]。近年来,在试验研究的基础上,学者们提出了大量的 FRP 约束混凝土应力-应变关系模型。这些应力-应变关系模型大致可以分为两类:设计模型和分析模型。设计模型是由固定形式的经验公式构成的,分析模型则是通过逐步增量的数值程序计算应力-应变关系。

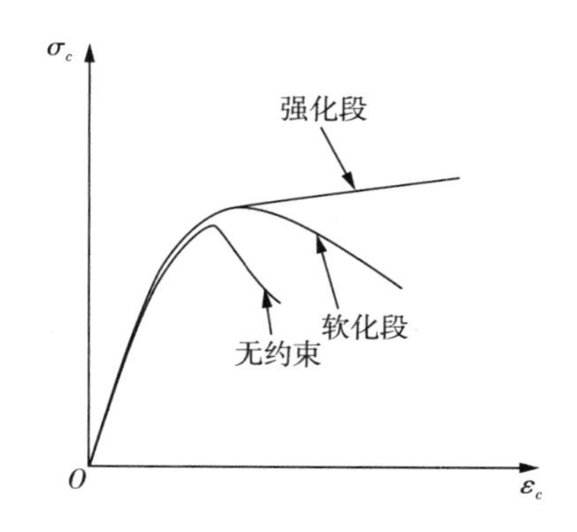

图 1-3 FRP 约束混凝土应力-应变关系曲线

1.3.2.1 设计模型

2003 年,De Lorenzis 等[60]对以往报道的 11 个轴压 FRP 约束圆形截面混凝土应力-应变关系设计模型作了比较,认为在模型中引入侧向应力可以较准确地预测柱的极限承载力,而极限应变则没有被准确预测。同年,Lam 等[61,62]在对试验数据分析的基础上给出了 FRP 布约束圆形和矩形截面混凝土的应力-应变关系模型。同年,Campione 等[63]给出了考虑拐角应力集中降低系数的 FRP 布约束方形截面混凝土应力-应变关系模型。2004 年,Ilki 等[64]在 FRP 布约束矩形截面混凝土柱强度预测中引入了新的截面有效因子。同年,Teng 等[65]在对试验数据分析的基础上给出了 FRP 布约束圆形截面混凝土的应力-应变关系模型。2005 年,敬登虎等[66]在对试验数据分析的基础上，得出了 FRP 约束方形截面混凝土强弱约束临界点计算式，给出了强、弱约束情况下的极限应力、应变回归分析式，提出了 FRP 约束方形截面混凝土的抛物线段加直线段应力-应变关系模型。2006 年，Wu 等[67]在对 300 个试件试验数据分析的基础上，提出了 FRP 布约束圆形截面混凝土应力-应变关系曲线应变硬化和软化的分界值，发现应变硬化时混凝土的极限泊松比趋向一个渐近值，通过计算极限泊松比预测极限应力、应变。同年，Berthet 等[68]对三向受压混凝土采用 Mohr - Coulomb 失效准则，将应力-应变关系曲线分为弹性和塑性两段，根据曲线边界条件确定各段弹性模量，对极限应力、应变采用回归分析得到，给出了 CFRP 和 GFRP 布约束圆形截面混凝土的应力-应变关系模型。同年，Harajli 等[69]考虑 FRP 类型、矩形柱截面长宽比、拐角半径和内部横向钢筋体积率等因素影响，给出了 FRP 约束圆形和矩形截面混凝土的应力-应变关系模型。同年，刘明学等[70]通过分析试验数据和已有模型，考虑纤维特征值、FRP 层合结构以及加载方式的影响，提出了改进的 FRP 约束圆形截面混凝土应力-应变关系模型。同年，吴刚等[71]以 FRP 侧向约束强度与未约束混凝土强度比值来确定 FRP 布约束圆形截面混凝土应力-应变关系曲线中应变是否软化，在对试验数据回归分析的基础上给出了峰值应力、应变以及极限应力、应变计算式，从而确定了有软化段时的应力-应变关系模型。2007 年，Wu 等[72]针对 FRP 布约束方形截面混凝土应力-应变关系曲线有强化和软化之分，通过对试验数据回归分析预测转折点应力、应变，考虑截面形状、拐角半径、混凝土强度、FRP 弹性模量以及混凝土柱是否被 FRP 布完全缠绕等因素影响对 FRP 布约束圆形截面混凝土极限应力、应变进行折减，给出了 FRP 布约束方形截面混凝土的应力-应变关系模型。同年，Sheikh 等[73]使用对钢筋混凝土柱的设计模型设计了 FRP 布约束方形截面混凝土柱。同年，Youssef 等[74]在试验数据分析的基础上得出 FRP 布约束混凝土应力-应变关系曲线弹性和塑性段的转折点和极限破坏点应力、应变回归计算式，对前人提出的混凝土应力-应变关系模型进行改进从而分别得到了 FRP 布约束圆形和矩形截面混凝土的应力-应变关系模型。同年，Pantelides 等[75]基于四参数混凝土应力-应变关系模型，考虑柱截面形式、FRP 布与混凝土之间的黏结以及添加膨胀水泥浆使 FRP 产生后张拉等因素影响，给出了 FRP 布约束不同截面形式混凝土的应力-应变关系模型。2008 年,Rocca 等[76]将国际上各种设计规范中规定的 FRP 约束钢筋混凝土柱强度和极限应变计算公式与试验数据进行比较分析。同年,Vintzileou 等[77]在对试验数据分析的基础上给出了 FRP 布约束混凝土应力-应变关系模型,该模型考虑了 FRP 类型、FRP 约束方式、钢筋约束类型和截面形状等因素。同年,魏洋等[78]在对试验数据分析的基础上,给出了判断 FRP 强、弱约束矩形截面混凝土的界限值,认为在不同的 FRP 约束水平下,可近似认为软化段直线终点均位于通过原点的同一条虚直线上,建议了峰值应力、应变以及软化段直线刚度的计算方法,其应力-应变关系模型可采用二次抛物线加直线来表示。同年,Wang 等[79]将柱内混凝土分为未约束部分、仅 FRP 约束部分和 FRP 与横向钢筋共同约束部分,分别计算各部分承受的荷载,并考虑了纵向钢筋承受的荷载,建立了用于设计 FRP 约束方形和矩形截面钢筋混凝土柱轴压承载力的计算方法。2009 年,Teng 等[80]建议根据约束刚度比来判别 FRP 布约束圆形截面混凝土的强弱曲线,并给出了对文献[61]改进的应力-应变关系模型。同年,Wu 等[81]对已有的预测 FRP 布约束圆形和方形截面混凝土柱强度的模型进行了收集和评估,并给出了计算更准确、形式更统一的强度模型。

1.3.2.2 分析模型

2004 年,Fujikake 等[82]提出了 FRP 约束圆形截面混凝土的正交异性本构模型,采用逐步增量法计算,根据混凝土和 FRP 之间的应力平衡和变形协调关系判断其是否达到极限应力。2005 年,陶忠等[83]针对 FRP 对混凝土的约束为被动约束,对未约束混凝土体积应变计算模型进行了修正,基于已有的固定侧压力作用下混凝土应力-应变关系模型,采用逐步增量法计算 FRP 约束圆形截面混凝土的应力-应变关系。同年,Binici[84]采用 Leon-Pramono 准则确定受约束混凝土弹性极限、极限强度和残余承载力,采用恒定能量失效准则确定下降段,给出了 FRP 约束圆形截面混凝土的轴向和侧向应力-应变关系模型。同年,Luccioni 等[85]基于非耦合弹性假定,将体单元的自由能量密度分为弹性和塑性两部分,提出了 FRP 约束圆形截面混凝土轴向和横向应力-应变关系的塑性损伤模型。2006 年,Braga 等[86]将 FRP 约束混凝土的应力分成两部分:未约束混凝土应力和由约束产生的应力增量,对后者基于弹性理论,采用 Airy 应力函数,根据平面应变平衡条件推导出 FRP 约束圆形和方形截面混凝土的应力-应变关系模型。2007 年，Teng 等[87]明确地考虑了 FRP 与混凝土之间的相互作用，提出了简洁、准确的 FRP 约束圆形截面混凝土应力-应变关系模型，该模型不但适用于普通强度混凝土，也可预测高强度混凝土，还可用于不同的 FRP 类型。同年，Jiang 等[88]将 8 个 FRP 约束圆形截面混凝土应力-应变关系分析模型的计算结果与试验结果比较，发现对极限应力的预测较准，对极限应变预测较差。同年，Binici 等[89]提出了适用于塑性铰区域先、后使用 FRP 加固的圆形截面钢筋混凝土的应力-应变关系模型，在加固区域考虑了 FRP 与混凝土的黏结，同时还考虑了搭接钢筋的影响。同年，Saenz 等[90]在模型中使用了混凝土割线模量，考虑轴向、径向和体积应变在混凝土受力过程中关系，提出了 FRP 约束圆形截面混凝土的应力-应变关系模型。2008 年，Eid 等[91]提出了有效约束指数，并考虑受压过程中泊松比的变化，给出了 FRP 约束圆形截面混凝土的轴向和侧向应力-应变关系模型。同年，Rousakis 等[92]将塑性膨胀参数用含有约束模量的表达式表示，通过回归分析得到新的塑性模，从而对 Drucker - Prager 模型进行改进，得到了适用于 FRP 约束从低强度到高强度的混凝土的应力-应变关系模型，与其他模型的对比可见，该模型对极限应变的预测更准确。同年，Lee 等[93]提出了一些新的分析参数，并在此基础上给出了 FRP 约束圆形截面混凝土的轴向和侧向应力-应变关系模型。同年，Turgay 等[94]对 Drucker - Prager 模型进行改进，得到了适用于 FRP 约束圆形截面混凝土的应力-应变关系模型。

在轴压过程中，与 FRP 布基本只受环向拉力不同的是，FRP 管可能还要承担一部分纵向荷载。FRP 管承担的纵向荷载，一部分是直接施加的轴向力，另一部分是混凝土通过与 FRP 管之间的黏结传递给 FRP 管的荷载。因此，一些学者认为应对 FRP 管约束混凝土提出单独的应力-应变关系模型。2003 年，Becque 等[95]对三轴应力状态下混凝土进行了受力分析，采用逐步增量法计算圆形 FRP 管约束混凝土的应力-应变关系。2006 年，鲁国昌等[96]考虑了圆形 FRP 管约束混凝土承受压力造成约束模量降低的影响，在现有约束混凝土模型的基础上，提出了根据逐步增量法计算圆形 FRP 管约束混凝土应力-应变关系的分析模型。2007 年，Albanesi 等[97]根据应力平衡和变形协调条件，给出了圆形 FRP 管约束混凝土应力-应变关系的固定形式的计算模型，并考虑屈曲失稳影响，给出了长细比较大的圆形 FRP 管约束混凝土应力-应变关系的固定形式的计算模型。

对 FRP 约束混凝土应力-应变关系的研究一开始只针对圆形截面试件，后来开始关注方形和矩形截面试件，并且在模型中更多地考虑了 FRP 对混凝土约束的有效性。纵观这些模型，设计模型主要依赖于试验分析，往往只对那些用来分析的试验结果预测更准确，具有局限性；分析模型则建立在对 FRP 约束混凝土力学分析的基础上，这取决于对 FRP 约束特性研究的程度，这方面仍然还有可以改进的地方。另外，这些模型大都是基于对短柱的研究提出的，适用于长柱的模型很少。

从模型预测的效果看，对应力-应变关系曲线中的弹性段已能准确预测。这是因为在这个阶段，FRP 对混凝土的约束尚未完全开始，分析中所采用的以往研究的混凝土结构模型都是成熟可信的。应力-应变关系曲线中的塑性段有强化和软化之分，对塑性段的研究不仅依赖对 FRP 约束特性的了解，还受到试验水平的影响。由于 FRP 材料是近似弹性的，对有硬化或强化段时的应力-应变关系来说，FRP 对混凝土的约束是有效和完全的，极限状态时 FRP 材料的断裂是在比较充分地张拉后产生的，因此不论是在试验基础上提出的设计模型，还是理论推导后得到的分析模型都能进行较为准确的预测；另外，对有软化或弱化段时的应力-应变关系来说，FRP 对混凝土的约束是非有效和不完全的，极限状态时 FRP 材料的断裂往往是突然的，这与试验水平等因素有关，所报道的设计模型和分析模型均无法估计这种偶然因素的影响，因此很难准确地进行预测。

1.3.3　偏心受压性能

对 FRP 约束混凝土柱偏心受压性能的报道不多，早期的研究开始于梁柱压弯试验[98,99]。2000 年，Chaallal 等[100]对 12 个 CFRP 约束矩形截面钢筋混凝土柱进行了压弯试验，研究表明采用 CFRP 双向约束可以使柱的承载力有所提高。2001 年，Parvin 等[101]对 9 个 CFRP 约束方形截面混凝土柱进行了轴压和偏压试验，结果发现由偏心受压引起的 FRP 应变梯度导致了 FRP 对混凝土约束应力的不均匀。2003 年，Li 等[102]对 7 个 CFRP 约束圆形截面钢筋混凝土柱进行了轴压和偏压试验，混凝土强度为 100MPa，研究发现 CFRP 的约束可有效地提高圆形截面钢筋混凝土柱的承载力和延性。2004 年,周长东等[103]对 GFRP 约束方形截面钢筋混凝土柱进行了轴压和偏压试验,研究发现 GFRP 的约束可有效地提高方形截面钢筋混凝土柱的承载力和延性。同年,陶忠等[104]对 CFRP 约束圆形截面钢筋混凝土长柱进行了轴压和偏压试验,结果表明柱的承载力和延性的提高幅度随试件的长细比及荷载偏心率的增大而降低。2005 年,陶忠等[105]对 CFRP 布约束方形截面钢筋混凝土柱进行了偏压试验,结果表明在长细比较大的情况下,FRP 布的约束没有明显提高柱的承载力,但在一定程度上改善了柱的延性,尤其是对偏心距较小的试件。同年,潘景龙等[106]对 FRP 约束方形截面钢筋混凝土短柱进行了偏压试验,结果表明 FRP 约束钢筋混凝土短柱在偏压下表现出了良好的延性,与同规格钢筋混凝土短柱相比,承载力和抗弯能力得到不同程度的提高,增幅均随偏心距的增大而减小,抗弯能力的增幅高于承载力;FRP 约束钢筋混凝土短柱虽有和钢筋混凝土短柱相似的承载力-弯矩相关曲线,但二阶弯矩效应明显增大,其相关曲线上任一点不再仅取决于荷载初始偏心距,还与短柱长细比有关。2006 年,曹双寅等[107]对 5 个 CFRP 布约束矩形截面钢筋混凝土柱进行了轴压和偏压试验,结果发现在偏心受压作用下,混凝土截面的应变分布规律仍满足平截面假定。同年,Hadi[108]对 CFRP 布约束圆形截面钢筋混凝土柱和素混凝土柱(柱直径 150mm,柱高 620mm,偏心距 42.5mm)进行了偏压试验,结果表明 CFRP 的约束可以有效地提高柱的强度和抵抗弯矩,并且可以增大侧向变形,即提高柱的转动能力;CFRP 布约束素混凝土柱的强度和延性比钢筋混凝土柱更大,耗能能力更强。同年,Hadi[109]对同尺寸的 3 组试件(3 个圆形截面钢筋混凝土短柱、3 个 CFRP 布约束圆形截面素混凝土短柱和 3 个 GFRP 布约束圆形截面素混凝土短柱)进行了受压性能试验,每组试件分别采用轴压、偏心 25mm 加压和偏心 50mm 加压,结果表明偏心受压柱极限承载力明显比轴压柱低;不论轴压还是偏压,FRP 布约束混凝土柱的承载力和延性均比钢筋混凝土柱高;CFRP 布约束混凝土柱的承载力和延性均比 GFRP 布约束混凝土柱高。2007 年,Lignola 等[110]对 FRP 布约束矩形截面钢筋混凝土中空柱进行了压弯试验,结果表明 FRP 布的约束可以提高试件的强度和延性,偏心率越小强度提高越大,偏心率越大延性提高越大。同年,Hadi[111]对 FRP 布约束圆形截面混凝土柱(柱直径 205mm,柱高 925mm,偏心距 50mm)进行了偏压试验,结果表明 CFRP 约束混凝土柱的强度和延性最大,GFRP 约束混凝土柱次之,钢筋混凝土柱最差。同年,Hadi[112]对 FRP 布约束圆形截面钢筋混凝土柱(柱直径 205mm,柱高 925mm)进行了偏压试验,混凝土强度为 65MPa,随着偏心距增大,柱的承载力和轴向变形减小,侧向变形增大;CFRP 对偏心柱的约束比 GFRP 强,使得 CFRP 约束混凝土柱的承载力和变形更大。2008 年,El Maaddawy 等[113]对钢筋已锈蚀的混凝土缠绕 CFRP 布修复后进行偏压试验,结果表明和未修复试件相比,完全 CFRP 布包裹下偏心率越大强度提高得越少;完全和部分 CFRP 布包裹的试件侧向挠度几乎相等。2009 年,El Maaddawy 等[114]对 12 个 CFRP 布约束矩形截面钢筋混凝土柱进行了偏压试验,结果发现对完全和部分 CFRP 布包裹的试件,其混凝土受压侧应变随偏心率增大而减小。同年,Yazici 等[115]对 8 个 CFRP 布约束圆形截面钢筋混凝土中空柱进行了压弯试验,研究表明 CFRP 布包裹使中空柱的延性得到提高。同年,Hadi[116]对 16 个 CFRP 布约束圆形截面混凝土柱进行了压弯试验,结果表明混凝土中掺入钢筋纤维可以有效提高偏压柱的强度和延性。同年,Rocca 等[117]给出了压弯作用下 FRP 布约束钢筋混凝土柱承载力-弯矩关系的计算模型。

目前对偏压下 FRP 约束混凝土柱的报道主要是试验研究,对偏压构件承载力计算的研究报道不多,且多是完全或部分沿用偏压下钢筋混凝土柱的设计理论,专门用于偏压下 FRP 约束混凝土柱的计算模型尚未见报道。

1.3.4 数值模拟

数值模拟是研究 FRP 约束混凝土柱受压力学性能的一个很好的方法。2003 年,陆新征等[118]采用 ANSYS 对轴压 FRP 布约束方形截面混凝土短柱进行了数值模拟。2004 年,Malvar 等[119]采用 DYNA3D 模拟了 FRP 布约束圆形和方形截面混凝土短柱的轴压过程。同年,Montoya 等[120]采用 NLFEA 模拟了 FRP 布约束圆形截面钢筋混凝土短柱的轴压过程。2005 年,Parvin 等[121]对轴压 FRP 布约束圆形截面混凝土短柱进行了非线性有限元分析,考察了 FRP 布厚度和缠绕方式的影响。2006 年,Parvin 等[122]采用 MSCMarc 模拟了轴压 FRP 布约束圆形截面混凝土短柱的力学过程,考察的参数有 FRP 布缠绕角度、厚度以及混凝土强度。2008 年，Karabinis 等[123]采用 ABAQUS 对轴压 FRP 布约束圆形和矩形截面钢筋混凝土短柱进行了非线性有限元分析。同年，黄艳等[124]采用 ABAQUS 对轴压 FRP 布约束圆形截面混凝土短柱进行了非线性有限元分析，考察了 FRP 布与混凝土的相互作用。2009 年，Doran 等[125,126]采用 NLFEA 模拟了 FRP 布约束矩形截面钢筋混凝土短柱的轴压过程。同年，Varma 等[127]采用 FEMIX 模拟了轴压 FRP 布约束圆形截面钢筋混凝土短柱的力学过程，并基于建议的轴向加卸压模型模拟了轴向加卸压下 FRP 布约束圆形截面钢筋混凝土短柱的力学过程。

数值计算结果与试验结果的对比表明，采用建议的有限元分析模型可以较好地模拟和再现轴压 FRP 约束混凝土柱的力学性能。目前为止，尚未见对偏压 FRP 约束混凝土柱数值模拟研究的报道。另外，对多层 FRP 材料的模拟，一些学者只考虑了层数变化带来的厚度变化，而忽略了 FRP 材料的各向异性，多层 FRP 材料组合可能各层材性不同，这是值得注意的地方。

1.3.5 FRP-混凝土-钢新型组合柱

FRP 材料的特性决定了 FRP 约束混凝土柱的防火能力较差。为了解决这个问题，对 FRP 材料掺入阻燃剂或涂抹防火涂料是一种设计思路，另一种新的设计思路是对于暴露在火中的 FRP 约束混凝土柱，放弃 FRP 材料，任其燃烧，只依靠混凝土柱承担荷载，普通的混凝土柱或钢筋混凝土柱不是理想的构件，于是，FRP-混凝土-钢新型组合柱应运而生。FRP-混凝土-钢新型组合柱根据构件类型和组合方式可分为：FRP 约束钢管混凝土柱、FRP 约束钢骨混凝土柱和 FRP-混凝土-钢混合双管柱。

2005 年，王庆利等[128]对 CFRP 布约束圆形钢管混凝土柱进行了偏压试验，试验表明试件的荷载-柱中挠度曲线分为弹性阶段、弹塑性阶段、塑性阶段和下降段，试件破坏属于延性破坏，其延性优于 FRP 管约束混凝土柱；长细比相同时，随着偏心率增大试件承载力降低，偏心率相同时，随着长细比增大试件承载力降低。同年，陶忠等[129]对 CFRP 布约束钢管混凝土柱进行了轴压试验，结果表明 FRP 约束钢管混凝土柱可以较好地发挥 FRP 约束混凝土柱和钢管混凝土柱的双重优点，试件在具有较高承载力的同时还具有较好的延性;和 FRP 约束混凝土柱类似,截面形状对 FRP 约束效果影响很大,FRP 对圆形钢管混凝土的约束效果明显优于对矩形钢管混凝土的约束效果。2007 年,Li[130] 对一种新型的有镂空格子的钢管外包 FRP 布内填混凝土柱进行了轴压试验,结果发现新型混合柱具有钢管混凝土柱和 FRP 管约束混凝土柱共同的优点,具有强度和延性大、费用低、抗腐蚀能力强等特点,轴向受压性能主要和镂空格子排列方向有关,轴向格子柱强度高,螺旋格子柱延性大。对 FRP 约束钢管混凝土应力-应变关系的研究以及偏压下承载力的计算还未见报道。

2008 年,周乐等[131] 在型钢高强混凝土柱(SRHC)外包裹 FRP 布形成 FRP 约束 SRHC 柱,考虑到 FRP 约束钢管混凝土柱多数是处于偏心受压状态,分析了 FRP 布对核心混凝土的约束作用以及纵向 FRP 布对钢骨混凝土柱正截面承载力的贡献,确定了 FRP 约束 SRHC 柱的界限相对受压区高度,分别给出了 FRP 约束 SRHC 柱大、小偏心受压情况下承载力的计算公式。目前对 FRP 约束钢骨混凝土柱的报道只限于理论研究,有必要开展相应的试验研究。

Teng 等[132,133] 于 2003—2004 年提出了一种新的 FRP -混凝土-钢组合结构柱形式——FRP -混凝土-钢混合双管柱(DSTC)(如图 1 - 4 所示),即内部钢管,外部 FRP 管,中间填充混凝土,这种新型组合结构柱也叫作 FRP -混凝土-钢双壁空心管柱。两管既可是矩形也可是圆形,内管既可居中也可偏置,外部 FRP 管主要用来约束混凝土和提高抗剪能力,当有需要时,中间中空部分也可填充混凝土,这种新型组合结构柱综合了 FRP、混凝土和钢三种材料的优势,使 FRP -混凝土-钢混合双管柱具有很好的结构和耐久性能。2007 年,Teng 等[134] 介绍了这种新型柱的基本理论,初步试验的结果表明管中混凝土能够被有效约束,内钢管的局部屈曲受到了混凝土的限制,这种新型结构柱具有很好的延性和抗剪能力。2006 年,钱稼茹等[135] 对 3 个 FRP -混凝土-钢双壁空心管长柱进行了轴压试验,结果表明受压侧 FRP 出现剪切裂缝,受拉侧无肉眼可见的裂缝,内钢管弯曲,试件失稳破坏,随着长细比增大柱的承载力和变形能力下降,并提出了考虑长细比的混合双管长柱的承载力计算式。2008 年,钱稼茹等[136] 对 10 个 FRP -混凝土-钢双壁空心管短柱进行了轴压试验,结果发现双管短柱有三种破坏形态:FRP 管的纤维拉断，钢管未破坏；FRP管的纤维拉断，钢管压曲；整体压曲。同年，Wong等[137]对FRP-混凝土-钢混合双管短柱进行了轴压试验，结果表明内部钢管的局部屈曲被有效延迟，其核心混凝土应力-应变关系曲线与同尺寸的FRP管约束混凝土近似，FRP-混凝土-钢混合双管柱的力学性能与中空率、钢管径厚比以及FRP管的厚度有关。

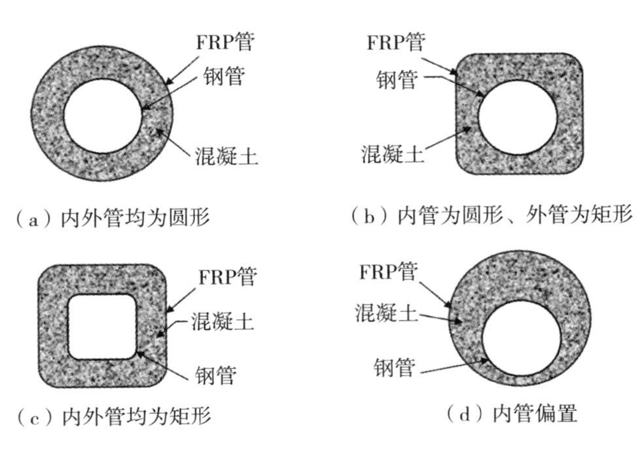

图1-4 FRP-混凝土-钢混合双管柱截面形式[134]

FRP-混凝土-钢新型组合柱中的FRP能够对混凝土提供有效的约束作用，因此相对地可以减少对钢材的需求。对于这种新型组合柱的研究近几年才开始兴起，目前只有少数的试验报道，有必要对其进行理论分析以及数值模拟研究，以便深入了解其力学性能。

1.4 主要研究内容及意义

针对当前研究中存在的问题和不足，本书对FRP约束混凝土柱的受压性能进行了研究，主要内容包括以下三个方面：

(1)轴压下FRP约束混凝土柱的力学性能研究，包括对轴压下FRP约束混凝土应力-应变关系模型、FRP对混凝土强弱约束的判别模型、FRP约束混凝土柱数值模拟以及强度和极限应变模型的研究。考虑到篇幅，将FRP约束混凝土柱的轴压性能研究分为两章来论述，即第二章的“FRP约束混凝土柱的轴压性能研究Ⅰ:应力-应变关系模型和数值模拟”以及第三章的“FRP约束混凝土柱的轴压性能研究Ⅱ:强度和极限应变模型”。

(2)偏压下FRP约束钢筋混凝土柱的力学性能研究,包括对偏压下FRP约束钢筋混凝土柱的数值模拟、数值试验、承载力分析模型和设计模型以及承载力-弯矩简化计算模型的研究,即第四章的“FRP约束钢筋混凝土柱的偏压性能研究”。

(3)轴压下FRP-混凝土-钢混合双管柱的力学性能研究,包括对轴压下FRP与钢双管约束混凝土应力-应变关系理论模型、FRP-混凝土-钢混合双管柱数值模拟以及不同加载方式对轴压性能影响的研究,即第五章的“FRP-混凝土-钢混合双管柱的轴压性能研究”。

通过本书对FRP约束混凝土柱受压性能的研究,可以为今后的试验研究和实际工程应用提供理论指导,为之后开展数值试验提供数值模拟技术基础。

1.5　本章小结

本章首先阐述了课题研究的背景,接着通过论述FRP对性能不足的混凝土柱修复和加固的应用研究来说明本书对FRP约束混凝土柱的受压性能进行研究的基础意义。通过对FRP约束混凝土柱的受压性能的国内外研究现状的综述,介绍了目前已完成的研究工作及取得的研究成果,并指出了当前研究中存在的问题和不足。针对这些问题和不足,提出了本书的主要研究内容及意义。下面将逐一地对FRP约束混凝土柱的受压性能研究进行展开。

第二章　FRP约束混凝土柱的轴压性能研究Ⅰ：应力-应变关系模型和数值模拟

2.1 引　言

轴压下FRP约束混凝土的应力-应变关系是FRP约束混凝土柱基本的力学性能，也是深入研究其复杂力学特性的基础。从试验报道[16-50]的结果来看，FRP约束混凝土的应力-应变关系根据混凝土的截面形式可分为：FRP约束圆形截面混凝土应力-应变关系和FRP约束矩形截面混凝土应力-应变关系；根据应力-应变关系曲线的发展形式可分为：FRP约束混凝土有强化段时的应力-应变关系和FRP约束混凝土有软化段时的应力-应变关系。

在前一章中讲到，近年来，在试验研究的基础上，研究者们提出了大量的FRP约束混凝土应力-应变关系模型[53-97]。其中，Teng等[87]提出了FRP约束圆形截面混凝土应力-应变关系模型；吴刚等[71]提出了FRP约束圆形截面混凝土有软化段时的应力-应变关系模型；Youssef等[74]在考虑截面有效约束的基础上提出了FRP约束方形截面混凝土应力-应变关系模型；Wu等[72]提出了基于强弱约束判别的FRP约束矩形截面混凝土应力-应变关系模型。这些模型中，前者[87,71,74]是针对同一类截面形式或同一种应力-应变关系曲线发展形式提出的，不具备通用性；后者[72]由于计算有强化段时和有软化段时的应力-应变关系模型不同，因此需要先判别FRP对混凝土的强弱约束，而在判别强弱约束时若产生错误则会导致模型选择的错误，且计算式偏多,模型较复杂。

除了试验研究之外,通过有限元分析软件模拟FRP约束混凝土柱的轴压过程,进一步了解其在轴压下的力学性能和受力机理也是一种很好的研究方式[118-127]。在数值模拟时,由于轴压下FRP约束混凝土具有不同的非线性特征,其应力-应变关系曲线进入塑性段后可能上升也可能下降,对混凝土材料选取合适的应力-应变关系模型是一个必须面对的问题。在已有的数值模拟研究中,陆新征等[118]只对FRP弱约束混凝土柱进行了数值模拟;Karabinis等[123]只对FRP强约束混凝土柱进行了数值模拟;Doran等[125,126]对FRP强、弱约束混凝土柱均进行了数值模拟。这些数值模拟研究中,前者[118,123]只针对同一种约束水平的FRP约束混凝土柱,因此选取的混凝土应力-应变关系模型具有局限性;后者[125,126]虽然建议根据约束水平的不同而选取不同的混凝土应力-应变关系模型,但是计算式较多,在数值分析过程中需要不断判别和选取混凝土应力-应变关系模型,从而使分析过程趋于复杂。

本章在理论分析和回归分析的基础上,提出了形式统一且计算准确的FRP约束混凝土应力-应变关系模型,既可用于预测圆形和矩形截面的应力-应变关系,也可用于预测有强化段时和有软化段时的应力-应变关系。在提出的应力-应变关系模型的基础上,提出了判别FRP对混凝土强弱约束的新模型,并建议根据FRP对混凝土约束水平的不同选取不同的混凝土应力-应变关系模型,对FRP强、弱约束混凝土柱进行了数值模拟,在计算准确的前提下可使分析过程得到简化。

2.2 轴压下FRP约束混凝土应力-应变关系统一模型

2.2.1 应力-应变关系曲线

典型的轴压下FRP约束混凝土应力-应变关系曲线如图2-1所示,在达到转折点之前与无约束混凝土应力-应变关系曲线相似,在达到转折点之后根据约束程度的不同进入强化段或软化段,且近似直线发展直到破坏。

将 FRP 约束混凝土应力-应变关系曲线以转折点为界分成抛物线段($0\leqslant\varepsilon_c\leqslant\varepsilon_{ct}$)和直线段($\varepsilon_{ct}<\varepsilon_c\leqslant\varepsilon_{cu}$)两部分(如图 2-1 所示,图中 f_{ct} 和 ε_{ct} 分别为核心混凝土在应力-应变关系曲线中转折点的应力和应变;f_{cu} 和 ε_{cu} 分别为核心混凝土在极限破坏点的应力和应变;f_c'为无约束混凝土抗压强度;ε_c'为 f_c'对应的压应变;E_{co} 为无约束混凝土初始弹性模量;E_2 为从转折点至极限破坏点的直线段的斜率),对抛物线段可按式(2-1)计算[138]:

$$\sigma_c=\frac{A\varepsilon_c}{1+B\varepsilon_c+C\varepsilon_c^2} \tag{2-1}$$

式中,σ_c 和 ε_c 分别为 FRP 约束混凝土的压应力和压应变;A、B 和 C 为由边界条件确定的系数。

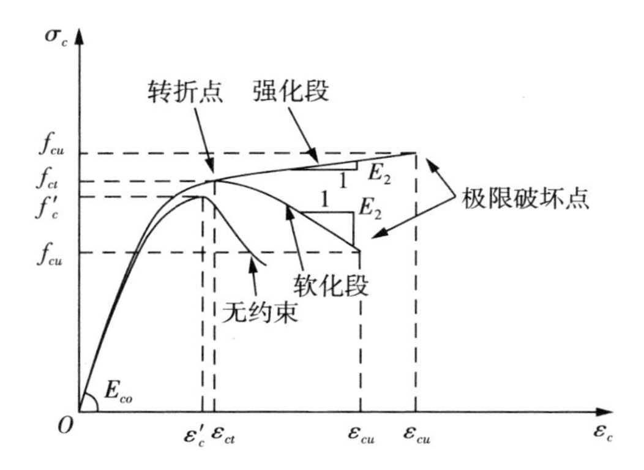

图 2-1　典型的 FRP 约束混凝土应力-应变关系曲线

如图 2-1 所示,当 $0\leqslant\varepsilon_c\leqslant\varepsilon_{ct}$ 且 $E_2>0$ 时,应力-应变关系曲线应满足以下边界条件:

$$\sigma_c\big|_{\varepsilon_c=0}=0,\left.\frac{\partial\sigma_c}{\partial\varepsilon_c}\right|_{\varepsilon_c=0}=E_{co},\left.\frac{\partial\sigma_c}{\partial\varepsilon_c}\right|_{\varepsilon_c=\varepsilon_{ct}}=E_2,\sigma_c\big|_{\varepsilon_c=\varepsilon_{ct}}=f_{ct} \tag{2-2}$$

将式(2-1)代入以上条件,可得:

$$A=E_{co},B=\frac{E_{co}}{f_{ct}}+\frac{E_{co}E_2\varepsilon_{ct}}{f_{ct}^2}-\frac{2}{\varepsilon_{ct}},C=\frac{1}{\varepsilon_{ct}^2}-\frac{E_{co}E_2}{f_{ct}^2} \tag{2-3}$$

当 $0\leqslant\varepsilon_c\leqslant\varepsilon_{ct}$ 且 $E_2\leqslant0$ 时,应力-应变曲线应满足以下边界条件:

$$\sigma_c\big|_{\varepsilon_c=0}=0,\left.\frac{\partial\sigma_c}{\partial\varepsilon_c}\right|_{\varepsilon_c=0}=E_{co},\left.\frac{\partial\sigma_c}{\partial\varepsilon_c}\right|_{\varepsilon_c=\varepsilon_{ct}}=0,\sigma_c\big|_{\varepsilon_c=\varepsilon_{ct}}=f_{ct} \tag{2-4}$$

将式(2－1)代入以上条件，可得：

$$A=E_{co}, B=\frac{E_{co}}{f_{ct}}-\frac{2}{\varepsilon_{ct}}, C=\frac{1}{\varepsilon_{ct}^{2}} \tag{2-5}$$

在$\varepsilon_{ct}<\varepsilon_c\leqslant\varepsilon_{cu}$段，应力-应变曲线应满足以下边界条件：

$$\sigma_c\big|_{\varepsilon_c=\varepsilon_{ct}}=f_{ct}, \sigma_c\big|_{\varepsilon_c=\varepsilon_{cu}}=f_{cu} \tag{2-6}$$

于是可得：

$$\sigma_c=f_{ct}+E_2(\varepsilon_c-\varepsilon_{ct}) \tag{2-7}$$

以上为应力-应变关系模型计算公式的确定，其中$E_{co}=4700\sqrt{f_c'}$[139]，$E_2=(f_{cu}-f_{ct})/(\varepsilon_{cu}-\varepsilon_{ct})$。为了计算应力-应变关系曲线，还需要确定转折点应力f_{ct}、应变ε_{ct}和极限破坏点应力f_{cu}、应变ε_{cu}。

2.2.2　转折点应力和应变

已有的计算转折点应力和应变的模型均是通过对试验数据的回归分析得来的[71,72,74]。对有软化段时的应力-应变关系曲线来说，转折点应力即为峰值应力，容易从试验数据中读取；而对有强化段时的应力-应变关系曲线来说，由于进入强化段前后是连续平滑的，且实际上强化段斜率并非处处相等，因此很难从曲线上准确判断转折点的位置，即很难从试验数据中准确读取转折点应力和应变。本节尝试通过力学分析来确定转折点应力和应变。

如图2－2所示，对FRP约束圆形截面混凝土，在平面应变条件下未知量有径向应力σ_r、环向应力σ_h、径向应变ε_r、环向应变ε_h和径向位移u，它们应满足基本方程及相应的边界条件，以下的分析中均以受压为正，受拉为负。

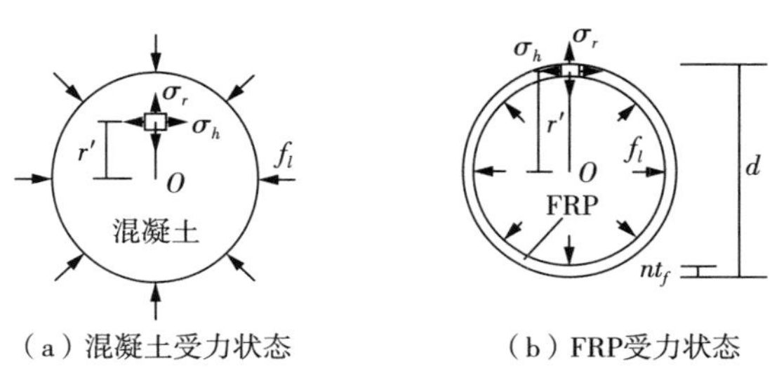

(a) 混凝土受力状态　　(b) FRP受力状态

图2－2　FRP约束圆形截面混凝土受力状态

其中，平衡方程为：

$$\frac{d\sigma_r}{dr'}+\frac{\sigma_r-\sigma_h}{r'}=0 \tag{2-8}$$

几何方程为：

$$\begin{cases}\varepsilon_r=\dfrac{du}{dr'}\\ \varepsilon_h=\dfrac{u}{r'}\end{cases} \tag{2-9}$$

本构方程为：

$$\begin{cases}\varepsilon_r=\dfrac{1-\nu^2}{E}\left(\sigma_r-\dfrac{\nu}{1-\nu}\sigma_h\right)\\ \varepsilon_h=\dfrac{1-\nu^2}{E}\left(\sigma_h-\dfrac{\nu}{1-\nu}\sigma_r\right)\end{cases} \tag{2-10}$$

核心混凝土的边界条件为：

$$\sigma_r\big|_{r'=d/2-nt_f}=f_l \tag{2-11}$$

FRP 的边界条件为：

$$\sigma_r\big|_{r'=d/2}=0,\sigma_r\big|_{r'=d/2-nt_f}=f_l \tag{2-12}$$

式中，r'为径向坐标；E 为弹性模量；ν 为泊松比；d 为截面直径；n 为 FRP 的层数；t_f 为单层 FRP 的厚度；f_l 为 FRP 对混凝土的侧向应力。一般地，由于 $nt_f\ll d/2$。于是可得：

$$u_c=\frac{f_l(1+\nu_c)(1-2\nu_c)}{E_c}r' \tag{2-13}$$

$$u_f=-\frac{f_l d(1-\nu_{fh}^2)}{2nt_f E_f}r' \tag{2-14}$$

式中，u_c、E_c 和 ν_c 分别为核心混凝土的径向位移、割线模量和泊松比；u_f、E_f 和 ν_{fh} 分别为 FRP 的径向位移、环向的弹性模量和泊松比。假定 FRP 与混凝土共同工作性能良好，其轴向压应变相同。在受压过程中，FRP 与混凝土的径向位移均由两部分组成：由轴向压应变引起的径向位移和平面应变条件下产生的径向位移。在 FRP 与混凝土的界面($r'=d/2-nt_f$)上，FRP 的径向位移与混凝土的径向位移相等，当混凝土压应变达到转折点应变时有：

$$-\nu_{fz}\varepsilon_{ct}(d/2-nt_f)+u_f\big|_{r'=d/2-nt_f}=-\nu_{ct}\varepsilon_{ct}(d/2-nt_f)+u_c\big|_{r'=d/2-nt_f} \tag{2-15}$$

式中,ν_{fz} 为 FRP 的轴向泊松比。

在核心混凝土应力达到转折点应力前,FRP 对混凝土的约束作用很小,即对核心混凝土刚度的影响可忽略不计,可假定核心混凝土在转折点的割线模量与未约束混凝土峰值点割线模量 E_{sec} 相等,即 $f_{ct}/\varepsilon_{ct}=f_c'/\varepsilon_c'=E_{sec}$。由式(2-15)可得:

$$f_{lt}=\frac{2nt_fE_ff_{ct}\varepsilon_c'(\nu_{ct}-\nu_{fz})}{2nt_fE_f\varepsilon_c'(1+\nu_{ct})(1-2\nu_{ct})+df_c'(1-\nu_{fh}^2)} \tag{2-16}$$

式中,ε_c'可取为 0.002;f_{lt} 为转折点侧向应力;ν_{ct} 为转折点泊松比。核心混凝土在三向受压的情况下,泊松比会随压力的增大而增大,本书采用 Ottosen 假定[140],取 $\nu_{ct}=1-0.0025(f_c'-20)$。

计算 FRP 约束矩形截面混凝土时,本书用 b 取代式(2-16)中的 d,同时还应考虑截面约束的有效性,因此侧向应力需乘以截面有效约束系数 k_s,本书采用 Lam 和 Teng 建议的计算式[62]:

$$k_s=1-\frac{(b/h)(h-2r)^2+(h/b)(b-2r)^2}{3[bh-(4-\pi)r^2]} \tag{2-17}$$

式中,b 和 h 分别为矩形截面的宽度和高度;r 为拐角半径。当计算圆形截面时,用 d 取代 b 和 h(以下皆同),此时 k_s 为 1。

由胡克定律可知:

$$f_{ct}=f_c'+2\nu_{ct}k_sf_{lt} \tag{2-18}$$

由式(2-16)和式(2-18)可得:

$$f_{ct}=\frac{f_c'}{1-\dfrac{4\nu_{ct}k_snt_fE_f\varepsilon_c'(\nu_{ct}-\nu_{fz})}{2nt_fE_f\varepsilon_c'(1+\nu_{ct})(1-2\nu_{ct})+bf_c'(1-\nu_{fh}^2)}} \tag{2-19}$$

$$\varepsilon_{ct}=f_{ct}\varepsilon_c'/f_c' \tag{2-20}$$

2.2.3 极限破坏点应力

从试验研究[13,17,18,20,23,28,29,33,36,71,134]观测到的结果看,FRP 约束混凝土

柱的破坏一般终结于 FRP 的断裂。因此极限应力的确定与 FRP 对混凝土的极限侧向约束应力 f_{lu} 有关。对 FRP 约束圆形截面混凝土，由力学平衡可得其表达式为：

$$f_{lu}=\frac{2nt_f f_{fu}}{d} \tag{2-21}$$

式中，f_{fu} 为 FRP 抗拉强度。本书在计算 FRP 约束矩形截面混凝土时，用 b 取代 d。若 FRP 部分缠绕，计算 f_{lu} 时暂定乘以 $b_f/(b_f+s_f)$，其中，s_f 为 FRP 间距，b_f 为 FRP 缠绕宽度。

以下为已有的一些计算极限应力的模型，本章对已有模型选取的标准为既可计算圆形和矩形截面试件，又可计算强约束和弱约束试件。本章对已有模型不考虑其中关于 FRP 管的规定。

(1)Mirmiran 模型[54]

Mirmiran 等建议采用 MCR 来判别强弱约束，定义

$$\mathrm{MCR}=\frac{2rf_{lu}}{Df'_c} \tag{2-22}$$

当 MCR≥0.15 时为强约束，此时，

$$\frac{f_{cu}}{f'_c}=1+6.0\frac{2r}{D}\frac{f_{lu}^{0.7}}{f'_c} \tag{2-23}$$

当 MCR<0.15 时为弱约束，此时，

$$\frac{f_{cu}}{f'_{cc}}=0.169\ln\mathrm{MCR}+1.32 \tag{2-24}$$

式中，D 为等效圆柱的直径，等于方柱截面宽度 b 或矩形柱截面高度 h；对 FRP 约束矩形截面混凝土，计算 f_{lu} 时用 D 取代 d；f'_{cc} 为受约束混凝土峰值应力。

(2)Wu 模型[72]

Wu 等定义 λ 为强弱约束界限值，取为 0.13。极限应力按式(2-25)计算：

$$f_{cu}=k_3 f'_{cu} \tag{2-25}$$

$$k_3=\begin{cases}(2-\alpha)\dfrac{r}{h}+0.5\alpha & E_f\leqslant 250\mathrm{GPa}\\ \left(2-\sqrt{\dfrac{E_f}{250}}\alpha\right)\dfrac{r}{h}+0.5\sqrt{\dfrac{E_f}{250}}\alpha & E_f>250\mathrm{GPa}\end{cases} \tag{2-26}$$

式中，k_3 为降低系数；f'_{cu} 为 FRP 约束等效混凝土圆柱的极限应力；α 为混凝土强度有效系数，$\alpha=30/f'_c$。

当 $f_{lu}/f'_c \geqslant \lambda$ 时为强约束，此时，

$$\frac{f'_{cu}}{f'_c}=\begin{cases}1+2.0f_{lu}/f'_c, E_f\leqslant 250\text{GPa}; \\ 1+2.4f_{lu}/f'_c, E_f>250\text{GPa}\end{cases} \tag{2-27}$$

当 $f_{lu}/f'_c<\lambda$ 时为弱约束，此时，

$$\frac{f'_{cu}}{f'_c}=0.75+2.5\frac{f_{lu}}{f'_c} \tag{2-28}$$

式中，Wu 模型的极限侧向约束应力 f_{lu} 按式(2-29)计算：

$$f_{lu}=0.5\rho_f f_{fu} \tag{2-29}$$

式中，系数 ρ_f 按式(2-30)计算：

$$\rho_f=\frac{2(b+h)nt_f b_f}{bh(b_f+s_f)} \tag{2-30}$$

(3) Youssef 模型[74]

Youssef 等对 FRP 约束圆形和矩形截面混凝土分别提出了极限应力计算式。

对 FRP 约束圆形截面混凝土：

$$\frac{f_{cu}}{f'_c}=1+2.25\left(\frac{f_{lu}}{f'_c}\right)^{1.25} \tag{2-31}$$

对 FRP 约束矩形截面混凝土：

$$\frac{f_{cu}}{f'_c}=0.5+1.225\left(\frac{k_e f_{lu}}{f'_c}\right)^{0.6} \tag{2-32}$$

式中，截面有效系数 k_e 按式(2-33)计算：

$$k_e=1-\frac{(b-2r)^2+(h-2r)^2}{3bh} \tag{2-33}$$

为了评估以上三个模型对极限应力预测的准确性，本书对公开发表的

11 个试验[13,17,18,20,23,28,29,33,36,71,134]共 164 组试件的相关数据进行收集，其中圆形截面试件 101 组(86 组强约束、15 组弱约束)，矩形截面试件 63 组(27 组强约束、36 组弱约束)，圆形截面直径为 100～160mm，矩形截面边长为 150～203mm，拐角半径为 0～80mm，长细比为 2～3.3，混凝土强度为 25.0～52.0MPa，FRP 类型包括碳纤维(CFRP)、玻璃纤维(GFRP)、芳纶纤维(AFRP)及高延性纤维(DFRP)，各试件具体数据见文章结尾的附录 A。评估标准采用误差平方和 $\sum Q$：

$$\sum Q=\sum\left[(f_{cu}/f_c')-(f_{cu}/f_c')\text{值}\right]^2 \tag{2-34}$$

图 2-3～图 2-5 所示为根据已有模型计算的极限应力理论值与试验值的对比，各小图图例同图 2-3～图 2-5(a)。表 2-1 列出了已有模型的误差平方和 $\sum Q$ 值。

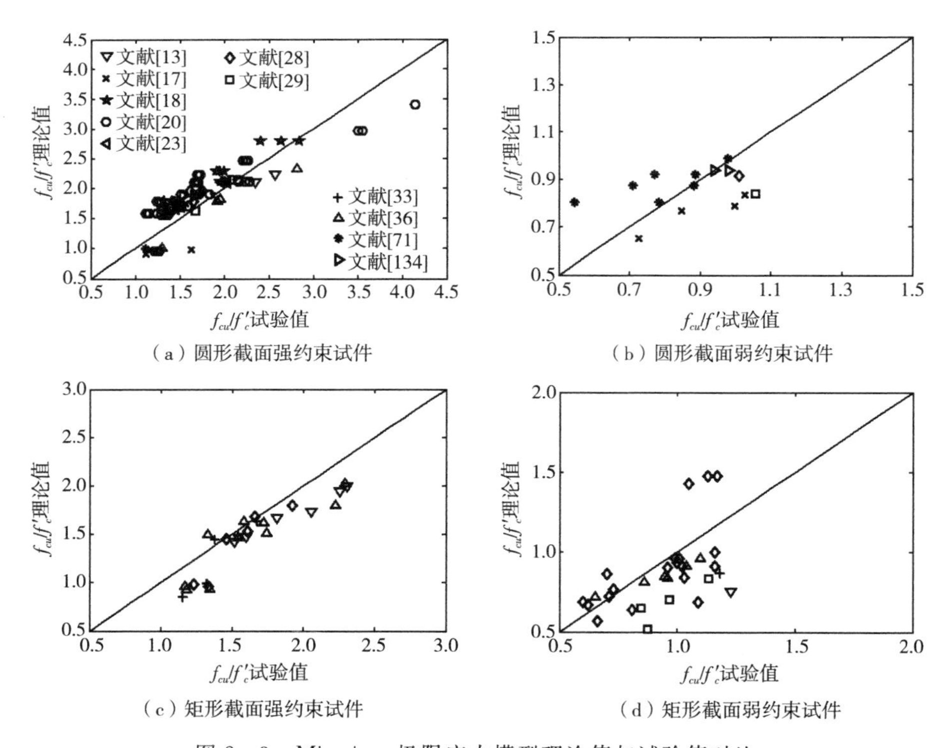

(a) 圆形截面强约束试件

(b) 圆形截面弱约束试件

(c) 矩形截面强约束试件

(d) 矩形截面弱约束试件

图 2-3　Mirmiran 极限应力模型理论值与试验值对比

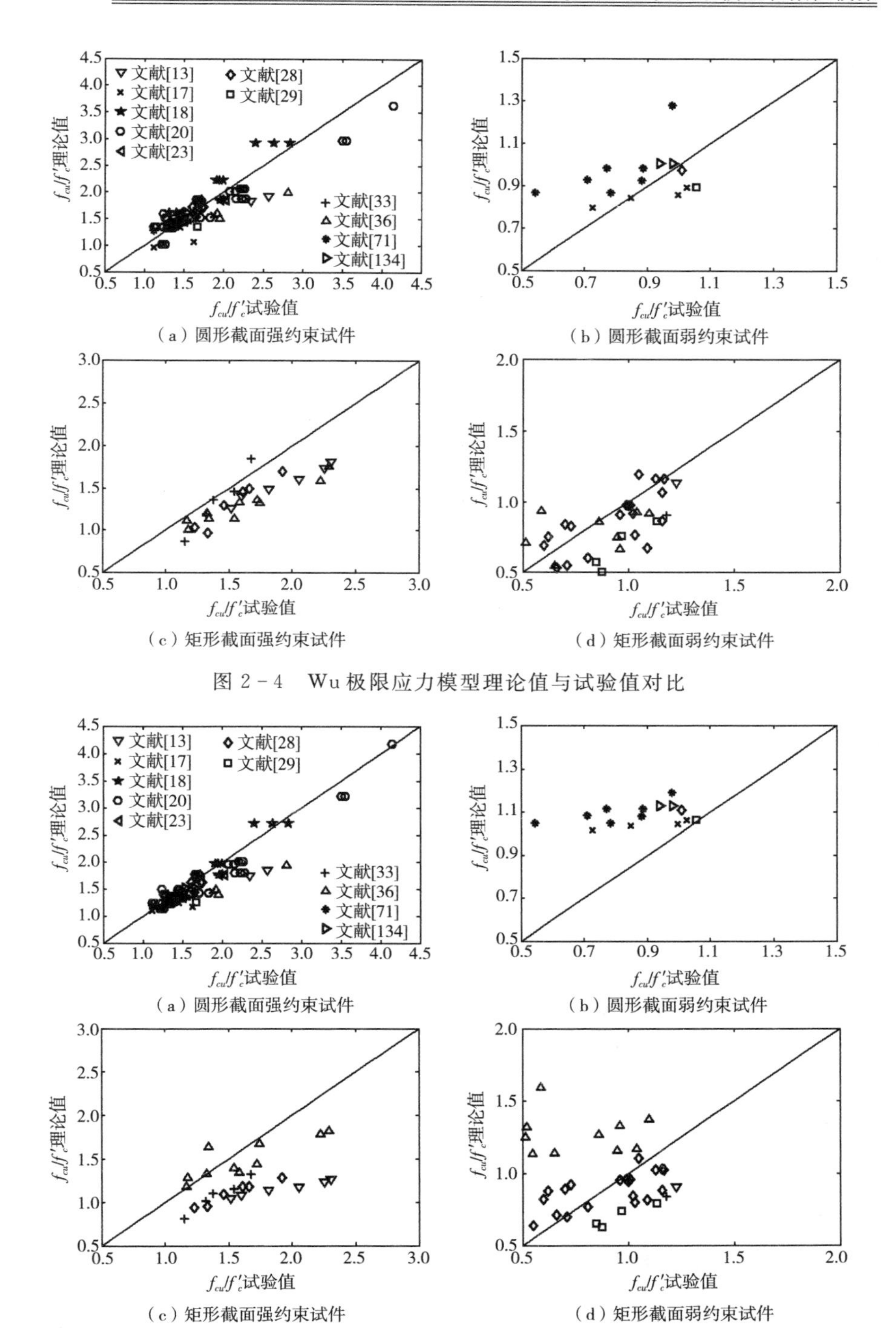

（a）圆形截面强约束试件

（b）圆形截面弱约束试件

（c）矩形截面强约束试件

（d）矩形截面弱约束试件

图 2－4　Wu 极限应力模型理论值与试验值对比

（a）圆形截面强约束试件

（b）圆形截面弱约束试件

（c）矩形截面强约束试件

（d）矩形截面弱约束试件

图 2－5　Youssef 极限应力模型理论值与试验值对比

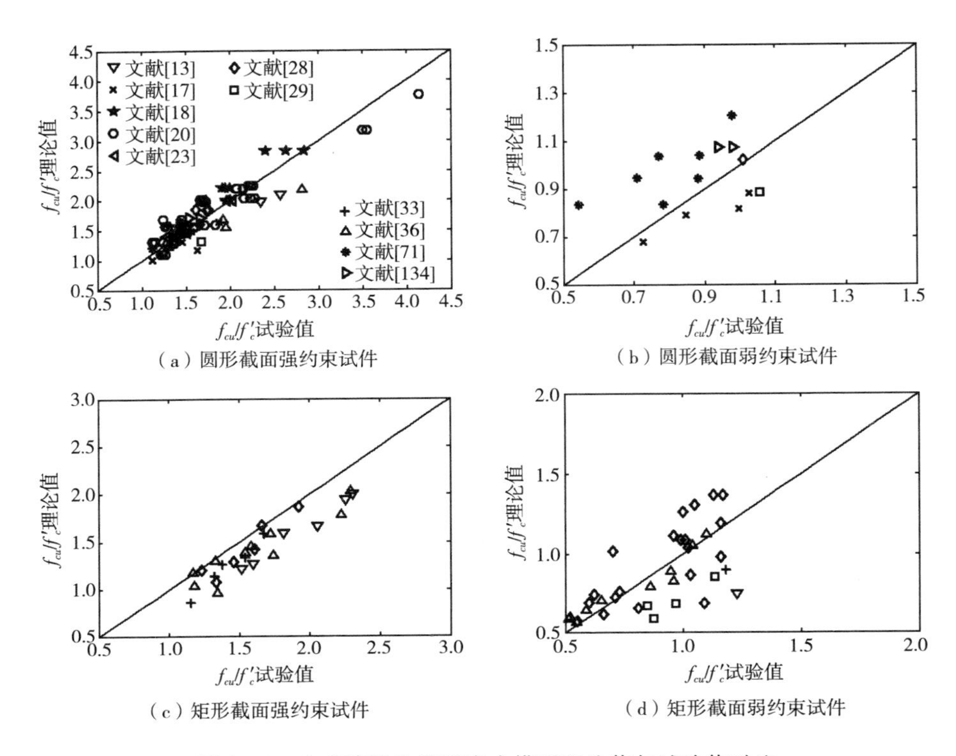

（a）圆形截面强约束试件

（b）圆形截面弱约束试件

（c）矩形截面强约束试件

（d）矩形截面弱约束试件

图 2-6 本书建议的极限应力模型理论值与试验值对比

表 2-1 极限应力模型误差值

模型类别	误差平方和 $\sum Q$				
	圆形截面试件		矩形截面试件		所有试件
	强约束	弱约束	强约束	弱约束	
Mirmiran 模型	8.68	0.30	1.44	1.48	11.91
Wu 模型	5.47	0.40	2.68	1.36	9.91
Youssef 模型	4.93	0.92	6.25	4.18	16.29
本书建议模型	4.12	0.41	1.53	1.27	7.33

从图 2-3～图 2-5 和表 2-1 中可以看出，

(1) Mirmiran 模型对圆形截面弱约束试件和矩形截面强约束试件极限应力的预测较准确，对圆形截面强约束试件极限应力的预测较差。

(2) Wu 模型对所有试件极限应力的整体预测较准确，对矩形截面强约束试件极限应力的预测较差。

(3)Youssef 模型对圆形截面强约束试件极限应力的预测较准确,对圆形截面弱约束试件、矩形截面强约束试件和矩形截面弱约束试件极限应力的预测均较差,对圆形截面弱约束试件极限应力的预测偏高,对矩形截面强约束试件和矩形截面弱约束试件极限应力的预测结果较离散。

从评估结果看,Wu 模型整体预测较准确,但计算式偏多,模型较复杂,实用性较差。另外,Mirmiran 模型对 4 组拐角半径为 0 的矩形截面试件无法计算,不具备通用性。因此,有必要在准确的前提下建立更加简便通用的极限应力模型。从三个已有模型中可以看出,极限应力可用下列通式表示:

$$\frac{f_{cu}}{f_c'}=c_1+c_2\gamma^{c_3}\left(\frac{f_{lu}}{f_c'}\right)^{c_4} \tag{2-35}$$

式中,c_1、c_2、c_3 和 c_4 为待定的常系数;γ 为截面影响因子。从试验数据[13,17,18,20,23,28,29,33,36,71,134]中可知,c_1 取 0.5 较为适宜;γ 可取截面有效约束系数 k_s,按式(2-17)计算。通过对试验数据[13,17,18,20,23,28,29,33,36,71,134]的回归分析可确定式(2-35)中待定的常系数 c_2、c_3 和 c_4,从而得到极限应力计算式为:

$$\frac{f_{cu}}{f_c'}=0.5+2.7k_s^{2.24}\left(\frac{f_{lu}}{f_c'}\right)^{0.68} \tag{2-36}$$

本书建议的极限应力模型理论值与试验值的对比见图 2-6,各小图图例同图 2-6(a),相关的误差值见表 2-1 所列。从图 2-6 和表 2-1 中可以看出,本节建议的极限应力模型对圆形截面强约束试件、矩形截面弱约束试件以及所有试件极限应力的预测均更加准确,对圆形截面弱约束试件和矩形截面强约束试件极限应力预测的准确程度与 Mirmiran 模型相当,并且一式通用。

2.2.4 极限破坏点应变

早在 1988 年,Mander 等[53]就提出采用能量平衡的方法计算钢筋混凝土的极限应变。同样作为受约束混凝土,对 FRP 约束混凝土,其能量平衡表达式可写为:

$$U_f = U_{cc} - U_{uc} \tag{2-37}$$

式中，U_f 为由 FRP 约束作用产生的单位体积极限应变能；U_{cc} 为 FRP 约束混凝土的单位体积极限应变能；U_{uc} 为无约束混凝土的单位体积极限应变能。它们的表达式分别为：

$$U_f = A_f \int_0^{\varepsilon_{fu}} \sigma_f \mathrm{d}\varepsilon_f \tag{2-38}$$

$$U_{cc} = A_c \int_0^{\varepsilon_{cu}} \sigma_c \mathrm{d}\varepsilon_c \tag{2-39}$$

$$U_{uc} = A_c \int_0^{\varepsilon_{sp}} \sigma_{uc} \mathrm{d}\varepsilon_{uc} \tag{2-40}$$

式中，A_f 和 A_c 分别为 FRP 和混凝土的横截面面积，$A_f = 2nt_f(b+h-4r+\pi r)$，$A_c = bh-(4-\pi)r^2$；$\varepsilon_{fu}$ 为 FRP 的极限拉应变；σ_f 和 ε_f 分别为 FRP 的应力和应变；σ_{uc} 和 ε_{uc} 分别为无约束混凝土压应力和压应变；ε_{sp} 为无约束混凝土破碎时的应变。

Mander 等[53]假定 ε_{sp} 为无约束混凝土应力-应变关系曲线中压应变达到 $2\varepsilon_c'$ 后沿直线延长至应力为 0 时的应变值（如图 2－7 所示），可简化算得 $\varepsilon_{sp} = \varepsilon_c' + f_c'\varepsilon_c'/(f_c' - f_{c2}')$，其中，$f_{c2}'$ 为无约束混凝土应变达到 $2\varepsilon_c'$ 时的压应力。Mander 等[53]建议按 Popovics 模型[141]计算 f_{c2}'，即 $f_{c2}' = 2f_c'p/(p-1+2^p)$，其中，$p = E_{co}/(E_{co} - E_{sec})$。

如图 2－7 所示，可根据各自的应力-应变关系曲线近似计算出 U_{cc} 和 U_{uc}，图中阴影部分即为 U_f，代入式(2－37)可得：

$$\frac{1}{2}A_f\frac{k_s f_{fu}^2}{E_f} = \frac{1}{2}A_c(\varepsilon_{cu} - \varepsilon_c')(f_c' + f_{cu}) - \frac{1}{2}A_c(\varepsilon_{sp} - \varepsilon_c')f_c' \tag{2-41}$$

由式(2－41)可得：

$$\varepsilon_{cu} = \frac{A_f k_s f_{fu}^2 + E_f A_c(\varepsilon_{sp} f_c' + \varepsilon_c' f_{cu})}{E_f A_c (f_c' + f_{cu})} \tag{2-42}$$

图 2－8 为根据式(2－42)计算的极限应变理论值与试验值的对比。从图 2－8 中可以看出，式(2－42)的预测总体上较为准确且偏安全。从本书的附录 A 中可以看出，试验得到的极限应变值较为离散，这可能是由于试验中 FRP 和混凝土实际的力学性能的差异、仪器误差以及人为因素等影响造成

的,因此对极限应变尚难以完全准确地预测。式(2-42)是本书建议的极限应变模型之一,它从理论上给出了极限应变与极限应力的关系。从前文给出的本书建议的极限应力模型[式(2-36)]理论值与试验值的对比看,相对于极限应变模型,极限应力模型的预测要准确得多,这也从侧面说明了式(2-42)具有一定的可信度。虽然式(2-42)计算较为复杂,但是对实际工程应用仍具有较好的理论意义,更加简便实用的极限应变模型将在下一章中给出。

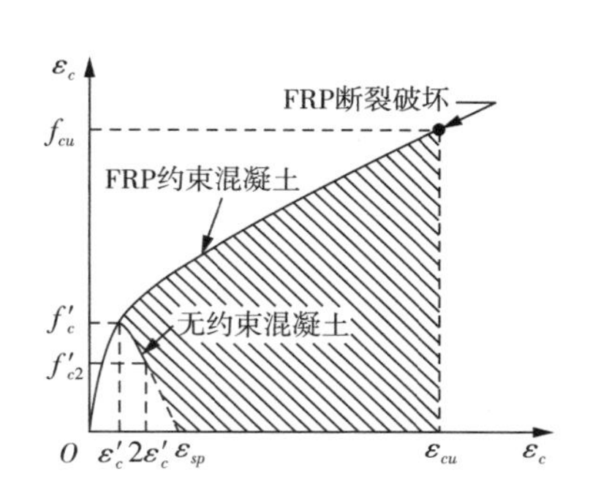

图 2-7　混凝土应力-应变关系曲线

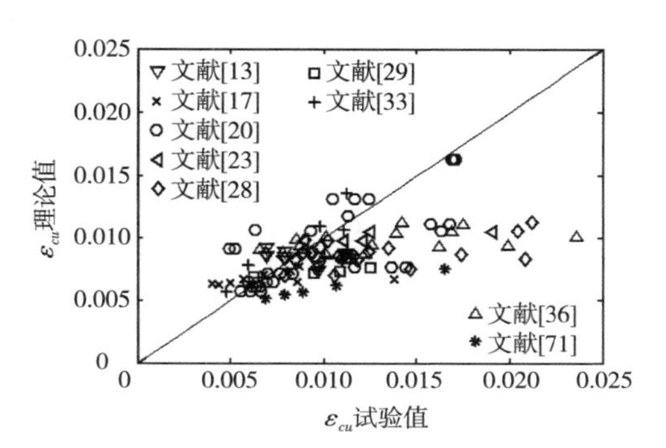

图 2-8　极限应变理论值与试验值对比

2.2.5　模型验证

根据本书提出的应力-应变关系统一模型计算的曲线与相关文献的部分试验曲线的对比如图 2-9 所示[请注意,图 2-9(d)中横坐标刻度有变化]。各文献试件的具体数据可见附录 A。其中,文献[17]的试件为圆形截面,混凝土强度相同(32.1MPa),GFRP 缠绕量不同(3 层和 9 层);文献[20]的试件为圆形截面,CFRP 缠绕量同为 2 层,混凝土强度不同(40.1MPa 和 52.0MPa);文献[28]的试件为矩形截面,混凝土强度相同(42.0MPa),CFRP 缠绕量基本相同(FRP 与混凝土体积比分别为 2.35%和 2.26%),拐角半径不同(5mm 和 25mm);文献[36]的试件为矩形截面,图 1-9(d)左边试件的 CFRP 缠绕量同为 1 层,拐角半径相同(45mm),混凝土强度不同(30MPa 和 50MPa),图 2-9(d)右边试件的混凝土强度相同(50MPa),拐角半径相同(0mm),CFRP 缠绕量不同(1 层和 2 层)。总之,本书用于对比的各文献试验曲线涉及截面形状、尺寸、FRP缠绕量及混凝土强度等广泛的参数变化，且包括圆形截面强弱约束曲线和矩形截面强弱约束曲线。从图2-9中可以看出，本书模型的计算曲线与试验曲线吻合较好，能够反映FRP约束混凝土在不同参数下的反应规律，且计算简便，能够满足计算的精度要求。

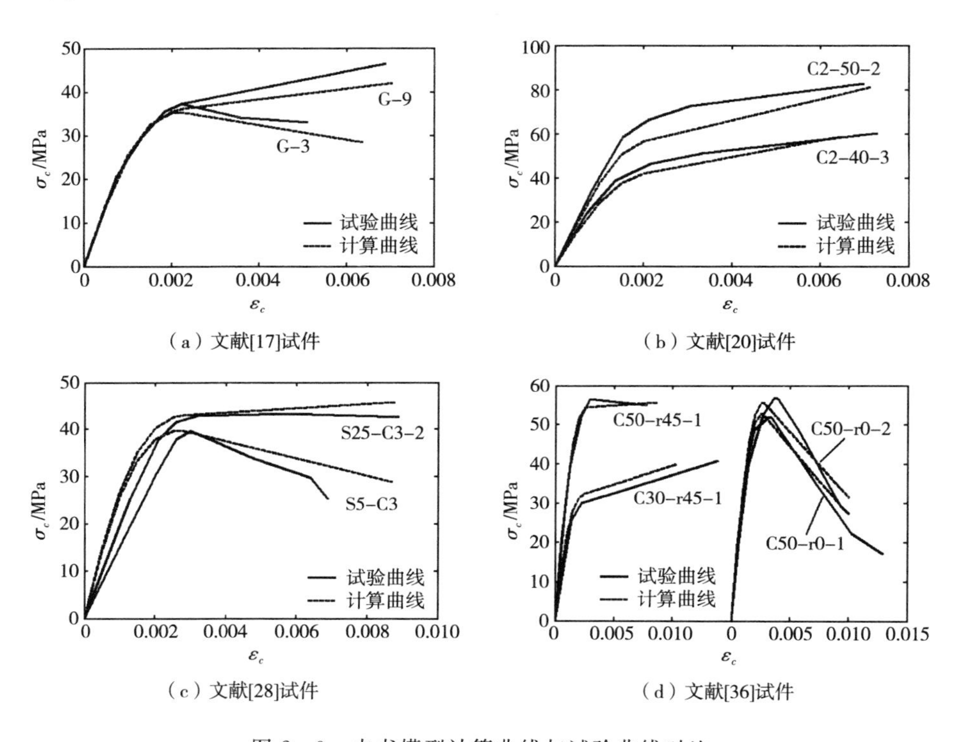

图2-9　本书模型计算曲线与试验曲线对比

2.3　FRP对混凝土强弱约束的判别模型

从上一节中对已有的极限应力模型的评估来看，由于Mirmiran模型和Wu模型在计算极限应力时需要先对试件的强弱约束进行判别，而对部分试件判别的不准确导致了选择计算模型的错误，进而影响到预测的准确性。虽然在本书提出的应力-应变关系模型中未考虑FRP对混凝土强弱约束的区分，但是在实际工程中，对需要进行加固的混凝土柱，我们总希望加固后FRP对混凝土的约束作用越有效越好，最好能够达到强约束，这就要求工程技术人员能了解FRP对混凝土强弱约束的界限取值，从而选择合适的加固方式和加固量以满足实际工程需求。本节将对已有的FRP对混凝土强弱约束的判别模型与试验结果进行比对，并提出判别效果更好的强弱约束判别模型。

2.3.1　已有的强弱约束判别模型

(1)Teng 模型[80]

Teng 等建议采用 ρ_K 来判别强弱约束，按式(2-43)计算：

$$\rho_K=\frac{2nt_fE_f}{(f_c'/\varepsilon_c')d} \tag{2-43}$$

当 $\rho_K\geqslant 0.01$ 时为强约束，$\rho_K<0.01$ 时为弱约束。

(2)魏洋模型[78]

魏洋等建议采用 m 来判别强弱约束，按式(2-44)计算：

$$m=k_s\rho_f\frac{f_{fu}}{f_c'} \tag{2-44}$$

式中，

$$\rho_f=\frac{2nt_f(b+h)}{bh} \tag{2-45}$$

$$k_s=\frac{r(b+h)}{bh} \tag{2-46}$$

当 $m\geqslant 0.2$ 时为强约束，$m<0.2$ 时为弱约束。

(3)Mirmiran 模型[54]

Mirmiran 等建议采用 MCR 来判别强弱约束，按式(2-22)计算。当 MCR$\geqslant$0.15 时为强约束，MCR$<$0.15 时为弱约束。

(4)Wu 模型[72]

Wu 等定义 λ 为强弱约束界限值，取为 0.13。当 $f_{lu}/f_c'\geqslant\lambda$ 时为强约束，$f_{lu}/f_c'<\lambda$ 时为弱约束，f_{lu} 按式(2-29)计算。

已有的强弱约束判别模型中，Teng 模型只能对 FRP 约束圆形截面试件的强弱约束进行判别；魏洋模型只能对 FRP 约束矩形截面试件的强弱约束进行判别；Mirmiran 模型和 Wu 模型对 FRP 约束圆形和矩形截面试件的强弱约束均可进行判别。

为了检验已有模型对 FRP 约束混凝土柱强弱约束判别的准确性，采用已有模型对附录 A 中收集的试验试件[13,17,18,20,23,28,29,33,36,71,134]进行了判别计算，已有模型对 164 组试件的判别情况如图 2－10(a)～(c)和图 2－11(a)～(c)所示，各模型判别情况图中左图为整体示意图，右图为局部放大图。已有模型对 164 组试件的判别结果见表 2－2 所列。

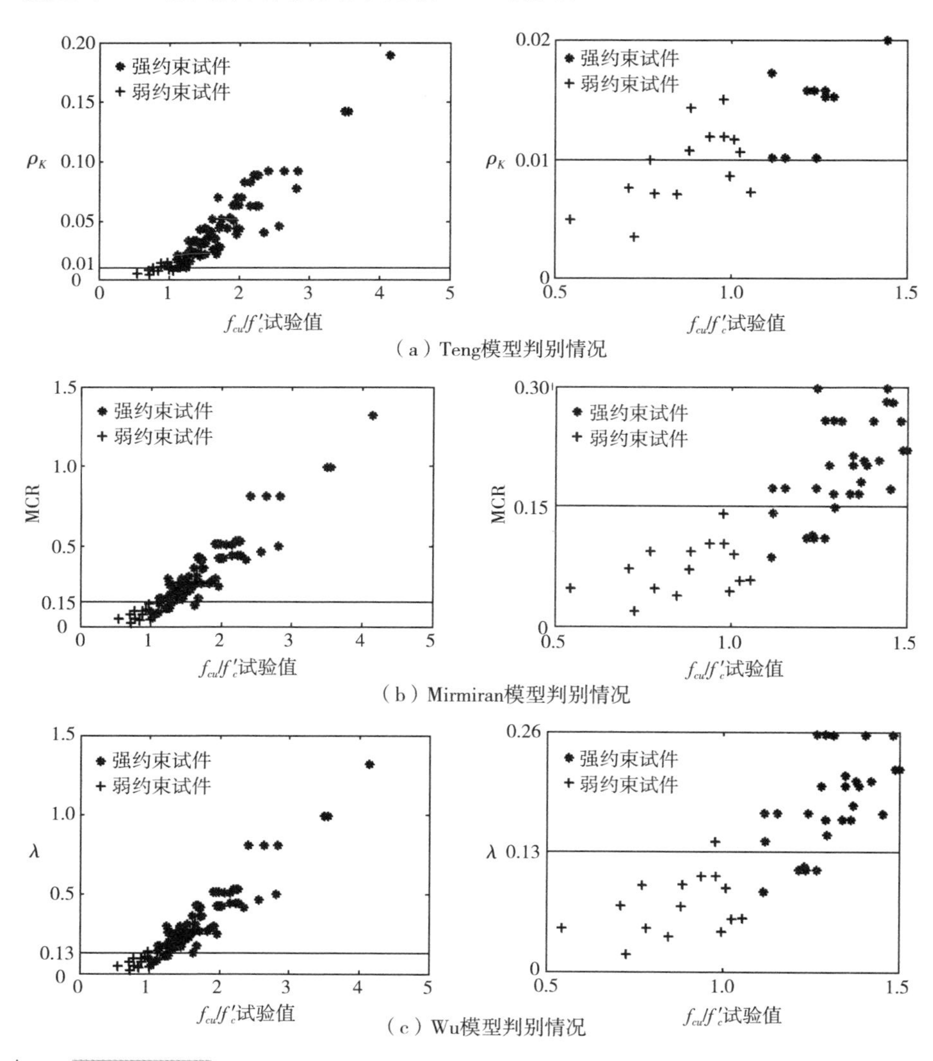

（a）Teng模型判别情况

（b）Mirmiran模型判别情况

（c）Wu模型判别情况

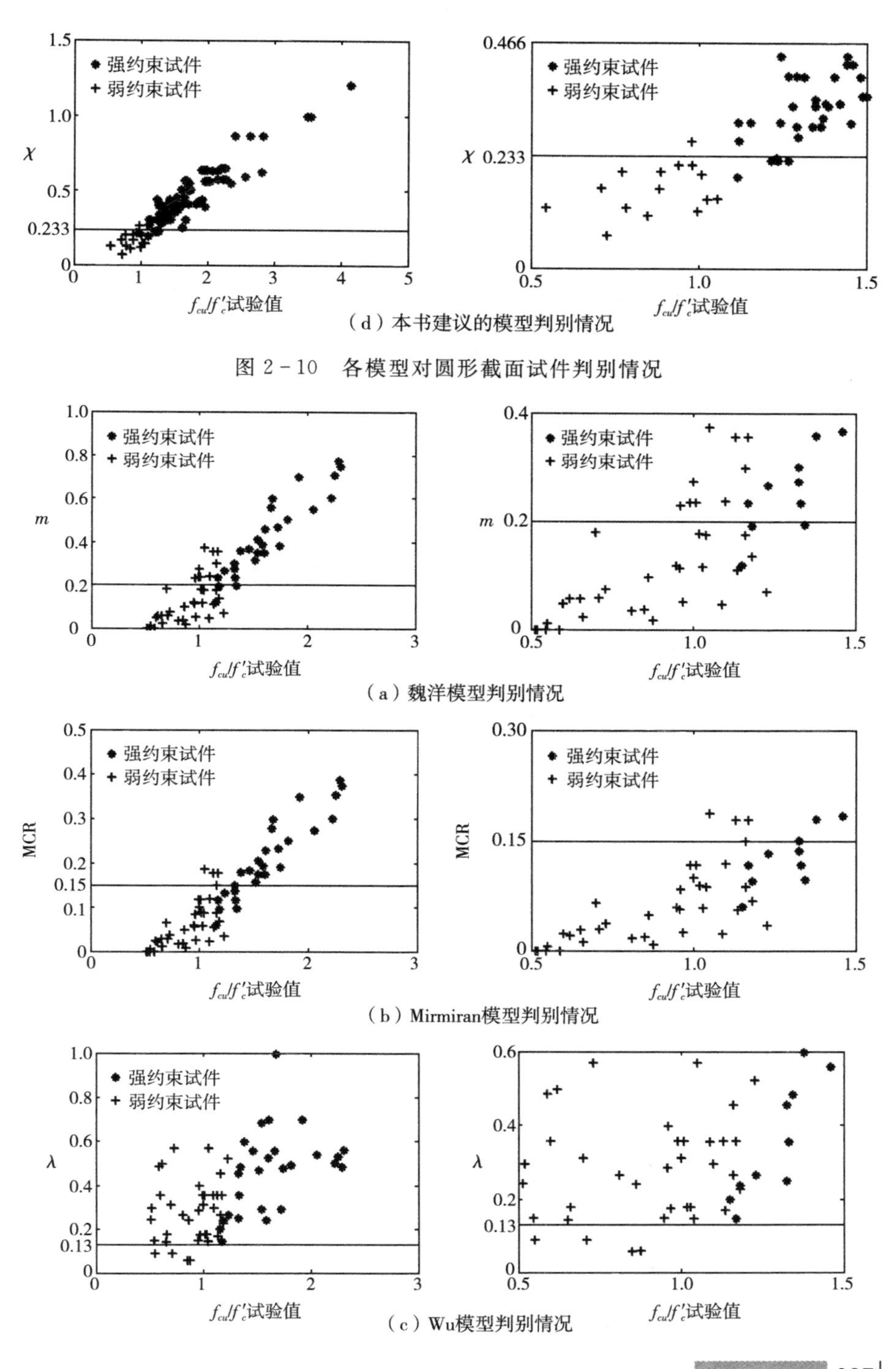

（d）本书建议的模型判别情况

图 2-10　各模型对圆形截面试件判别情况

（a）魏洋模型判别情况

（b）Mirmiran模型判别情况

（c）Wu模型判别情况

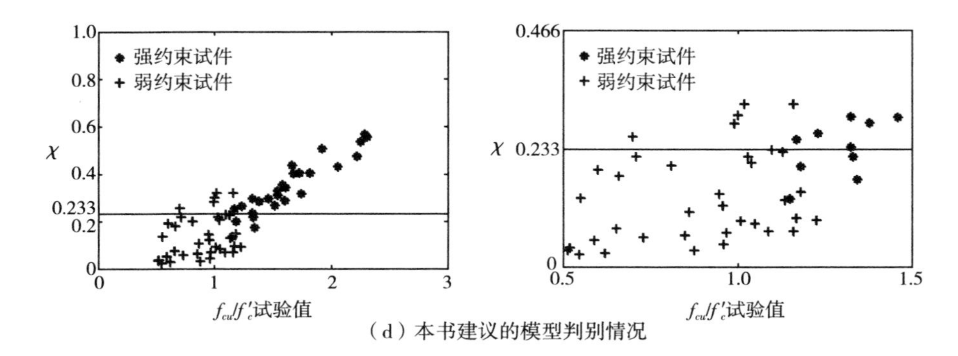

（d）本书建议的模型判别情况

图 2-11　各模型对矩形截面试件判别情况

表 2-2　各模型对弱约束试件的判别结果

模型类别	圆形截面弱约束试件				矩形截面弱约束试件				所有弱约束试件			
	数目	正判	误判	未判	数目	正判	误判	未判	数目	正判	误判	未判
Teng 模型	8	8	0	7	—	—	—	—	—	—	—	—
魏洋模型	—	—	—	—	30	27	3	9	—	—	—	—
Mirmiran 模型①	23	15	8	0	36	29	7	3	59	44	15	3
Wu 模型	20	14	6	1	4	4	0	32	24	18	6	33
本书建议模型	19	14	5	1	35	31	4	5	54	45	9	6
试验结果	15	—	—	—	36	—	—	—	51	—	—	—

注：①Mirmiran 模型对 4 个拐角半径为 0 的矩形截面试件未能判别。

从图 2-10(a)～(c)和图 2-11(a)～(c)以及表 2-2 中可以看出：

(1)Teng 模型对圆形截面弱约束试件虽然没有误判，但是却有 7 个未判别出来，说明其界限值取得太低。

(2)魏洋模型对矩形截面弱约束试件虽然误判较少，但未判别出来的个数却占总数的 1/4。

(3)Mirmiran 模型对圆形截面弱约束试件虽然没有未判，但是却有 8 个判别错误，对矩形截面弱约束试件也出现了 7 个判别错误。

(4)Wu 模型对圆形截面弱约束试件判别较好，而对矩形截面弱约束试件判别较差，有 8/9 的试件未判别出来。

综上所述,由于试验所受干扰较多,理论上的判别模型均难以对FRP约束混凝土柱强弱约束进行完全准确地判别。已有的强弱约束判别模型中,Teng模型和魏洋模型只针对同一种截面形式,因而不具有通用性;Wu模型虽然具有通用性,但是准确性较差;Mirmiran模型虽然具有一定的准确性,但是仍有可以改进的余地。下面将在上一节提出的应力-应变关系统一模型中的极限应力模型的基础上,建议更加准确的强弱约束判别模型。

2.3.2 建议模型

由于对试验试件的强弱约束无法做到完全准确的判别,最实际的思路是尽可能地提高正确判别的数目,并且降低错误判别和未判别的数目。通过将式(2-36)计算结果与试验结果[13,17,18,20,23,28,29,33,36,71,134]的比对发现,当将强弱约束的界限值取为 $f_{cu}/f_c'=1.13$ 时,正确判别的数目最多,且错误判别和未判别的数目最少。于是可得:

$$0.5+2.7k_s^{2.24}\left(\frac{f_{lu}}{f_c'}\right)^{0.68}=1.13\Rightarrow k_s^{2.24}\left(\frac{f_{lu}}{f_c'}\right)^{0.68}=0.233 \quad (2-47)$$

可定义

$$\chi=k_s^{2.24}\left(\frac{f_{lu}}{f_c'}\right)^{0.68} \quad (2-48)$$

建议当 $\chi\geqslant0.233$ 时为强约束,$\chi<0.233$ 时为弱约束。本书建议模型对试验试件的判别情况如图2-10(d)和图2-11(d)所示,判别结果见表2-2所列。从图2-10和图2-11以及表2-2中可以看出,相对于已有模型,本书建议的模型判别的正判率较高,误判率和未判率均较少,且具有通用性。

2.4 轴压下FRP约束混凝土柱的数值模拟

2.4.1 问题的提出

正如本章引言中所述,对FRP约束混凝土柱开展数值模拟的一个关键问题就是如何选取合适的混凝土应力-应变关系模型。FRP约束混凝土柱是一种组合结构，除了混凝土材料之外，对 FRP 这种复合材料的模拟，就现在通用的有限元分析软件 ANSYS 而言，一些学者如陆新征等[118]采用的是单层壳体 Shell41 单元。当 FRP 多层缠绕时，只能通过改变 Shell41 单元的厚度来模拟多层 FRP 结构，这样就不能研究 FRP 各层不同的力学性能，因此有必要寻求更加接近实际的单元来模拟 FRP。此外，已报道的数值模拟研究[118-127]都基于一个假定：FRP 与混凝土黏结完好，也就是说不考虑其黏结-滑移，在建立模型时将模拟 FRP 与混凝土的单元界面交接处设定为共用节点。一直以来，这个假定似乎成为共识，FRP 与混凝土在受力过程中是否黏结完好没有得到足够的重视。

本节将采用适合模拟 FRP 与混凝土的单元和本构关系，对受压过程中为什么可以不考虑 FRP 与混凝土之间的黏结-滑移作出合理的解释，利用非线性有限元分析程序 ANSYS 对 FRP 约束混凝土柱的轴压过程进行数值模拟，并考察其受压性能和受力机理。

2.4.2 单元类型和材料模型选取

2.4.2.1 FRP

FRP 材料具有各向异性、平面内只有抗拉强度但平面外无弯曲强度等特点。在 ANSYS 中支持这些特点的单元有[142]：Shell41、Shell63、Shell91、Shell99 和 Shell181。用于模拟 FRP 材料的单元还需满足以下条件：(1)属于分层壳体，因为 FRP 材料往往多层组合使用且各层材料属性可能不同；(2)具有非线性，因为在对轴压试件作静力分析时必须使用应力强化以及大应变非线性分析。以上单元中 Shell41 和 Shell63 属于单层壳体，Shell91、Shell99 和 Shell181 属于分层壳体，但是 Shell91 不具有非线性，因此符合条件的只有 Shell99 和 Shell181。Shell99 是 8 节点壳体单元，Shell181 是 4 节点壳体单元。本书分析时采用 4 节点壳体单元 Shell181，设置其 KEYOPT(1)为 1，只考虑薄膜刚度而不考虑弯曲刚度，通过命令 SECTYPE 和 SECDATA 设置 FRP 的各层厚度和材料属性，再通过命令 SECNUM 附属给 FRP 模型。FRP 材料的应力-应变关系接近理想弹性。本书中的分析，按照多线性随动强化模型(KINH)[142]输入其应力、应变值。

2.4.2.2　混凝土

混凝土采用ANSYS中专用于混凝土材料的8节点实体单元Solid65模拟,泊松比取0.2,材料应力-应变关系模型按照多线性等向强化模型(MISO)[142]输入,采用Popovics模型[141]:

$$\sigma_c=\frac{f_c'\cdot x\cdot p}{p-1+x^p} \tag{2-49}$$

式中,σ_c为混凝土压应变ε_c对应的压应力;f_c'为混凝土抗压强度,对应的应变为ε_c';$x=\varepsilon_c/\varepsilon_c'$;$p=E_{co}/(E_{co}-E_{sec})$,$E_{co}$为初始弹性模量,按$E_{co}=4700\sqrt{f_c'}$[139]计算所得,$E_{sec}$为割线弹性模量,$E_{sec}=f_c'/\varepsilon_c'$。

在Popovics模型中,当混凝土压应力达到抗压强度之后就进入下降段[如图2-12(a)所示],而FRP约束混凝土的应力-应变关系分为有强化段和有软化段两种,对后者可以直接采用Popovics模型,对前者在使用ANSYS分析时若直接采用Popovics模型则容易形成负刚度矩阵,从而造成有限元求解困难,最终导致计算错误。因此,在模拟FRP强约束混凝土柱时,本书对Popovics模型进行修正,当混凝土压应力达到抗压强度后假定其应力不变[如图2-12(b)所示],使用修正后的模型数值计算效果较好。混凝土应力-应变关系模型选取的步骤为:先根据前文建议的强弱约束判别模型判别试件的强弱约束,再如图2-12所示选取相应的应力-应变关系模型。

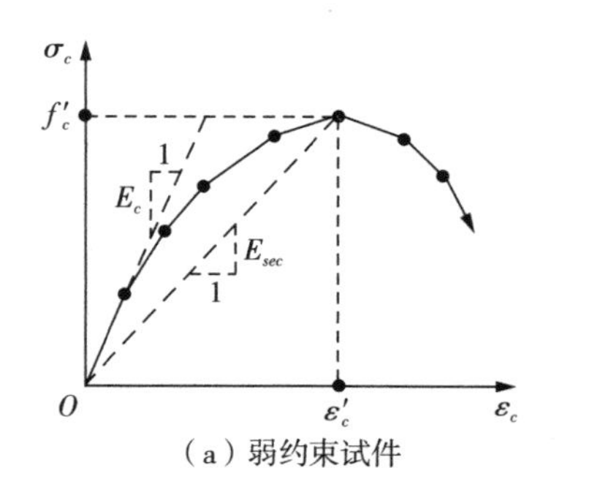

(a)弱约束试件

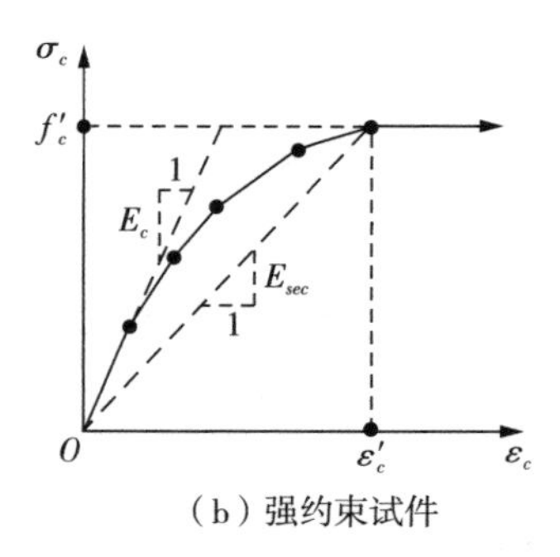

(b)强约束试件

图2-12　混凝土应力-应变关系模型

在ANSYS中,Solid65单元的破坏准则默认采用William-Wamke五参数破坏准则。经过试算,本书在定义TB和CONCR时,开裂的剪力传递系数取0.5,闭合的剪力传递系数取0.9,单轴抗拉强度取$0.1f_c'$,并关闭压碎选项。

2.4.3 有限元模型

2.4.3.1 FRP与混凝土界面的处理

FRP约束混凝土柱具有材料非线性,当采用不同的单元模拟FRP和混凝土时,其界面如何处理是不得不面对的问题。其实,对FRP约束混凝土柱来说,这个问题并不是很重要。一般在加固混凝土柱时,为了使FRP的约束作用得到有效发挥,往往采用横向或环向包裹进行加固,这样FRP只受横向或环向拉力,纵向不受力或受力很小。FRP属于各向异性材料,其轴向和环向泊松比不同,环向加固时FRP的轴向为最小刚度方向,该方向的泊松比很小,一般为0.015～0.06,而混凝土泊松比为0.10～0.20。这样在相同的轴向压应变下,由轴向压应变产生的FRP的环向应变要小于混凝土的环向应变,即混凝土的膨胀比FRP快,混凝土的膨胀使FRP受张拉,受张拉的FRP就会更紧密地约束混凝土,因此FRP与混凝土之间很难出现相对滑移和相对脱离。在FRP约束混凝土柱受压过程中,当压应力达到未约束混凝土强度的0.6～0.7之前,核心混凝土是按照未约束混凝土受压状态发展的;当压应力达到未约束混凝土强度的0.6～0.7时,FRP就开始产生约束作用,之后两者之间的约束更加紧密直至FRP断裂导致柱破坏。因此,模拟FRP约束混凝土柱时,可以认为FRP与混凝土之间黏结完好。在建立有限元模型时,使用GLUE命令将FRP与混凝土之间的界面黏接起来。

2.4.3.2 边界条件和加载方式

进行轴压FRP约束混凝土柱非线性有限元模拟分析时,利用对称性,取四分之一柱体建立模型,在柱两端各建立一个刚性垫块以利于施加和传递荷载。如图2-13所示,在对称面的节点上施加沿对称面法向的对称约束,将柱底垫块面上的节点的X、Y和Z方向自由度耦合到一个关键点上,对该关键点施加约束

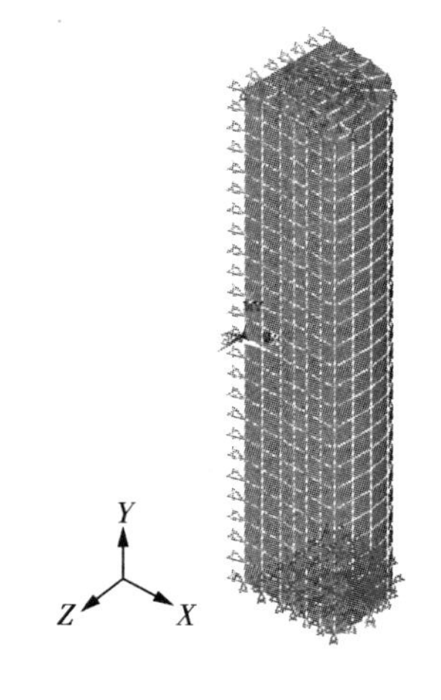

图2-13 有限元分析模型

$UX=0$、$UY=0$ 和 $UZ=0$;将柱顶垫块面上的节点的 X、Y 和 Z 方向自由度也耦合到一个关键点上,对该关键点施加约束 $UX=0$、$UZ=0$ 和 Y 方向位移荷载 UY。

2.4.3.3　计算程序设定

当计算结果达到以下任一种情况时,认为试件破坏,计算终止:

(1)FRP环向拉应变达到极限拉应变 ε_{fu} 时;

(2)在计算过程中,迭代超过50次不收敛,将加载步长折半,重复折半超过1000次不收敛。

在本次分析中,所有算例均计算效果良好,未出现因第(2)种情况终止的现象。

2.4.4　数值模型验证

在以上分析的基础上,参考文献[17,20,36]的部分试验数据,对8组FRP约束混凝土柱进行了轴压非线性有限元模拟,各试件具体参数见附录A。

如图2-14所示为8组试件数值计算的轴向应力-应变关系曲线和试验曲线的对比[请注意,图2-14(c)中横坐标刻度有变化],表2-3为8组试件数值计算结果与试验结果的对比,其中也给出了各试件的 χ 值,以便区分各试件对混凝土本构关系模型的选取。从图2-14和表2-3中可以看出,数值计算曲线与试验曲线基本吻合,强度计算值与试验值的误差在12.5%之内。数值计算结果与试验结果的较好符合说明了本书建立的有限元分析模型能较好地模拟FRP约束混凝土柱的轴压过程。

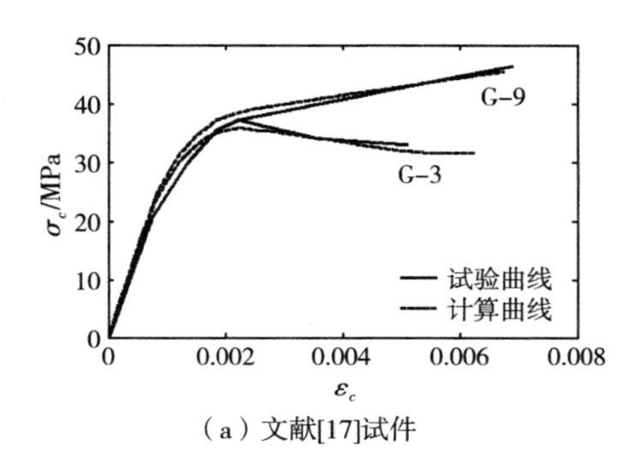

(a)文献[17]试件

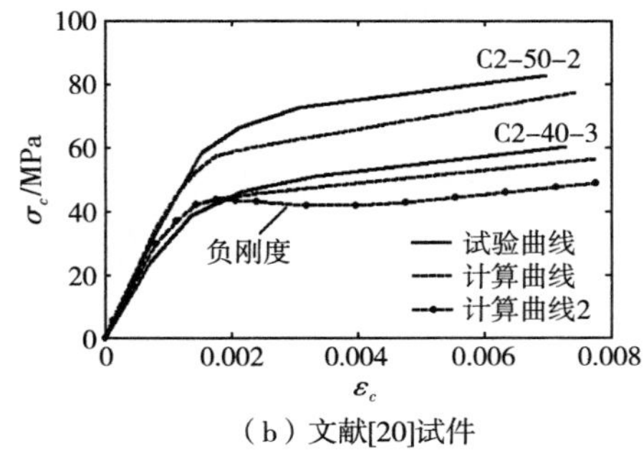

(b)文献[20]试件

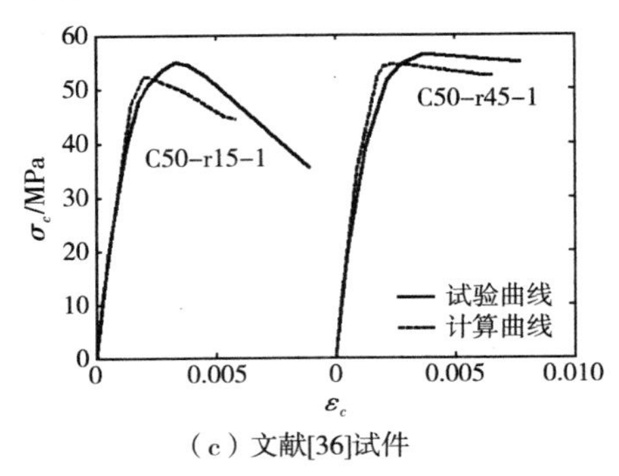

（c）文献[36]试件

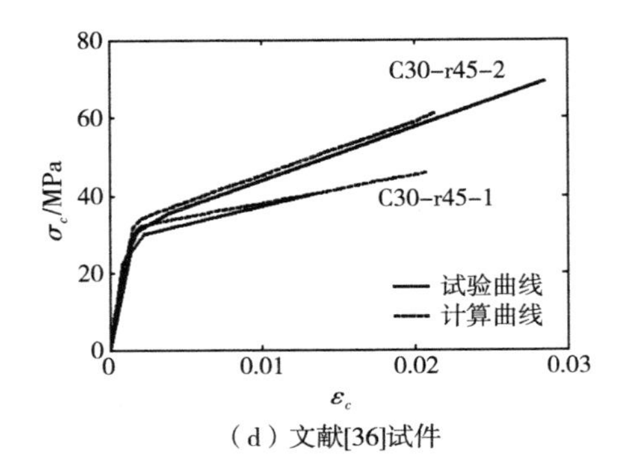

（d）文献[36]试件

图 2-14 计算曲线与试验曲线对比

表 2-3 计算结果与试验结果对比

试件名称	χ	强度/MPa		强度误差①/%
		试验值	计算值	
G-3	0.142	36.6	35.8	−2.2
G-9	0.300	46.7	45.5	−2.6
C2-40-3	0.357	60.2	56.4(48.7)②	−6.3(−19.1)②
C2-50-2	0.394	82.8	77.3	−6.6
C50-r15-1	0.075	55.0	52.1	−5.3
C50-r45-1	0.205	56.4	54.5	−3.4
C30-r45-1	0.297	40.8	45.9	−12.5
C30-r45-2	0.475	69.4	61.3	−11.7

注：①误差（%）=100×（计算值−试验值）/试验值。

②括号内为计算曲线 2 结果。

为了比较对强约束试件数值模拟时采用修正后的混凝土应力-应变关系模型[如图 2-12(b)所示]与未修正的混凝土应力-应变关系模型[如图 2-12(a)所示]的不同，对试件 C2-40-3 分别采用两种混凝土应力-应变关系模型进行了数值计算。其中“计算曲线 2”为采用未修正的混凝土应力-应变关系模型的数值计算曲线[如图 2-14(b)所示]，可见在达到转折点之前，两种计算曲线几乎相同，在达到转折点之后，“计算曲线 2”则先进入一段负刚度的软化曲线，然后再转向变为正刚度的强化曲线，这与试验曲线中达到转折点后即进入强化段的表现相差较大。从表 2-3 中可以看出，“计算曲线 2”中强度的计算值与试验值的误差竟达到了 19.5%。这可能是由于采用未修正的混凝土应力-应变关系模型使有限元分析时产生了负刚度，虽然后期有FRP的有效约束使曲线强化,但是有效约束的一部分要被用于平衡之前产生的负刚度,这样就使得进入强化段的初始点应力被降低了,最终试件的强度也就相应地变小了。

2.4.5 数值结果分析

2.4.5.1 FRP应变分布

图2-15所示为试件破坏时FRP环向拉应变 ε_{fh} 与极限拉应变 ε_{fu} 之比沿柱纵向的分布情况,其中 Y 为柱纵向坐标,$Y=0$ 处即为柱中,Y 以柱上部为正,柱下部为负。

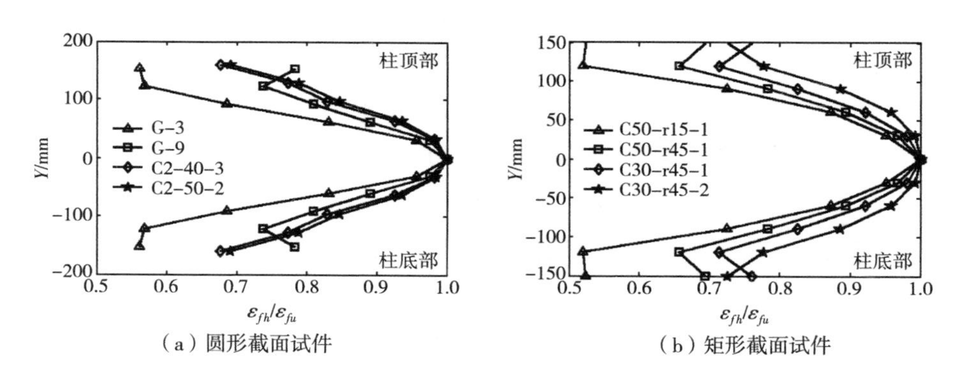

(a)圆形截面试件 (b)矩形截面试件

图2-15 FRP应变比纵向分布

从图2-15中可以看出:

(1)8组试件两端由于有刚性垫块约束,$\varepsilon_{fh}/\varepsilon_{fu}$ 值均较小。其中圆形截面试件G-3和G-9、矩形截面试件C50-r15-1、C50-r45-1和C30-r45-1的 $\varepsilon_{fh}/\varepsilon_{fu}$ 值在靠近柱端处较小,这是因为这些试件的 χ 值相对于其他3组试件较小(见表2-3所列),FRP对混凝土的约束较小造成的。

(2)8组试件的 $\varepsilon_{fh}/\varepsilon_{fu}$ 最大值均位于柱中部。这是由于柱中部混凝土的横向膨胀变形较大,使得FRP得到了更有效的张拉,最终此处的FRP先达到极限拉应变而断裂,导致柱被压溃,这与试验中观测到的现象是一致的(如图2-16所示)。

(3)比较试件G-3和G-9、C30-r45-1和C30-r45-2,随着FRP层数的增加,同一位置的 $\varepsilon_{fh}/\varepsilon_{fu}$ 值有所增大。这说明FRP层数的增加可以使

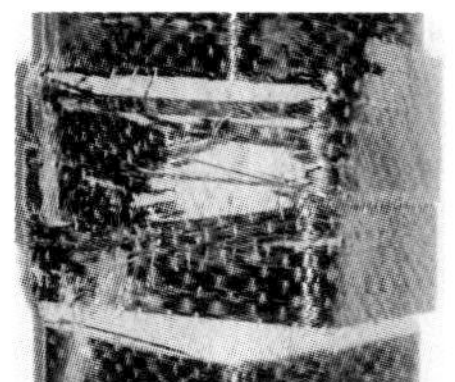

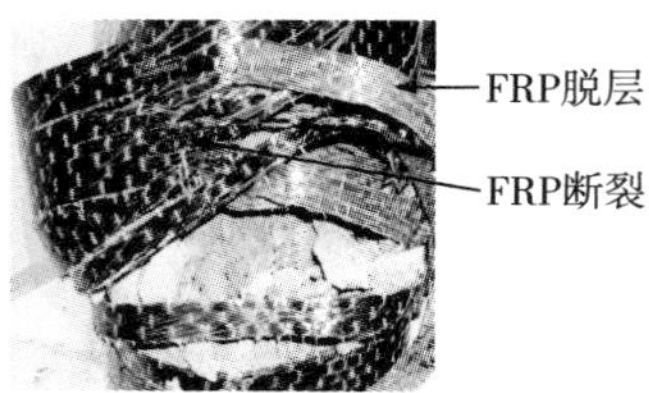

（a）文献[20]试件破坏　（b）文献[36]试件（左：r=15mm，右：r=45mm）破坏

图 2－16　FRP 约束混凝土柱破坏情况

FRP 更有效地发挥约束作用。

（4）比较试件 C2－40－3 和 C2－50－2，随着混凝土强度的提高，同一位置的 $\varepsilon_{fh}/\varepsilon_{fu}$ 值变化不大；比较试件 C30－r45－1 和 C50－r45－1，随着混凝土强度的提高，同一位置的 $\varepsilon_{fh}/\varepsilon_{fu}$ 值有所减小。这说明对圆形截面试件来说，混凝土强度的变化对 FRP 应变的纵向分布影响不大；而对矩形截面试件来说，混凝土强度的变化对 FRP 应变的纵向分布有一定影响。

（5）比较试件 C50－r15－1 和 C50－r45－1，随着拐角半径的增大，同一位置的 $\varepsilon_{fh}/\varepsilon_{fu}$ 值有所增大。这说明拐角半径的增大可以使 FRP 更有效地发挥约束作用。

如图 2－17 所示为矩形截面试件破坏时柱中 FRP 环向拉应变 ε_{fh} 与极限拉应变 ε_{fu} 之比沿柱横向的分布情况，其中 Z 为柱横向坐标，$Z=0$ 处即截面中部中点（如图 2－18 所示），试件编号后括弧内的"i"和"o"分别表示 2 层 FRP 中的内层和外层。为了更好地进行比较，这里还采用建议的数值模型对试件 C30－r15－1 和 C30－r15－2 进行了数值计算。

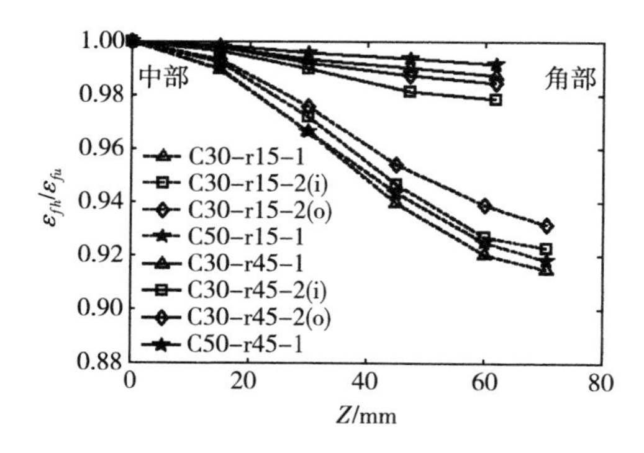

图 2－17　FRP 应变比横向分布

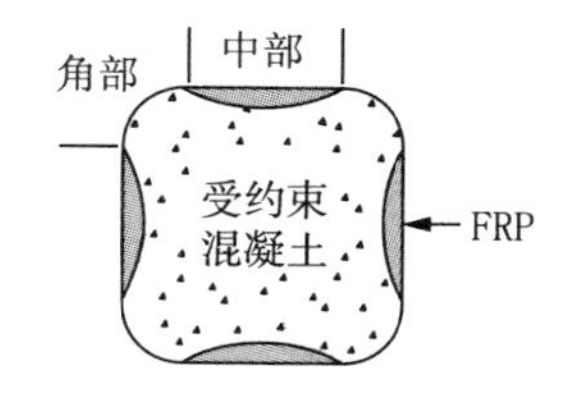

图 2－18　FRP 约束矩形柱截面

从图2－17中可以看出：

(1)6组试件的 $\varepsilon_{fh}/\varepsilon_{fu}$ 最大值均位于截面中部。为了解释这个现象，这里首先阐述本书提出的一个新的理念。

众所周知，说到FRP约束混凝土结构，我们一般都将关注点集中到FRP对混凝土的约束作用上。这当然无可厚非，然而与此同时我们却往往忽视了作用物体与受作用物体之间还存在反作用这个自然规律，即混凝土对FRP也存在着约束作用。混凝土对FRP的约束作用应该包括混凝土对FRP的法向膨胀作用和切向黏滞作用，其中法向膨胀作用主要是由轴向变形引起的环向变形产生的，切向黏滞作用主要是由缠绕FRP前在混凝土表面涂抹的粘胶以及混凝土表面本身的粗糙不平造成的。对圆形截面试件来说，混凝土的各向同性使得混凝土对FRP的法向膨胀作用在同一平面内几乎处处相同，混凝土表面涂抹的粘胶稠度和混凝土表面本身的粗糙程度也基本均匀，因此FRP的应变值在同一平面内几乎是相等的。对矩形截面试件来说，拐角的存在使截面形状发生变化，由于角部离截面中心的距离比中部远(如图2－18所示)，因此相同的轴向变形引起的角部混凝土的环向变形要比中部混凝土大，即角部混凝土对FRP的法向膨胀作用比中部混凝土大。切向黏滞作用与法向膨胀作用又是成正比的，因此角部混凝土对FRP的切向黏滞作用也要比中部混凝土大，这样就使得角部FRP应变的发展不如中部那样顺利，从而角部的 $\varepsilon_{fh}/\varepsilon_{fu}$ 值小于中部。

(2)比较试件C30－r15－1和C30－r45－1、C30－r15－2和C30－r45－2、C50－r15－1和C50－r45－1，随着拐角半径的增大，同一位置的 $\varepsilon_{fh}/\varepsilon_{fu}$ 值有所增大。这说明拐角半径越小，角部混凝土对FRP的切向黏滞作用越大，更容易发生应力集中，FRP的断裂也就越接近角部中点；拐角半径越大，混凝土对FRP的切向黏滞作用沿横向趋于均匀，不容易发生应力集中，FRP的断裂也就会远离角部中点，这与文献[36]中试验观察到的现象是一致的[如图2－16(b)所示]。

(3)比较试件C30－r15－1和C30－r15－2、C30－r45－1和C30－r45－2，随着FRP层数的增加，同一位置的 $\varepsilon_{fh}/\varepsilon_{fu}$ 值前者有些许增大，后者有些许减小，但变化幅度很小。这说明对矩形截面试件来说，FRP层数的增加对FRP应变的横向分布影响不大。

(4)比较试件 C30 - r15 - 1 和 C50 - r15 - 1、C30 - r45 - 1 和 C50 - r45 - 1,随着混凝土强度的提高,同一位置的 $\varepsilon_{fh}/\varepsilon_{fu}$ 值变化不大。这说明对矩形截面试件来说,混凝土强度变化对 FRP 应变的横向分布影响不大。

(5)比较试件 C30 - r15 - 2(i)和 C30 - r15 - 2(o)、C30 - r45 - 2(i)和 C30 - r45 - 2(o),内层和外层 FRP 的 $\varepsilon_{fh}/\varepsilon_{fu}$ 值横向分布有一些差别,同一位置外层 FRP 的 $\varepsilon_{fh}/\varepsilon_{fu}$ 值较大。正因为内外层 FRP 的应变不均匀,才导致了 FRP 发生内外脱层的现象;外层 FRP 应变较大,因此最先发生断裂[如图 2 - 16(b)所示]。由此可见,只有采用分层壳体模拟 FRP 才能解释试验中同时发生的多层 FRP 的脱层和断裂现象,这是采用单层壳体模拟无法实现的。

2.4.5.2 FRP 对混凝土的约束作用

如图 2 - 19 所示为 8 组试件柱中截面 FRP 对混凝土的法向约束应力 σ_l 与轴向压应力 σ_c 的关系曲线,以受压为正。

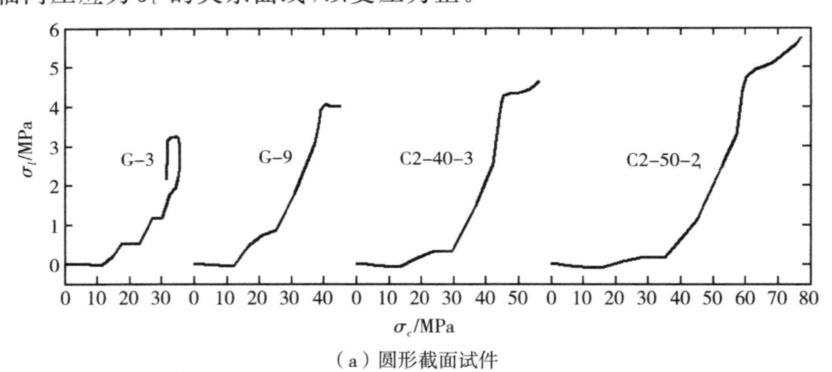

(a) 圆形截面试件

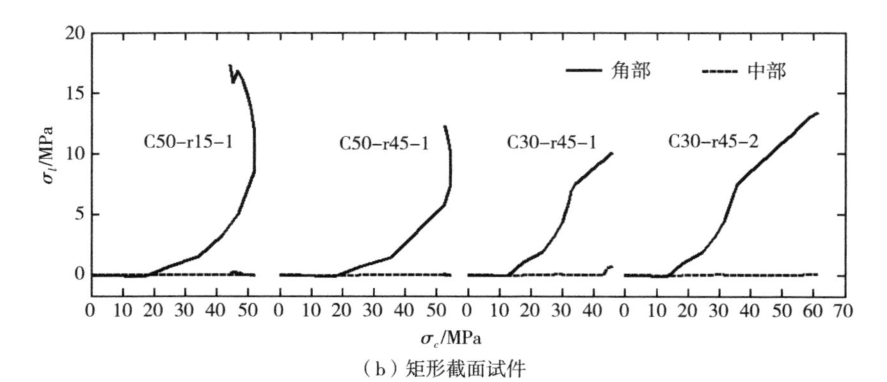

(b) 矩形截面试件

图 2 - 19 法向约束应力与轴向压应力关系曲线

从图2-19中可以看出:

(1)圆形截面试件的$\sigma_l-\sigma_c$关系曲线和矩形截面试件角部的$\sigma_l-\sigma_c$关系曲线大体呈现如图2-20所示的简化曲线发展规律,其中f_{c1}和f_{l1}、f_{c2}和f_{l2}、f_{ct}和f_{lt}、f_{cu}和f_{lu}分别为A点、B点、C点、D点的轴向压应力和法向约束应力。如图2-20所示,在加载初期O段,约束应力几乎为0,混凝土基本不受约束;

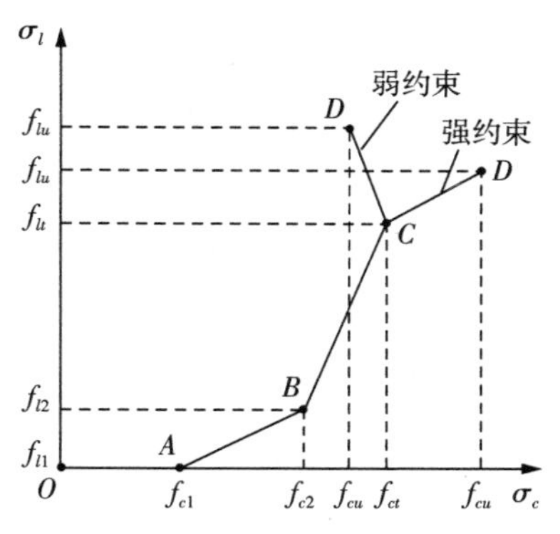

图2-20　$\sigma_l-\sigma_c$关系简化曲线

当加载至f_{c1}后进入AB段,FRP开始对混凝土产生侧向约束作用,法向约束应力缓慢增加;加载到f_{c2}后进入BC段,FRP对混凝土约束作用增强,法向约束应力开始急剧增大;加载至转折点应力f_{ct}后进入CD段,对强约束试件来说,法向约束应力趋于平缓增大;对弱约束试件来说,法向约束应力趋于平缓减小,两者均直到加载至极限压应力f_{cu}时才结束。总体来看,圆形截面试件的$\sigma_l-\sigma_c$关系曲线和矩形截面试件角部的$\sigma_l-\sigma_c$关系曲线均呈现出有规律的梯次变化。

(2)矩形截面试件中部的$\sigma_l-\sigma_c$关系曲线基本上不发生变化,中部FRP对混凝土的法向约束应力在整个加载过程中几乎为0。这说明FRP对中部混凝土的侧向约束作用很小,FRP对矩形截面混凝土的约束作用主要集中在角部。

表2-4　矩形截面试件角部应力汇总表

试件名称	f_{c1}/f_{cc}	f_{l1} /MPa	f_{c2}/f_{cc}	f_{l2} /MPa	f_{ct}/f_{cc}	f_{lt} /MPa	f_{cu}/f_{cc}	f_{lu} /MPa
G-3	0.32	−0.025	0.64	0.52	1.00	2.64	0.88	2.12
G-9	0.27	−0.057	0.55	0.86	0.89	4.05	1.00	4.00
C2-40-3	0.23	−0.072	0.52	0.31	0.84	4.32	1.00	4.63
C2-50-2	0.20	−0.109	0.46	0.14	0.82	4.93	1.00	5.75
C50-r15-1	0.32	−0.115	0.66	1.56	1.00	10.75	0.85	17.29
C50-r45-1	0.32	−0.087	0.65	1.50	1.00	8.72	0.96	12.3
C30-r45-1	0.27	−0.052	0.51	1.93	0.71	6.95	1.00	10.1
C30-r45-2	0.21	−0.090	0.40	1.92	0.59	7.52	1.00	13.5

表 2－4 列出了 8 组试件在如图 2－20 所示简化曲线中各加载点法向约束应力值，其中 f_{cc} 为 FRP 约束混凝土柱的强度，f_{c1}/f_{cc} 值越小说明 FRP 对混凝土的约束作用开始得越早。

从表 2－4 中可以看出：

(1)FRP 对混凝土的约束作用开始得越早，其产生的法向约束应力越大；FRP 对圆形截面混凝土的法向约束应力普遍小于对矩形截面混凝土角部的法向约束应力。这说明圆形截面试件中 FRP 对混凝土的约束作用是均匀的，而矩形截面试件中 FRP 对混凝土的约束作用在角部容易发生应力集中。

(2)比较试件 G－3 和 G－9、C30－r45－1 和 C30－r45－2，FRP 层数越多，FRP 对混凝土的约束作用开始得越早。

(3)比较强约束试件 C2－40－3 和 C2－50－2，混凝土强度越大，FRP 对混凝土的约束作用开始得越早。

(4)比较弱约束试件 C50－r15－1 和 C50－r45－1，拐角半径不同，f_{c1}/f_{cc} 值却差不多，说明 FRP 对混凝土的约束作用几乎同时开始；随着加载的继续，拐角半径越小，法向约束应力也越大，这说明拐角半径越小越容易发生应力集中。

如图 2－21 所示为试件 C30－r45－2 在轴向压应力 σ_c 分别达到 $f_{c1}(0.21f_{cc})$、$f_{c2}(0.40f_{cc})$、$f_{ct}(0.59f_{cc})$以及 f_{cc} 时，其柱中混凝土纵向应力分布图。

从图 2－21 中可以看出：

(1)当 $\sigma_c=0.21f_{cc}$ 时，混凝土还没有受到 FRP 的约束作用，中部和角部混凝土纵向应力分布均匀，均为 $0.44f_c'$。

(2)当 $\sigma_c=0.40f_{cc}$ 时，角部混凝土由于受到 FRP 约束，纵向应力增大为 $0.93f_c'$。

(3)当 $\sigma_c=0.59f_{cc}$ 时，FRP 对角部混凝土的约束作用进一步增强，使得混凝土纵向应力增大到 $1.35f_c'$，角部混凝土受约束后向中部挤压，中部混凝土由于受到两侧角部混凝土的压力以及轴向压力的共同作用，纵向应力也增大为 $1.05f_c'$。

(4)当 $\sigma_c=f_{cc}$ 时，角部混凝土继续受到更强的约束，局部纵向应力甚至达到 $1.42f_c'$，中部混凝土由于受到两侧角部混凝土的进一步挤压，纵向应力增大到 $1.15f_c'$。

与前面的分析相同，FRP 对矩形截面混凝土的约束作用主要集中在角

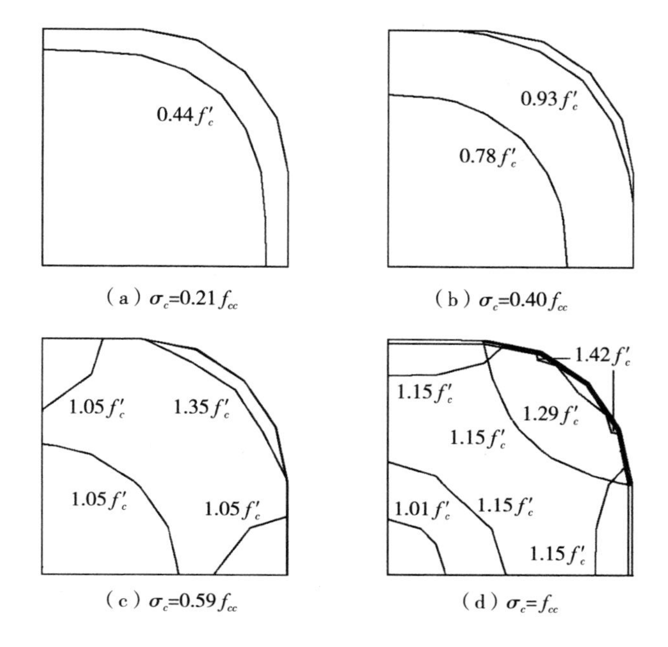

(a) σ_c=0.21 f_{cc}　　(b) σ_c=0.40 f_{cc}

(c) σ_c=0.59 f_{cc}　　(d) σ_c=f_{cc}

图 2－21　混凝土纵向应力分布

部,中部最小,两者之间部位受约束程度介于它们之间。由此可见,FRP约束矩形截面混凝土柱的承载力主要依赖于两个斜对的角部区域。

2.4.5.3　混凝土裂缝发展过程

如图 2－22 所示为试件 C30－r45－2 从纵剖面和横剖面观察到的混凝土裂缝形态发展情况。从图 2－22 中可以看出,

(1)当轴向压应力 σ_c＝0.64f_{cc}时,如图 2－22(a)所示,混凝土开始出现开裂,裂缝位于柱两端角部靠近 FRP 处。

(2)当 σ_c＝0.73f_{cc}时,如图 2－22(b)所示,柱端裂缝向柱中发展,角部裂缝向中部发展。

(3)当 σ_c＝f_{cc}时,如图 2－22(c)所示,已出现裂缝的部位裂缝增多增大,并布满柱两端且继续向柱中发展,试件濒临破坏。

(4)当柱中部 FRP 断裂后,附近的混凝土由于失去约束而突然开裂最终导致试件破坏[如图 2－22(d)所示],这与文献[20,36]试验观测到的现象是一致的(如图 2－16 所示)。

从前文对 FRP 应变分布的分析可知,FRP 对混凝土柱中部的约束最

大，两端相对较小，因此在受压过程中，柱中部混凝土由于受 FRP 约束作用较大而不易发生开裂，柱两端混凝土由于受 FRP 约束作用较小而容易发生开裂。从前文对 FRP 对混凝土约束作用的分析可知，角部靠近 FRP 处混凝土受力最大，中部最小，因而混凝土裂缝最先产生于柱两端角部靠近 FRP 处，进而向中部发展。

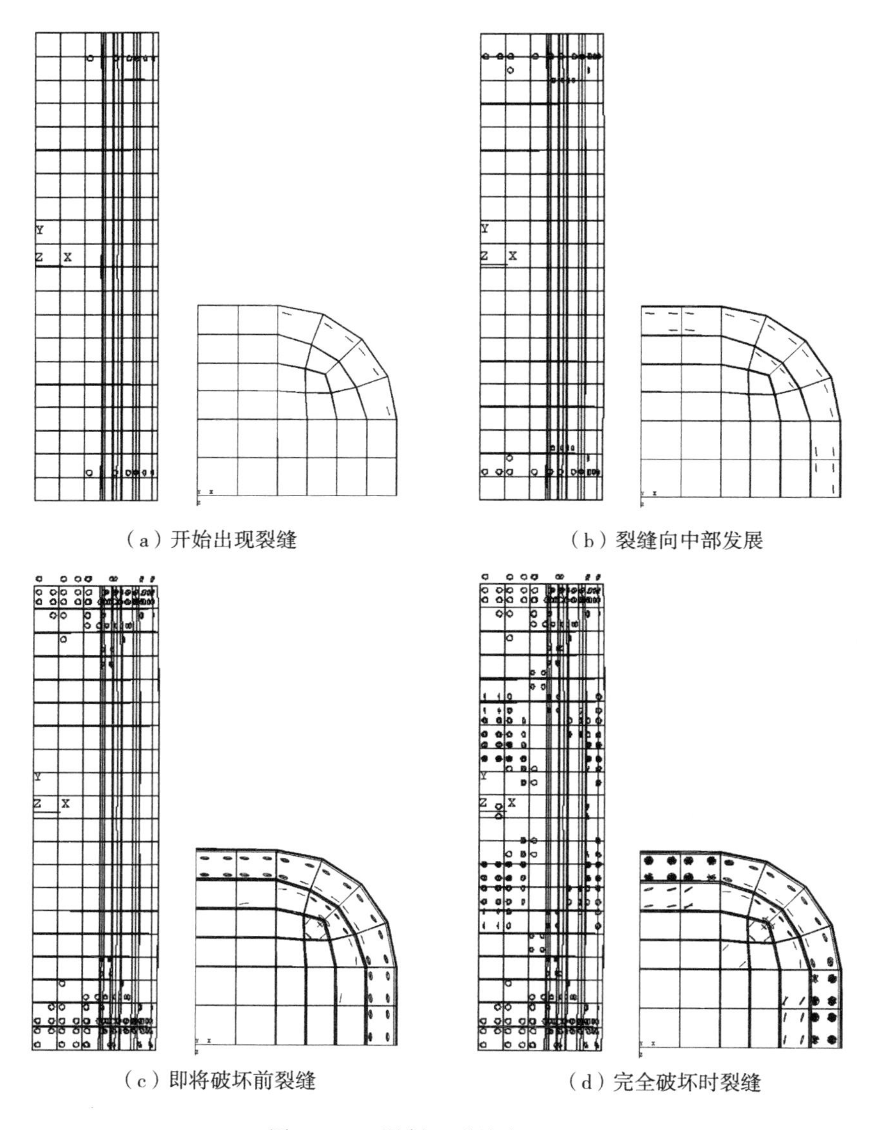

图 2-22　混凝土裂缝发展过程

2.5　本章小结

本章完成的工作和得到的主要结论如下：

(1)通过力学分析推导出FRP约束混凝土应力-应变关系曲线中转折点的应力和应变，提出了形式统一且计算准确的极限应力模型，根据能量平衡推导出极限应变计算式，从而建立了计算轴压下FRP约束混凝土应力-应变关系的统一模型，本书模型计算曲线与试验曲线吻合较好。

(2)在应力-应变关系模型基础上，提出了更加准确的强弱约束判别模型，为开展数值模拟研究时选取合适的混凝土应力-应变关系模型提供了依据。

(3)建议选择分层壳体模拟FRP，对混凝土根据强弱约束不同选取不同的应力-应变关系模型，提出了可以模拟FRP约束混凝土柱轴压过程的数值计算模型，并对FRP应变分布、FRP对混凝土的约束作用以及混凝土裂缝发展过程进行了分析。

在本章提出的应力-应变关系统一模型中，计算极限应变的方法具有较好的理论意义，但计算较为复杂，不利于实际工程应用，更加简便的极限应变模型将在下一章中给出。

第三章 FRP约束混凝土柱的轴压性能研究Ⅱ：强度和极限应变模型

3.1 引 言

在前两章中讲到，为了进一步研究FRP约束混凝土柱的力学性能，研究者们提出了大量的FRP约束混凝土应力-应变关系模型[13,34,53-97]。在这些应力-应变关系模型中，Mirmiran等[54]、Shehata等[59]、Lam等[62]、Campione等[63]、Ilki等[64]、Kumutha等[34]、Al-Salloum等[13]、Wu等[72]、Youssef等[74]、Vintzileou等[77]、Wu和Wang[81]给出了预测FRP约束混凝土柱强度的计算模型；Mander等[53]、Spoelstra等[56]、Toutanji等[57]、Xiao等[58]、De Lorenzis等[60]、Lam等[61]、Teng等[87]、Jiang等[88]、Wu等[72]、Youssef等[74]、Vintzileou等[77]给出了预测FRP约束混凝土柱极限应变的计算模型。这些模型考虑FRP对混凝土柱约束作用的方式有所区别，且均是对有限的试验数据分析得出的，有的模型计算式偏多，过于复杂，因此通用性和实用性较差。本章在广泛收集相关试验数据的基础上，对已有的强度和极限应变模型进行了评估，提出了对FRP约束圆形和矩形截面混凝土柱均适用的改进的强度和极限应变模型，计算准确且简便。

3.2　已有模型

3.2.1　主要影响参数

FRP约束混凝土柱强度 f_{cc} 的提高程度主要取决于FRP对混凝土的侧向约束应力[13,34,54,59,62－64,72,74,77,81]。对圆形截面试件，计算FRP对混凝土的极限侧向约束应力 f_{lu} 的表达式见第二章式(2－21)。对FRP材料，当没有测定抗拉强度，而已测得极限拉应变 ε_{fu} 和弹性模量 E_f 时，用 $\varepsilon_{fu}E_f$ 取代 f_{fu}。这里需要指出的是，对不同的FRP材料，其实际的环向断裂应变 ε_{hu} 与 ε_{fu} 是有差异的，在本书分析中暂不考虑其影响。

FRP约束混凝土柱极限应变 ε_{cu} 除了受FRP对混凝土的侧向约束应力的影响之外，还受到侧向约束刚度 E_l 的影响[58,60]。对圆形截面试件，其计算式为：

$$E_l=\frac{2nt_fE_f}{d} \tag{3-1}$$

在计算矩形截面试件时，本书用截面宽度 b 取代 d。

以上为影响FRP约束混凝土柱强度和极限应变的主要参数及本书的定义，若已有模型中对个别参数取值有特别规定，本书将作补充说明，并以已有模型规定为准，以求对模型评估的公正。另外本书对已有模型不考虑其中关于钢筋以及FRP管的规定。

3.2.2　已有的强度模型

(1)Mirmiran模型[54]

$$\frac{f_{cc}}{f_c'}=1+6.0\,\frac{2r}{D}\frac{f_{lu}^{0.7}}{f_c'} \tag{3-2}$$

式中，D 为等效圆柱的直径，等于方柱截面宽度 b 或矩形柱截面高度 h。对矩形截面试件，计算 f_{lu} 时用 D 取代 d。

(2)Shehata 模型[59]

$$\frac{f_{cc}}{f_c'}=1+0.85\frac{f_{lu}}{f_c'} \tag{3-3}$$

(3)Lam 模型[62]

$$\frac{f_{cc}}{f_c'}=1+3.3k_s\frac{f_{lu}}{f_c'} \tag{3-4}$$

式中,k_s 为截面有效约束系数,按式(2-17)计算。对矩形截面试件,计算 f_{lu} 时用$\sqrt{h^2+b^2}$取代 d。

(4)Campione 模型[63]

$$\frac{f_{cc}}{f_c'}=1+2.0k_sk_f\frac{f_{lu}}{f_c'} \tag{3-5}$$

式中,k_f 为考虑拐角因素的降低系数。k_s 和 k_f 分别按式(3-6)和式(3-7)计算:

$$k_s=1-\frac{2(1-2r/b)^2}{3[1-(4-\pi)(r/b)^2]} \tag{3-6}$$

$$k_f=\left(1-\frac{\sqrt{2}}{2}\times0.2121\right)\frac{2r}{b}+0.2121\times\frac{\sqrt{2}}{2} \tag{3-7}$$

(5)Ilki 模型[64]

$$\frac{f_{cc}}{f_c'}=1+2.4\left(\frac{0.7k_sf_{lu}}{f_c'}\right) \tag{3-8}$$

式中,k_s 按式(3-9)计算:

$$k_s=1-\frac{(b-2r)^2+(h-2r)^2}{3bh}-\frac{(4-\pi)r^2}{bh} \tag{3-9}$$

(6)Kumutha 模型[34]

$$\frac{f_{cc}}{f_c'}=1+0.93\frac{f_{lu}}{f_c'} \tag{3-10}$$

式中,f_{lu} 按式(3-11)计算:

$$f_{lu}=\frac{nt_f(b+h)f_{fu}}{bh} \tag{3-11}$$

(7)Al-Salloum 模型[13]

$$\frac{f_{cc}}{f_c'}=1+3.14k_s\frac{b}{D}\frac{f_{lu}}{f_c'} \tag{3-12}$$

式中,D 为截面对角线长度,$D=\sqrt{2}b-2r(\sqrt{2}-1)$;$k_s$ 按式(3-6)计算。

(8) Wu 模型[72]

Wu 等定义 λ 为强弱约束界限值，取为 0.13。

当 $f_{lu}/f_c' \geqslant \lambda$ 时为强约束，此时，

$$f_{cc}=k_3 f_{cc}' \tag{3-13}$$

式中，f_{cc}' 为 FRP 约束等效圆柱的强度；k_3 为降低系数，按式(2-26)计算。f_{cc}' 按式(3-14)计算：

$$\frac{f_{cc}'}{f_c'}=\begin{cases}1+2.0 f_{lu}/f_c', E_f \leqslant 250\text{GPa}\\1+2.4 f_{lu}/f_c', E_f > 250\text{GPa}\end{cases} \tag{3-14}$$

当 $f_{lu}/f_c' < \lambda$ 为弱约束，此时，

$$\frac{f_{cc}}{f_c'}=1+0.0008k_1 \frac{30\rho_f E_f}{f_c'\sqrt{f_c'}} \tag{3-15}$$

式中，系数 k_1 按式(3-16)计算：

$$k_1=\begin{cases}1, & E_f \leqslant 250\text{GPa}\\\sqrt{E_f/250}, & E_f > 250\text{GPa}\end{cases} \tag{3-16}$$

Wu 模型中的极限侧向约束应力 f_{lu} 和系数 ρ_f 分别按式(2-29)和式(2-30)计算。

(9) Youssef 模型[74]

$$\frac{f_{cc}}{f_c'}=\begin{cases}1+2.25\,(f_{lu}/f_c')^{1.25}, & \text{圆形截面强约束柱}\\1+3.0\,[4nt_f\varepsilon_{ft}E_f/(\mathrm{d}f_c')]^{1.25}, & \text{圆形截面弱约束柱}\\0.5+1.225\,(k_e f_{lu}/f_c')^{0.6}, & \text{矩形截面强约束柱}\\1+1.1350\,[4nt_f\varepsilon_{ft}E_f/(bf_c')]^{1.25}, & \text{矩形截面弱约束柱}\end{cases} \tag{3-17}$$

式中，ε_{ft} 为刚进入软化段时 FRP 的应变，取为 0.002；k_e 按式(2-33)计算。

(10) Vintzileou 模型[77]

$$\frac{f_{cc}}{f_c'}=1+2.8\frac{f_{lu}}{f_c'} \tag{3-18}$$

式中，极限侧向约束应力 f_{lu} 按式(3-19)计算：

$$f_{lu}=0.5\alpha_n\alpha_s\omega_w f_c' \tag{3-19}$$

式中，α_n 为截面有效系数；α_s 为高度有效系数；ω_w 为约束体积比。对圆形截面试件，α_n 取为 1；对矩形截面试件，α_n 按式(3-20)计算：

$$\alpha_n = 1 - \frac{(b-2r)^2 + (h-2r)^2}{3(bh - 4r^2 + \pi r^2)} \tag{3-20}$$

对圆形截面试件,α_s 按式(3-21)计算:

$$\alpha_s = \begin{cases} (1-0.5s_f/d)^2, & \text{环向缠绕} \\ 1-0.5s_f/d, & \text{螺旋式缠绕} \end{cases} \tag{3-21}$$

对矩形截面试件,α_s 按式(3-22)计算:

$$\alpha_s = (1-0.5s_f/b)(1-0.5s_f/h) \tag{3-22}$$

对圆形和矩形截面试件,完全缠绕时取 α_s 为 1。

约束体积比 ω_w 按式(3-23)计算:

$$\omega_w = \begin{cases} \dfrac{4t_f b_f}{d(s_f+b_f)} \dfrac{n^{-0.25} f_{fu}}{f_c'}, & \text{圆形截面} \\ \dfrac{2[(b-2r)+(h-2r)+\pi r]t_f b_f}{(bh-4r^2+\pi r^2)(s_f+b_f)} \dfrac{n^{-0.25} f_{fu}}{f_c'}, & \text{矩形截面} \end{cases} \tag{3-23}$$

(11)Wu 和 Wang 模型[81]

$$\frac{f_{cc}}{f_c'} = 1 + 2.23\left(\frac{2r}{b}\right)^{0.73}\left(\frac{f_{lu}}{f_c'}\right)^{0.96} \tag{3-24}$$

3.2.3 已有的极限应变模型

(1)Mander 模型[53]

$$\frac{\varepsilon_{cu}}{\varepsilon_c'} = 1 + 5\left(\frac{f_{cu}}{f_c'} - 1\right) \tag{3-25}$$

式中,极限应力 f_{cu} 按式(3-26)计算:

$$\frac{f_{cu}}{f_c'} = -1.254 + 2.254\sqrt{1 + \frac{7.94 f_{lu}}{f_c'}} - 2\frac{f_{lu}}{f_c'} \tag{3-26}$$

(2)Spoelstra 模型[56]

$$\frac{\varepsilon_{cu}}{\varepsilon_c'} = 2 + 1.25\varepsilon_{fu}\frac{E_{co}}{f_c'}\sqrt{\frac{f_{lu}}{f_c'}} \tag{3-27}$$

式中,E_{co} 为混凝土初始弹性模量,取 $E_{co} = 5700\sqrt{f_c'}$,f_c' 适用范围为 30~50MPa。

(3)Toutanji 模型[57]

$$\frac{\varepsilon_{cu}}{\varepsilon_c'} = 1 + (310.57\varepsilon_{fu} + 1.90)\left(\frac{f_{cu}}{f_c'} - 1\right) \tag{3-28}$$

式中,极限应力 f_{cu} 按式(3-29)计算:

$$\frac{f_{cu}}{f_c'}=1+3.5\left(\frac{f_{lu}}{f_c'}\right)^{0.85} \tag{3-29}$$

(4)Xiao 模型[58]

$$\varepsilon_{cu}=\frac{\varepsilon_{hu}-0.0005}{7\left(f_c'/E_l\right)^{0.8}} \tag{3-30}$$

式中,对 CFRP,取 ε_{hu} 为 $0.5\varepsilon_{fu}$。

(5)De Lorenzis 模型[60]

$$\frac{\varepsilon_{cu}}{\varepsilon_c'}=1+26.2\left(\frac{f_{lu}}{f_c'}\right)^{0.80}E_l^{-0.148} \tag{3-31}$$

(6)Lam 模型[61]

$$\frac{\varepsilon_{cu}}{\varepsilon_c'}=1.75+12\frac{f_{lu}}{f_c'}\left(\frac{\varepsilon_{hu}}{\varepsilon_c'}\right)^{0.45} \tag{3-32}$$

式中,对 CFRP,取 ε_{hu} 为 $0.586\varepsilon_{fu}$。

(7)Teng 模型[87]

$$\frac{\varepsilon_{cu}}{\varepsilon_c'}=1+17.5\frac{f_{lu}}{f_c'} \tag{3-33}$$

(8)Jiang 模型[88]

$$\frac{\varepsilon_{cu}}{\varepsilon_c'}=1+17.5\left(\frac{f_{lu}}{f_c'}\right)^{1.2} \tag{3-34}$$

(9)Wu 模型[72]

$$\varepsilon_{cu}=k_4\varepsilon_{cu}' \tag{3-35}$$

式中,ε_{cu}' 为 FRP 约束等效圆柱的极限应变;k_4 为降低系数。对强弱约束的判别和相同参数的计算同 Wu 强度模型。

对强约束试件,ε_{cu}' 按式(3-36)计算:

$$\varepsilon_{cu}'=\varepsilon_{fu}/\nu_u \tag{3-36}$$

此时,k_4 和 ν_u 分别按式(3-37)计算:

$$k_4=\left(2-1.6\frac{30}{f_c'}\right)\frac{r}{h}+0.8\frac{30}{f_c'} \tag{3-37}$$

$$\nu_u=\begin{cases}0.56\left(f_{lu}/f_c'\right)^{-0.66}, & E_f\leqslant 250\text{GPa}\\ 0.56\sqrt{250/E_f}\left(f_{lu}/f_c'\right)^{-0.66}, & E_f>250\text{GPa}\end{cases} \tag{3-38}$$

对弱约束试件,ε_{cu}' 按式(3-39)计算:

$$\frac{\varepsilon'_{cu}}{\varepsilon_u}=1.3+6.3\frac{f_{lu}}{f'_c} \tag{3-39}$$

式中，ε_u 为未约束混凝土极限应变，取为 0.0038。

此时，k_4 按式(3-40)计算：

$$k_4=\begin{cases}\left(2-1.6\dfrac{30}{f'_c}\right)\dfrac{r}{h}+0.8\dfrac{30}{f'_c}, & E_f\leqslant 250\text{GPa}\\ \left(2-1.6\sqrt{\dfrac{E_f}{250}}\dfrac{30}{f'_c}\right)\dfrac{r}{h}+0.8\sqrt{\dfrac{E_f}{250}}\dfrac{30}{f'_c}, & E_f>250\text{GPa}\end{cases} \tag{3-40}$$

(10) Youssef 模型[74]

对圆形截面柱：

$$\varepsilon_{cu}=0.003368+0.2590\frac{f_{lu}}{f'_c}\left(\frac{f_{fu}}{E_f}\right)^{0.5} \tag{3-41}$$

对矩形截面柱：

$$\varepsilon_{cu}=0.004325+0.2625\frac{k_e f_{lu}}{f'_c}\left(\frac{f_{fu}}{E_f}\right)^{0.5} \tag{3-42}$$

式中，k_e 按式(2-33)计算。

(11) Vintzileou 模型[77]

$$\varepsilon_{cu}=\gamma_{\text{FRP}}\left[0.003\left(1+2.8\frac{f_{lu}}{f'_c}\right)^2\right] \tag{3-43}$$

式中，γ_{FRP}为与 FRP 类型有关的系数，对圆形截面试件，采用 CFRP 约束时取为 1.15，采用 GFRP 约束时取为 1.95；对矩形截面试件，采用 CFRP 和 GFRP 约束时均取为 1.55。极限侧向约束应力 f_{lu}的计算同 Vintzileou 强度模型。

3.3 对已有模型的评估

3.3.1 试验数据采集

为了评估已有模型对 FRP 约束混凝土柱强度和极限应变预测的准确

性，本书对公开报道的11个试验[13,17,18,20,23,28,29,33,36,71,134]共164组试件的相关数据进行了收集，其中圆形截面试件101组（86组强约束试件和15组弱约束试件），矩形截面试件63组（27组强约束试件和36组弱约束试件），圆形截面直径为100～160mm，矩形截面边长为150～203mm，拐角半径为0～80mm，长细比为2～3.3，混凝土强度为25.0～52.0MPa，FRP类型包括碳纤维（CFRP）、玻璃纤维（GFRP）、芳纶纤维（AFRP）及高延性纤维（DFRP），各试件具体数据见附录A。评估标准包括（理论值/）的平均值、标准偏差和变异系数，平均绝对误差以及误差平方和。其中误差平方和的计算见式（2-34），平均绝对误差定义如下：

$$\text{平均绝均误差}=\frac{\sum\left|\dfrac{\text{理论值}-\text{试验值}}{\text{试验值}}\right|}{\text{试件数}} \tag{3-44}$$

为了客观全面地对已有模型的预测结果进行评估，将试验试件根据截面形式和强弱形式的不同分为四组：圆形截面强约束试件、圆形截面弱约束试件、矩形截面强约束试件和矩形截面弱约束试件。采用已有模型对四组试件分别进行强度和极限应变的预测，预测值再与试验值比对，从而得出完整的评估结果。需要说明的是，在收集到的已有的极限应变模型中，只有Wu模型、Youssef模型和Vintzileou模型三个模型可以计算矩形截面试件，其中Vintzileou模型只能计算CFRP和GFRP约束试件的极限应变。

3.3.2　对已有强度模型的评估

3.3.2.1　对圆形截面强约束试件

图3-1所示为各强度模型对圆形截面强约束试件预测的理论值和试验值的对比，各小图图例同图3-1(a)。表3-1列出了对各强度模型预测圆形截面强约束试件的评估数据。

从图3-1和表3-1中可以看出：

(1)已有的强度模型（f_{cc}理论值/f_{cc}试验值）的平均值在0.77～1.23，标准偏差均不超过0.21，变异系数均小于24.9%，平均绝对误差均不超过23.6%，误差平方和均小于38.57，预测结果普遍较好。

(2)Campione 模型(f_{cc} 理论值/f_{cc} 试验值)的平均值为 0.99,平均绝对误差为 8.8%,误差平方和为 4.28,后两项均为各强度模型中最小,说明 Campione 模型对圆形截面强约束试件强度的预测较准确。

(3)Shehata 模型和 Kumutha 模型(f_{cc} 理论值/f_{cc} 试验值)的平均值分别为 0.77 和 0.79,预测较为保守;Lam 模型和 Al - Salloum 模型(f_{cc} 理论值/f_{cc} 试验值)的平均值分别为 1.23 和 1.20,预测的理论值偏高。

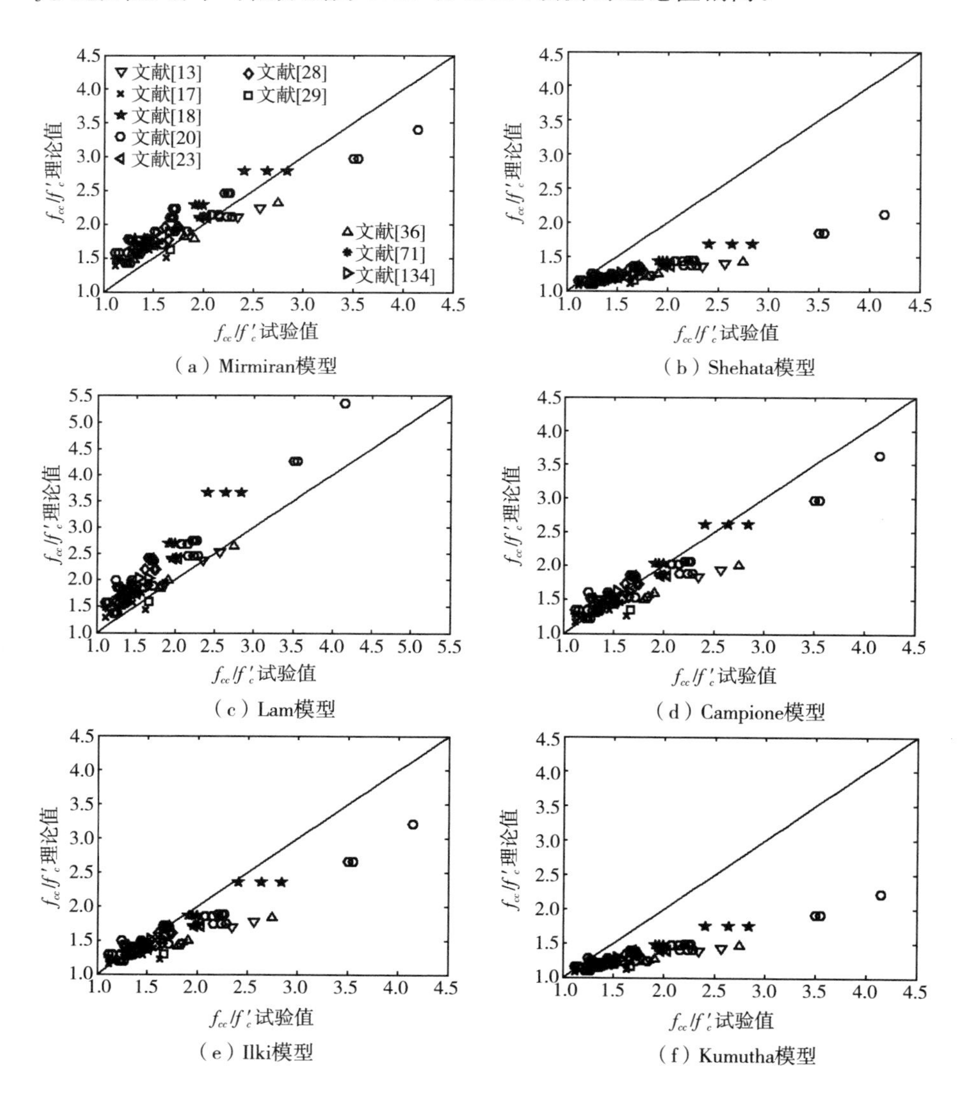

(a) Mirmiran模型

(b) Shehata模型

(c) Lam模型

(d) Campione模型

(e) Ilki模型

(f) Kumutha模型

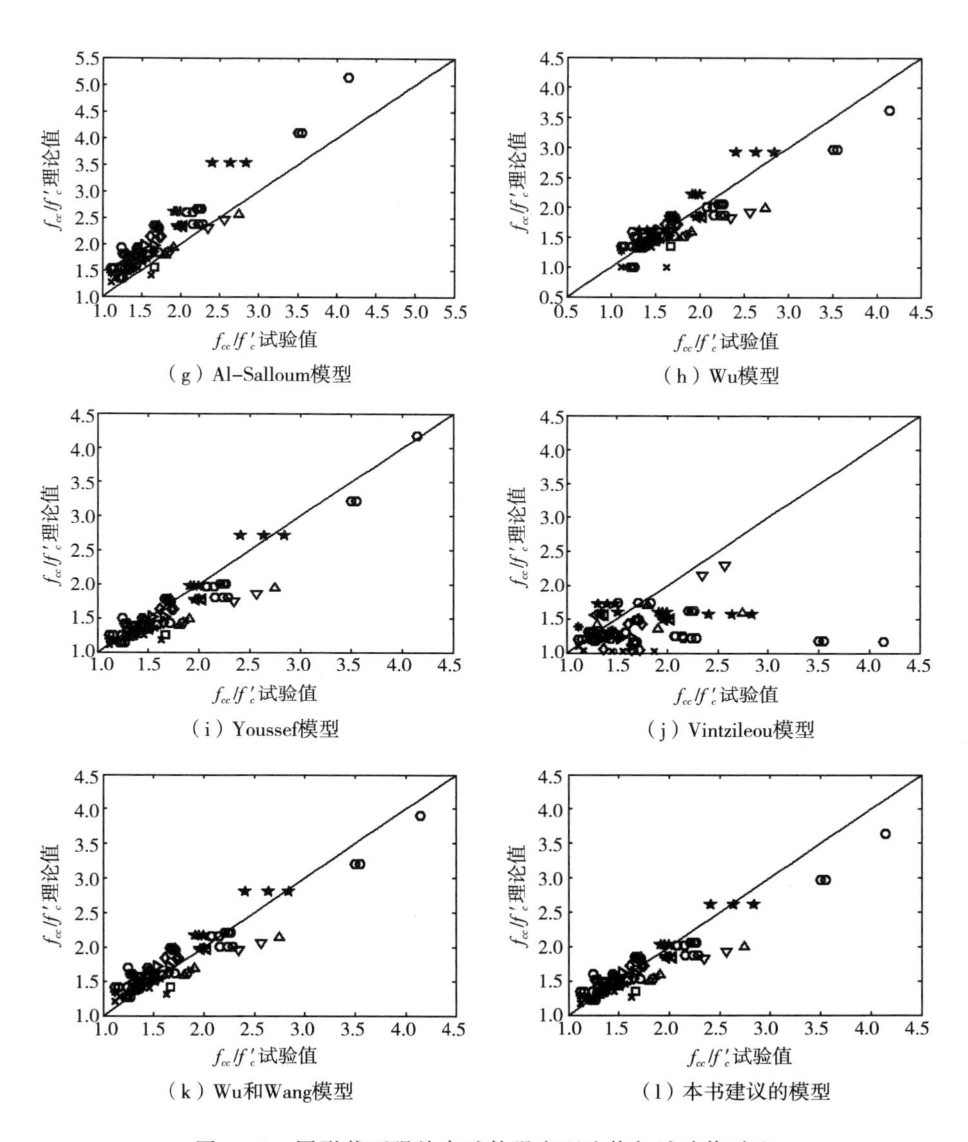

图 3-1　圆形截面强约束试件强度理论值与试验值对比

(4)Vintzileou 模型(f_{cc}理论值/f_{cc}试验值)的标准偏差为 0.21,变异系数为 24.9%,误差平方和为 38.57,均为各强度模型中最大,说明 Vintzileou 模型对圆形截面强约束试件强度的预测离散性较大。

表 3-1　强度模型评估(对圆形截面强约束试件)

模型类别	评估值					
	试件数目	f_{cc}理论值/f_{cc}试验值			平均绝对误差/%	误差平方和
		平均值	标准偏差	变异系数/%		
Mirmiran 模型	86	1.14	0.14	12.3	16.6	8.14
Shehata 模型	86	0.77	0.12	15.7	22.8	30.61
Lam 模型	86	1.23	0.14	11.4	23.6	19.80
Campione 模型	86	0.99	0.11	11.1	8.8	4.28
Ilki 模型	86	0.93	0.11	11.8	10.3	7.83
Kumutha 模型	86	0.79	0.12	15.1	21.4	27.56
Al-Salloum 模型	86	1.20	0.14	11.2	20.9	15.30
Wu 模型	86	0.99	0.13	13.1	10.6	5.34
Youssef 模型	86	0.94	0.10	10.7	9.4	4.66
Vintzileou 模型	86	0.83	0.21	24.9	21.7	38.57
Wu 和 Wang 模型	86	1.05	0.12	11.0	9.8	3.78
本书建议的模型	86	0.99	0.11	11.1	8.8	4.28

3.3.2.2　对圆形截面弱约束试件

图 3-2 所示为各强度模型对圆形截面弱约束试件预测的理论值和试验值的对比，各小图图例同图 3-2(a)。表 3-2 列出了对各强度模型预测圆形截面弱约束试件的评估数据。

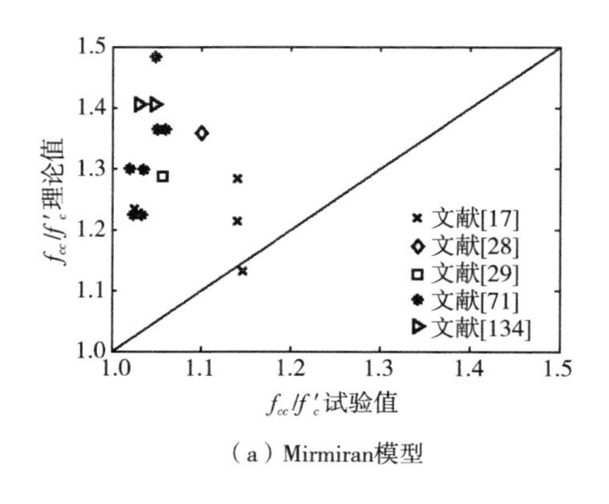

(a) Mirmiran模型

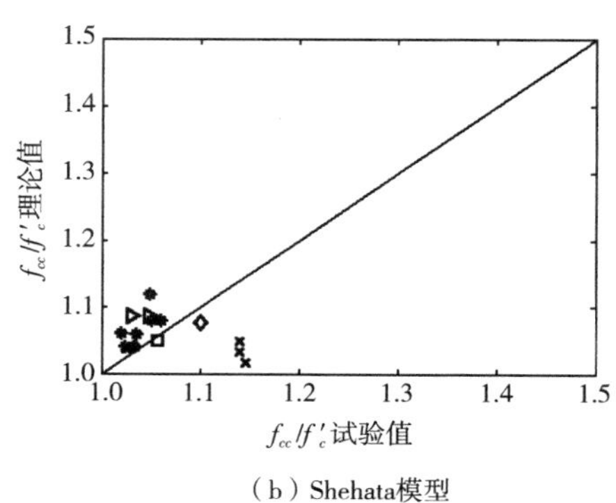

(b) Shehata模型

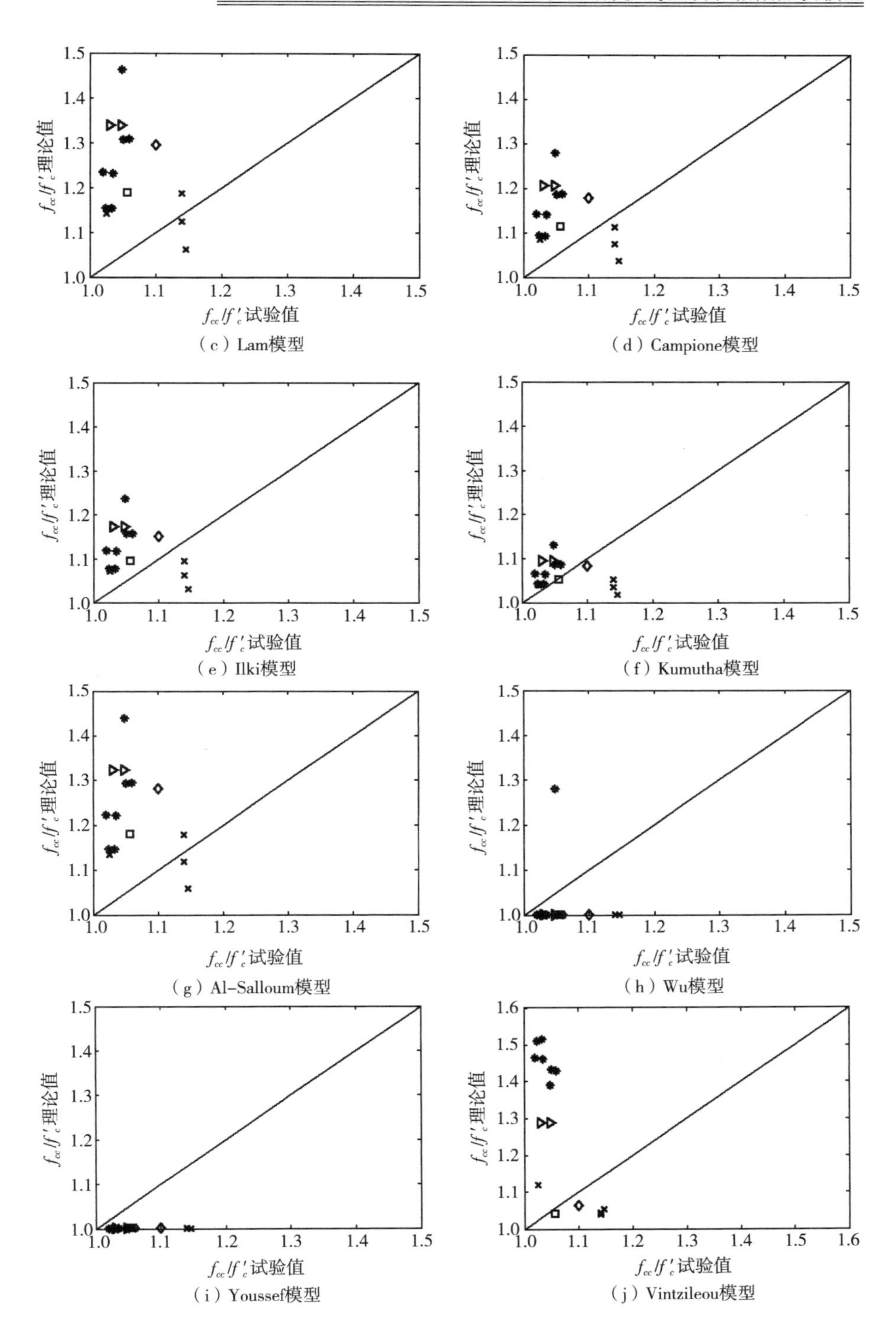

(c) Lam模型

(d) Campione模型

(e) Ilki模型

(f) Kumutha模型

(g) Al-Salloum模型

(h) Wu模型

(i) Youssef模型

(j) Vintzileou模型

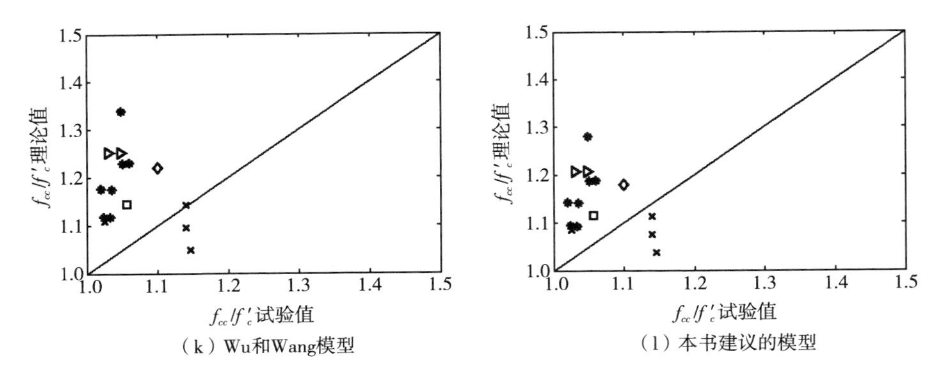

图 3-2　圆形截面弱约束试件强度理论值与试验值对比

表 3-2　强度模型评估(对圆形截面弱约束试件)

模型类别	评估值					
	试件数目	f_{cc}理论值/f_{cc}试验值			均绝对误差/%	误差平方和
		平均值	标准偏差	变异系数/%		
Mirmiran 模型	15	1.23	0.11	8.8	23.2	1.06
Shehata 模型	15	1.00	0.05	5.3	4.1	0.05
Lam 模型	15	1.16	0.12	10.2	17.6	0.68
Campione 模型	15	1.08	0.08	7.6	10.0	0.21
Ilki 模型	15	1.06	0.08	6.9	8.3	0.14
Kumutha 模型	15	1.00	0.06	5.4	4.4	0.05
Al-Salloum 模型	15	1.15	0.12	9.9	16.7	0.60
Wu 模型	15	0.96	0.08	8.2	7.0	0.14
Youssef 模型	15	0.94	0.04	3.9	5.7	0.09
Vintzileou 模型	15	1.21	0.22	17.5	24.7	1.41
Wu 和 Wang 模型	15	1.11	0.10	8.3	12.5	0.34
本书建议的模型	15	1.08	0.08	7.6	10.0	0.21

从图 3-2 和表 3-2 中可以看出：

(1)已有的强度模型(f_{cc}理论值/f_{cc}试验值)的平均值在 0.94～1.23，标准偏差均不超过 0.22，变异系数均小于 17.5%，平均绝对误差均不超过 24.7%，误差平方和均小于 1.41，预测结果普遍较好，且比对圆形截面强约束试件的预测结果稍好。这是因为圆形截面弱约束试件强度比的试验值介于1.0～1.15，范围小容易预测，而强约束试件强度比介于1.0～4.25，范围大较难预测。

(2)Shehata模型(f_{cc}理论值/f_{cc}试验值)的平均值为1.00，平均绝对误差为4.1%，误差平方和为0.05，后两项均为各强度模型中最小，说明Shehata模型对圆形截面弱约束试件强度的预测较准确。

(3)Mirmiran模型、Lam模型、Al-Salloum模型和Vintzielou模型(f_{cc}理论值/f_{cc}试验值)的平均值为1.15～1.23，预测的理论值偏高。

(4)Vintzileou模型(f_{cc}理论值/f_{cc}试验值)的标准偏差为0.22，变异系数为17.5%，平均绝对误差为24.7%，误差平方和为1.41，均为各强度模型中最大，说明Vintzileou模型对圆形截面弱约束试件强度的预测离散性较大。

3.3.2.3　对矩形截面强约束试件

图3-3所示为各强度模型对矩形截面强约束试件预测的理论值和试验值的对比，各小图图例同图3-3(a)。表3-3列出了对各强度模型预测矩形截面强约束试件的评估数据。

从图3-3和表3-3中可以看出：

(1)已有的强度模型(f_{cc}理论值/f_{cc}试验值)的平均值为0.78～1.14，标准偏差均不超过0.20，变异系数均小于21.3%，平均绝对误差均不超过23.9%，误差平方和均小于6.51，预测结果普遍较好。

(2)Mirmiran模型(f_{cc}理论值/f_{cc}试验值)的平均值为0.96，标准偏差为0.09，变异系数为9.0%，平均绝对误差为7.7%，误差平方和为0.93，后四项均为各强度模型中最小，说明Mirmiran模型对矩形截面强约束试件强度的预测较准确。

(3)Shehata模型、Campione模型、Wu模型和Youssef模型(f_{cc}理论值/f_{cc}试验值)的平均值为0.78～0.88，预测较为保守；Lam模型(f_{cc}理论值/f_{cc}试验值)的平均值为1.14，预测的理论值偏高。

(4)Youssef模型和Vintzileou模型(f_{cc}理论值/f_{cc}试验值)的变异系数分别为19.6%和21.3%，平均绝对误差分别为23.9%和18.6%，均为各强度模型中最大，说明Youssef模型和Vintzileou模型对矩形截面强约束试件强度的预测离散性较大。

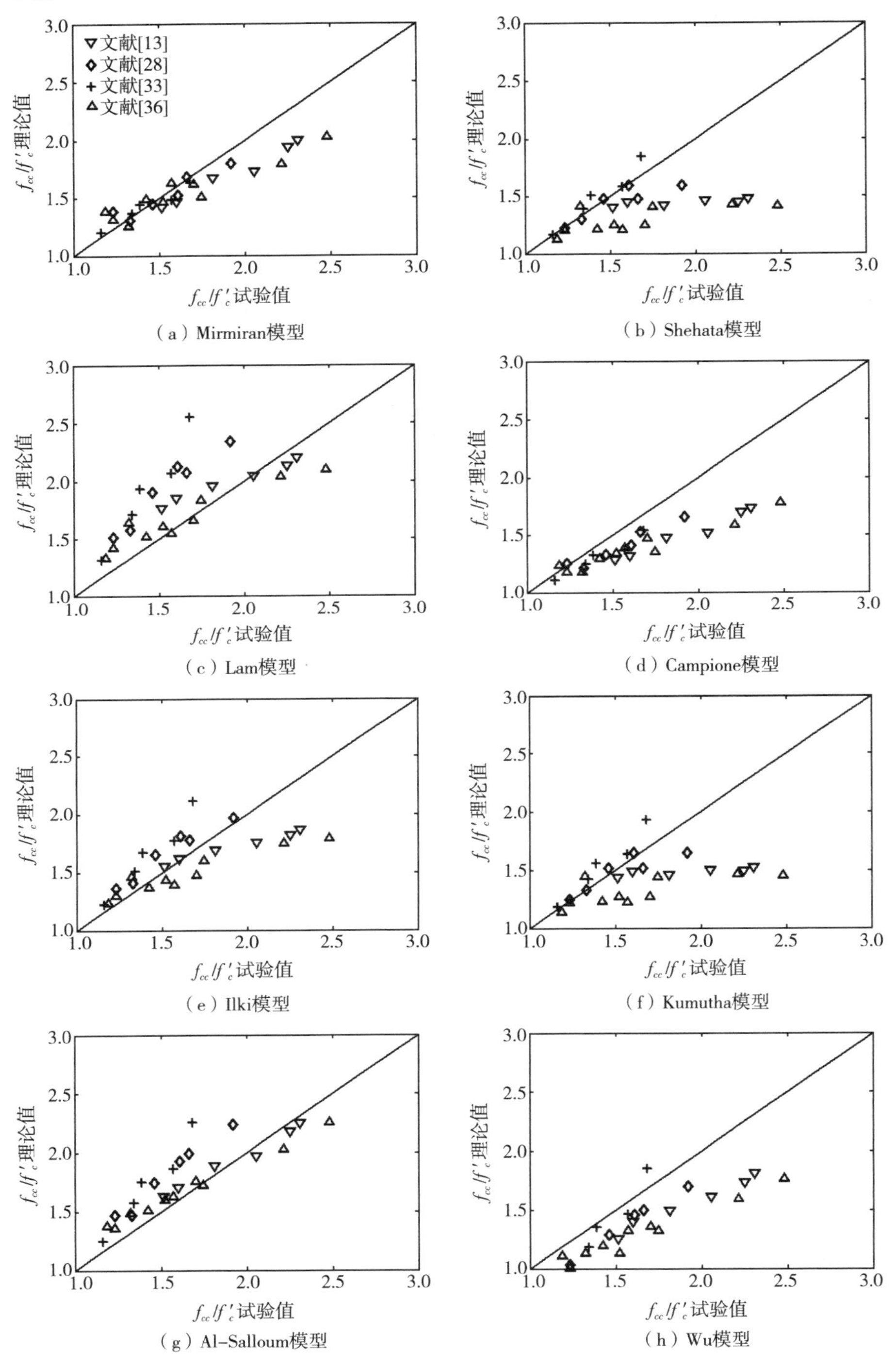
文献[13]
文献[28]
文献[33]
文献[36]
f_{cc}/f'_c理论值
f_{cc}/f'_c试验值
1.0
1.5
2.0
2.5
3.0
（a）Mirmiran模型
（b）Shehata模型
（c）Lam模型
（d）Campione模型
（e）Ilki模型
（f）Kumutha模型
（g）Al-Salloum模型
（h）Wu模型

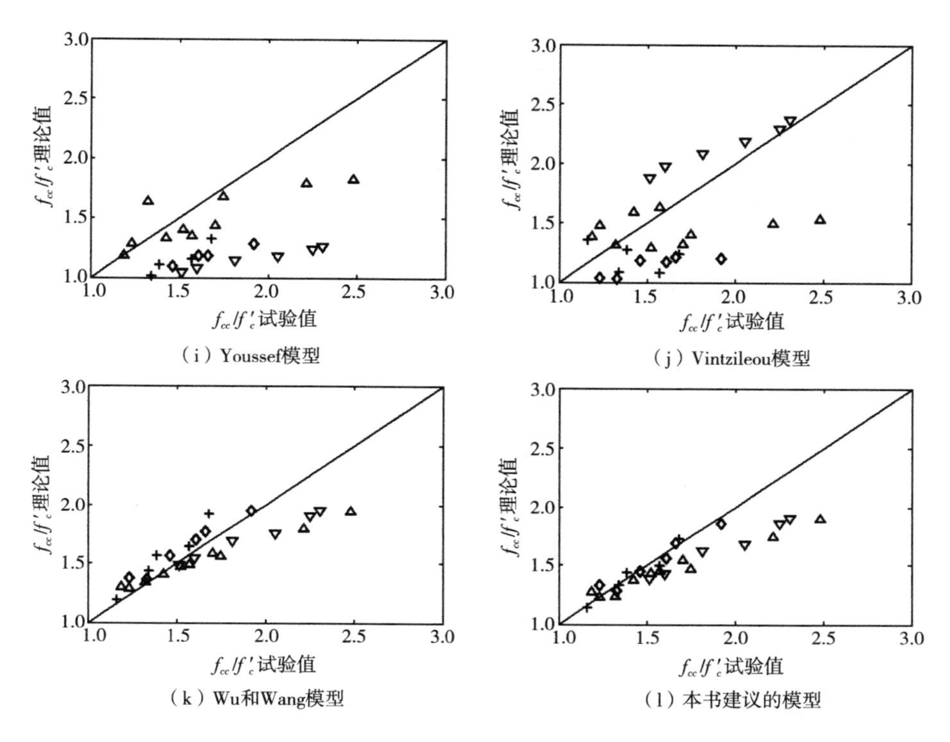

图 3－3　矩形截面强约束试件强度理论值与试验值对比

表 3－3　强度模型评估(对矩形截面强约束试件)

模型类别	评估值					
	试件数目	f_{cc}理论值/f_{cc}试验值			平均绝对误差/%	误差平方和
		平均值	标准偏差	变异系数/%		
Mirmiran 模型	27	0.96	0.09	9.0	7.7	0.93
Shehata 模型	27	0.88	0.15	17.0	14.5	4.43
Lam 模型	27	1.14	0.16	13.7	17.0	2.93
Campione 模型	27	0.87	0.09	9.7	13.5	2.62
Ilki 模型	27	1.00	0.14	13.3	11.2	1.79
Kumutha 模型	27	0.90	0.16	17.1	14.1	3.99
Al－Salloum 模型	27	1.09	0.11	9.6	11.6	1.31
Wu 模型	27	0.84	0.09	10.3	16.8	2.95
Youssef 模型	27	0.78	0.16	19.6	23.9	6.51
Vintzileou 模型	27	0.92	0.20	21.3	18.6	3.90
Wu 和 Wang 模型	27	0.99	0.10	9.9	8.1	1.07
本书建议的模型	27	0.93	0.08	8.9	8.2	1.30

3.3.2.4　对矩形截面弱约束试件

图 3－4 所示为各强度模型对矩形截面弱约束试件预测的理论值和试验值的对比，各小图图例同图 3－4(a)。表 3－4 列出了对各强度模型预测矩形截面弱约束试件的评估数据。

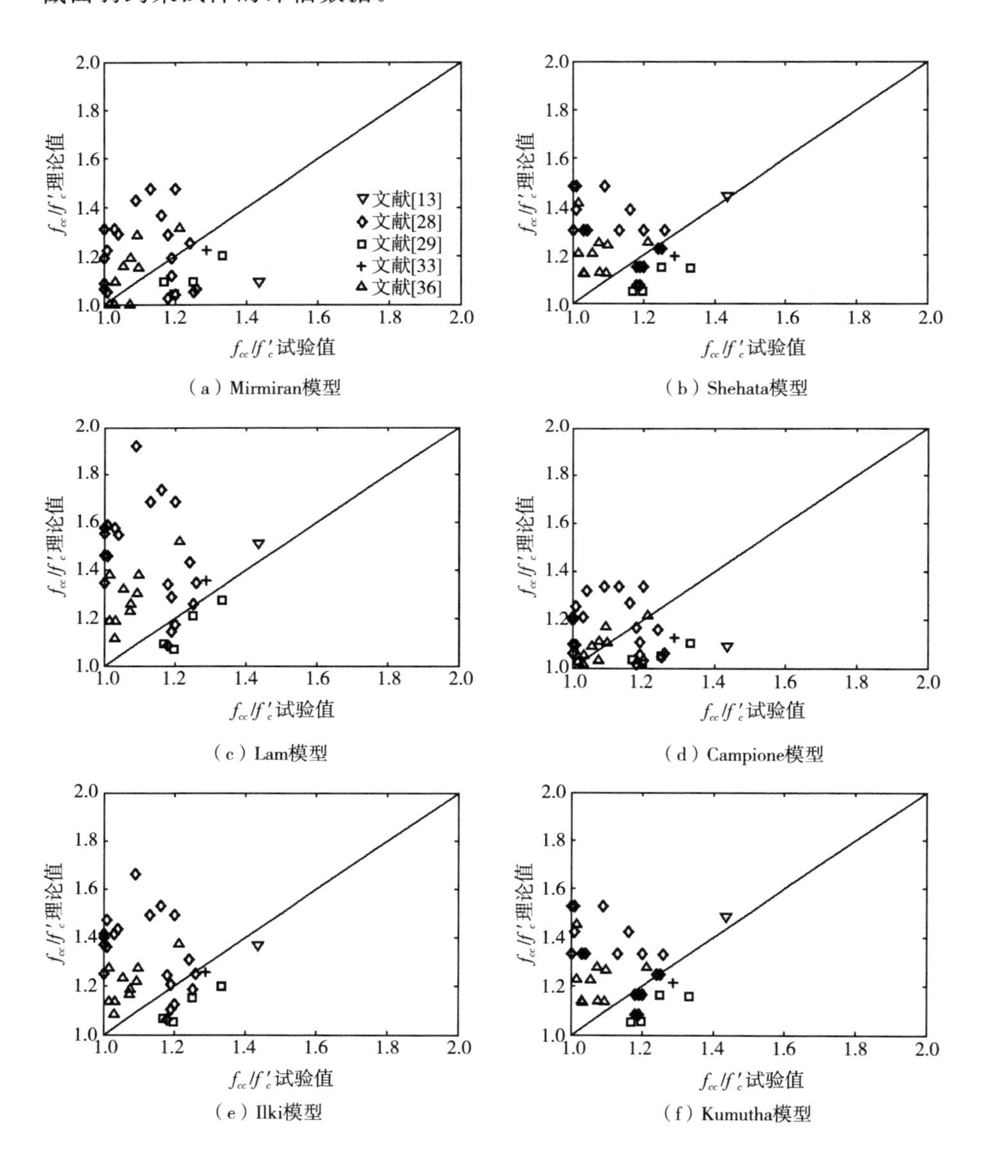

（a）Mirmiran模型　（b）Shehata模型

（c）Lam模型　（d）Campione模型

（e）Ilki模型　（f）Kumutha模型

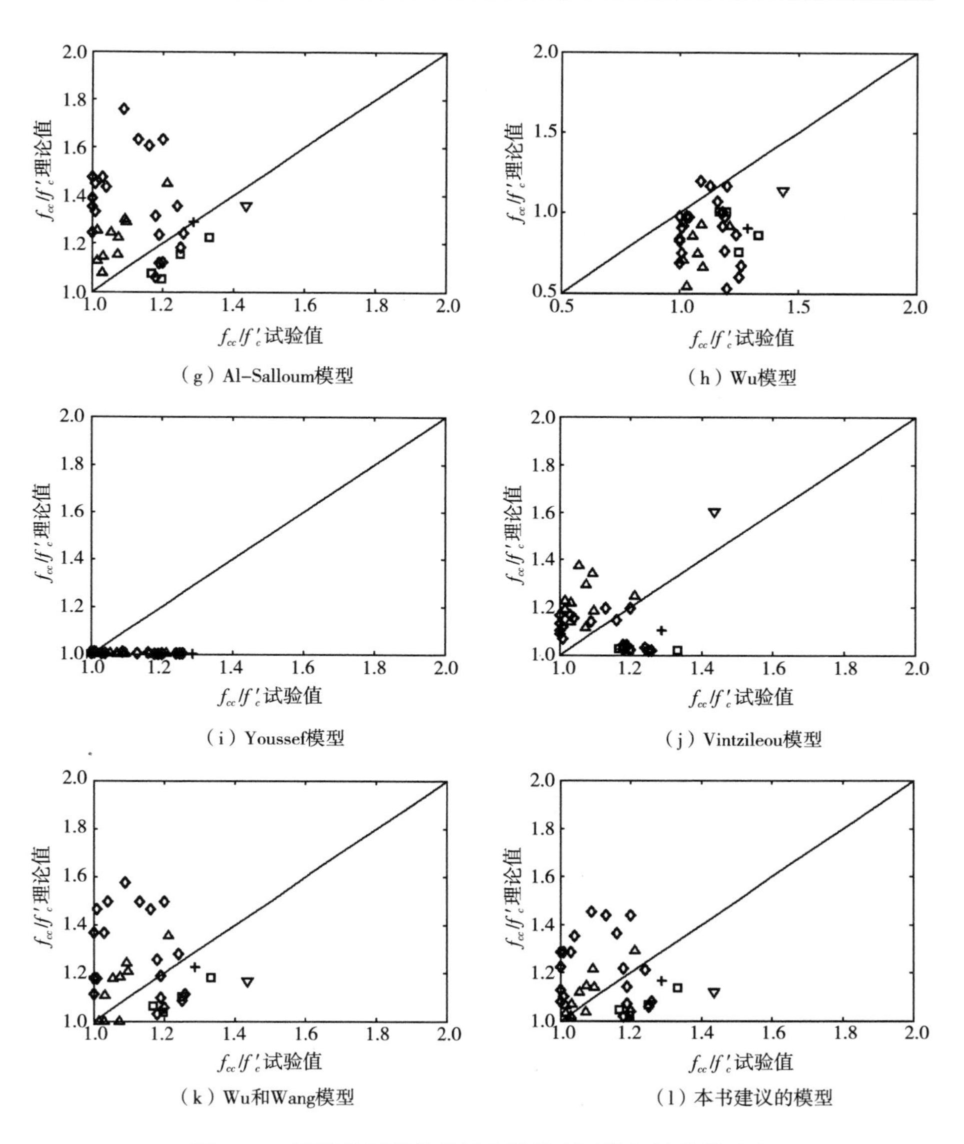

图3-4　矩形截面弱约束试件强度理论值与试验值对比

表3-4　强度模型评估(对矩形截面弱约束试件)

模型类别	评估值					
	试件数目	f_{cc}理论值/f_{cc}试验值			平均绝对误差/%	误差平方和
		平均值	标准偏差	变异系数/%		
Mirmiran模型	36	1.05	0.15	14.3	12.8	1.11

（续表）

模型类别	评估值					
	试件数目	f_{cc}理论值/f_{cc}试验值			平均绝对误差/%	误差平方和
		平均值	标准偏差	变异系数/%		
Shehata 模型	36	1.11	0.18	15.7	15.9	1.68
Lam 模型	36	1.23	0.23	18.6	25.3	4.3
Campione 模型	36	1.01	0.14	13.5	11.3	0.89
Ilki 模型	36	1.14	0.19	16.3	18.3	2.18
Kumutha 模型	36	1.13	0.19	16.3	17.3	2.02
Al - Salloum 模型	36	1.16	0.2	17.1	20.1	2.7
Wu 模型	36	0.75	0.18	23.3	25.4	4.36
Youssef 模型	36	0.89	0.1	11.2	11.3	1.3
Vintzileou 模型	36	1.02	0.15	14.3	13.1	1.01
Wu 和 Wang 模型	36	1.08	0.19	17.3	16.2	1.79
本书建议的模型	36	1.03	0.15	14.6	12.9	1.12

从图 3 - 4 和表 3 - 4 中可以看出：

(1)已有的强度模型(f_{cc}理论值/f_{cc}试验值)的平均值在 0.75～1.23，标准偏差均不超过 0.23，变异系数均小于 23.3%，平均绝对误差均不超过 25.4%，误差平方和均小于 4.36，预测结果普遍较好。

(2)Campione 模型(f_{cc}理论值/f_{cc}试验值)的平均值为 1.01，平均绝对误差为 11.3%，误差平方和为 0.89，后两项均为各强度模型中最小，说明 Campione 模型对矩形截面弱约束试件强度的预测较准确。

(3)Wu 模型和 Youssef 模型(f_{cc}理论值/f_{cc}试验值)的平均值分别为 0.75 和 0.89，预测较为保守；Lam 模型和 Al - Salloum 模型(f_{cc}理论值/f_{cc}试验值)的平均值分别为 1.23 和 1.16，预测的理论值偏高。

(4)Lam 模型和 Wu 模型(f_{cc}理论值/f_{cc}试验值)的变异系数分别为 18.6%和 23.3%，平均绝对误差分别为 25.3%和 25.4%，误差平方和分别为 4.30 和 4.36 均为各强度模型中最大，说明 Lam 模型和 Wu 模型对矩形截面弱约束试件强度的预测离散性较大，这是由于其预测的理论值偏大和偏小造成的。

3.3.3 对已有极限应变模型的评估

3.3.3.1 对圆形截面强约束试件

图 3－5 所示为各极限应变模型对圆形截面强约束试件预测的理论值和试验值的对比，各小图图例同图 3－5(a)。表 3－5 列出了对各极限应变模型预测圆形截面强约束试件的评估数据。

从图 3－5 和表 3－5 中可以看出：

(1)已有的极限应变模型(ε_{cu} 理论值/ε_{cu} 试验值)的平均值介于 0.60～2.73，标准偏差最大达到 1.64，变异系数最大达到 79.3%，平均绝对误差最大甚至达到 173.1%，误差平方和最大甚至达到 4169.0，预测结果普遍较差。

(2)De Lorenzis 模型(ε_{cu} 理论值/ε_{cu} 试验值)的平均值为 0.93，标准偏差为 0.34，平均绝对误差为 28.6%，误差平方和为 540.7，后三项均为各极限应变模型中最小，说明 De Lorenzis 模型对圆形截面强约束试件极限应变的预测较准确。

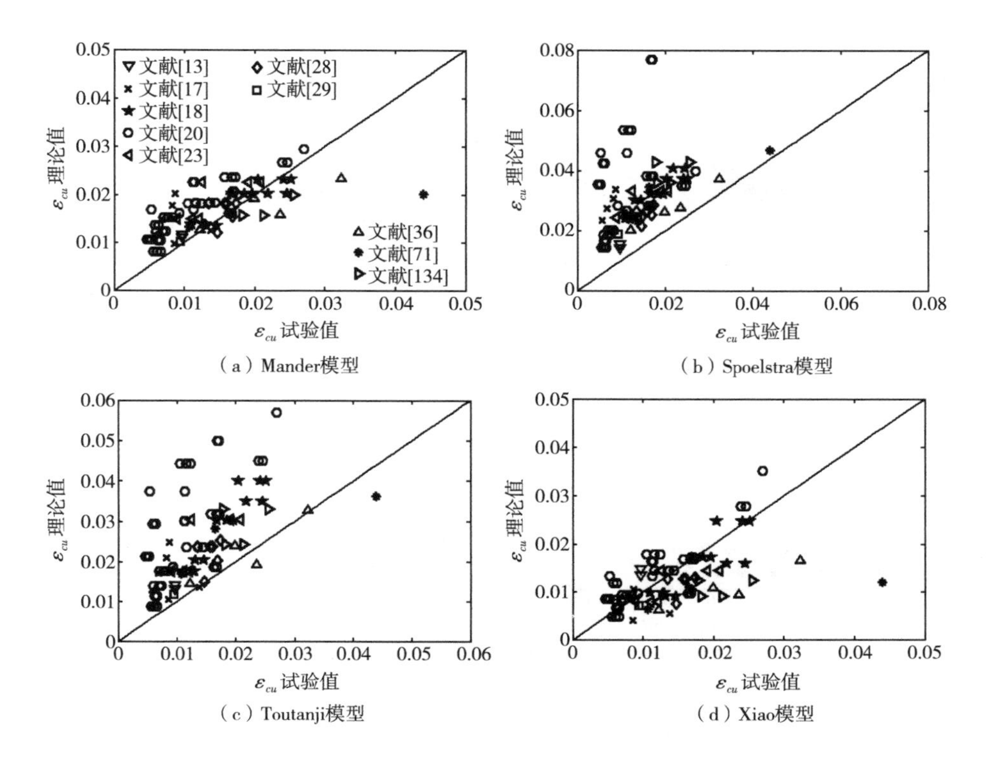

(a) Mander模型

(b) Spoelstra模型

(c) Toutanji模型

(d) Xiao模型

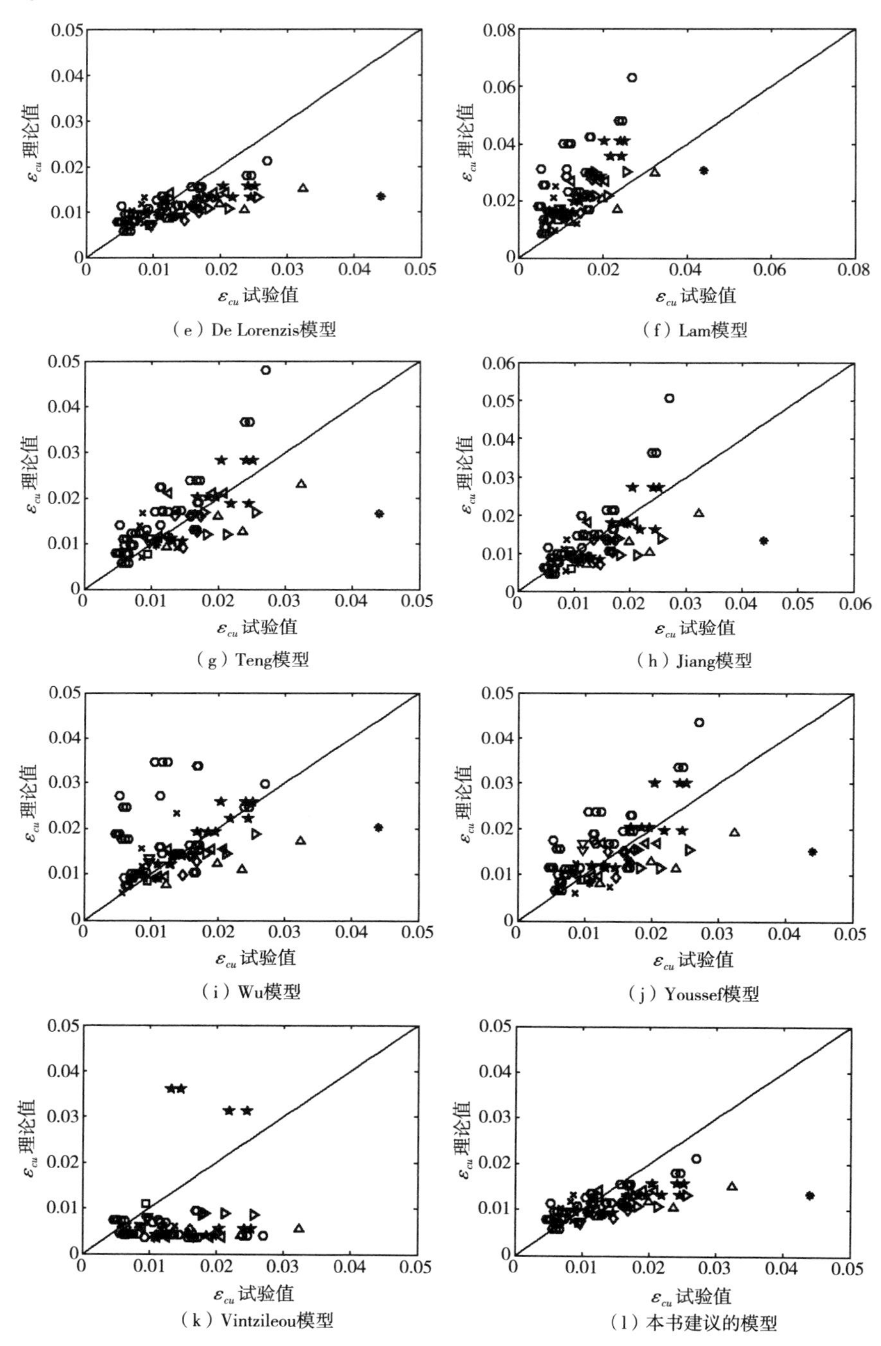

图 3-5　圆形截面强约束试件极限应变理论值与试验值对比

(3) Vintzileou模型(ε_{cu}理论值/ε_{cu}试验值)的平均值为0.60，预测极为保守；Spoelstra模型、Toutanji模型和Lam模型(ε_{cu}理论值/ε_{cu}试验值)的平均值为1.94～2.73，预测的理论值太高。

(4)在(ε_{cu}理论值/ε_{cu}试验值)平均值不大于1.50的模型中，Wu模型的标准偏差为0.99，变异系数分别为67.2%，均为最大，说明Wu模型对圆形截面强约束试件极限应变的预测离散性较大。

表3-5　极限应变模型评估(对圆形截面强约束试件)

模型类别	评估值					
	试件数目	ε_{cu}理论值/ε_{cu}试验值			平均绝对误差/%	误差平方和
		平均值	标准偏差	变异系数/%		
Mander模型	86	1.40	0.49	35.1	46.1	556.9
Spoelstra模型	86	2.73	1.64	59.6	173.1	4168.5
Toutanji模型	86	2.09	1.09	52.0	110.1	4135.6
Xiao模型	86	1.01	0.42	41.1	31.8	563.0
De Lorenzis模型	86	0.93	0.34	36.0	28.6	540.7
Lam模型	86	1.94	0.92	47.1	96.2	4168.7
Teng模型	86	1.21	0.41	34.0	35.9	4169.0
Jiang模型	86	1.02	0.37	36.1	29.7	4169.0
Wu模型	86	1.46	0.99	67.2	61.0	1468.6
Youssef模型	86	1.25	0.55	43.4	43.1	808.2
Vintzileou模型	82	0.60	0.48	79.3	55.9	1911.2
本书建议的模型	86	0.93	0.34	36.0	28.6	540.7

3.3.3.2　对圆形截面弱约束试件

图3-6所示为各极限应变模型对圆形截面弱约束试件预测的理论值和试验值的对比，各小图图例同图3-6(a)。表3-6列出了对各极限应变模型预测圆形截面弱约束试件的评估数据。

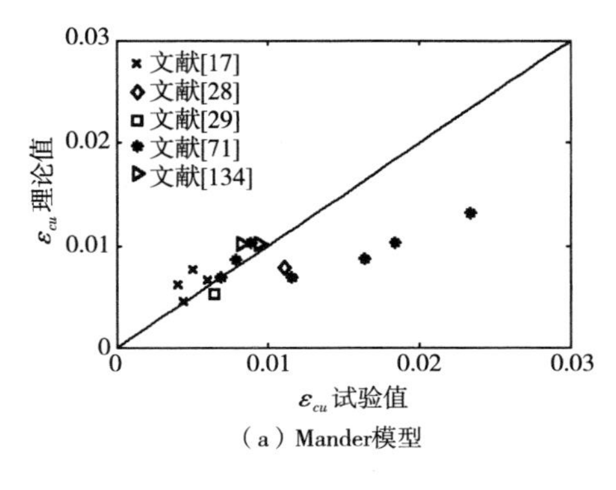

(a) Mander模型

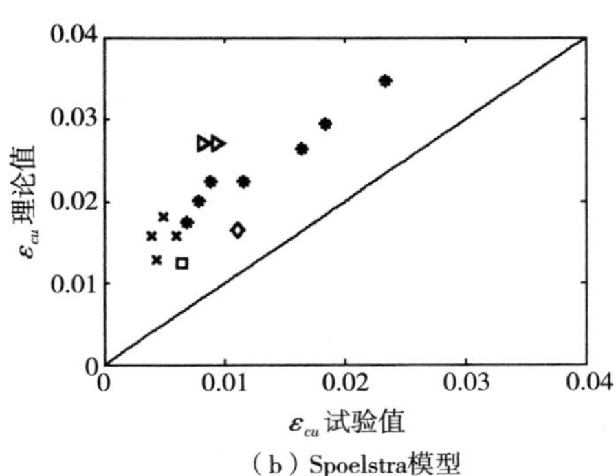

(b) Spoelstra模型

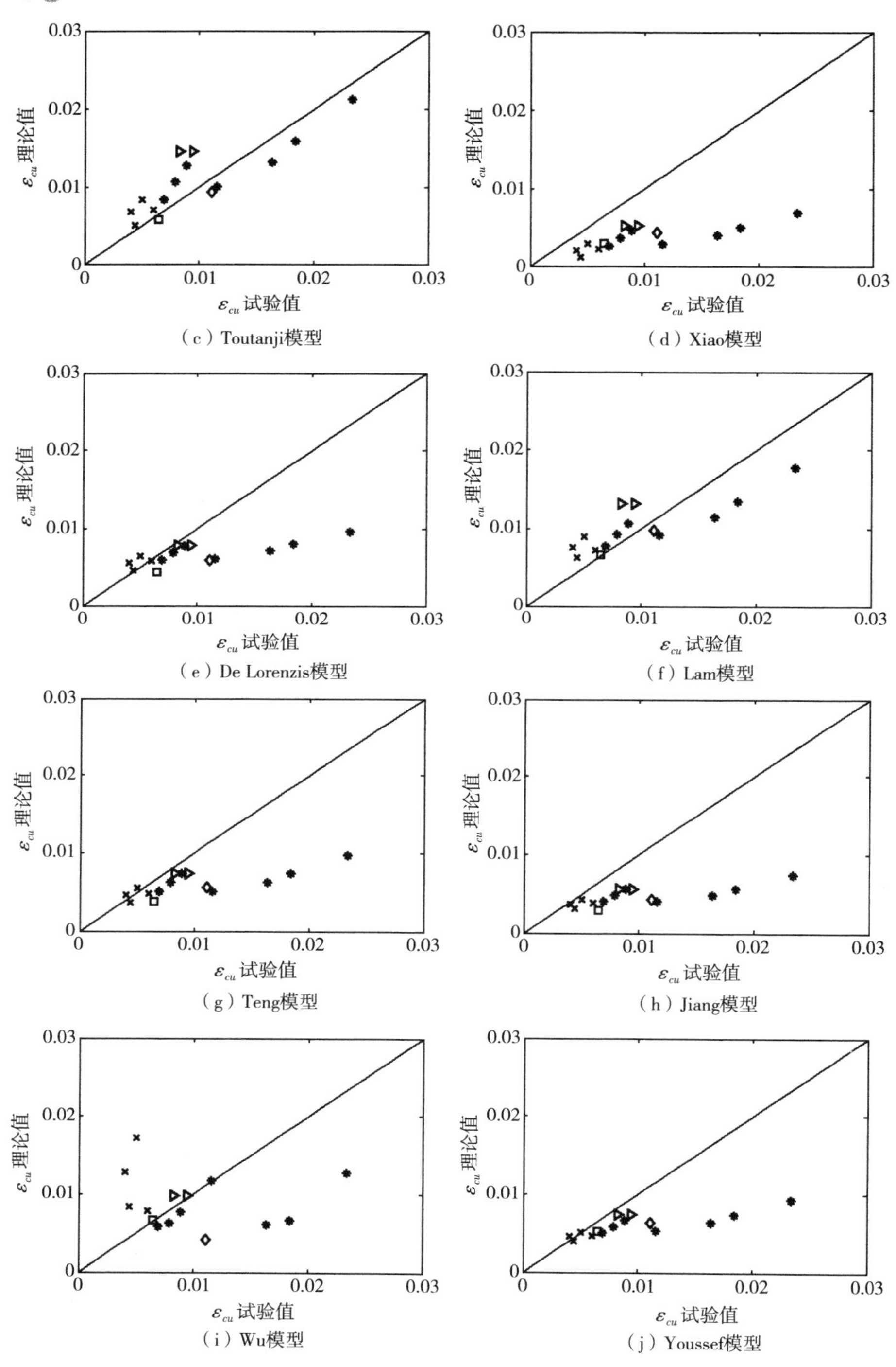

（c）Toutanji模型

（d）Xiao模型

（e）De Lorenzis模型

（f）Lam模型

（g）Teng模型

（h）Jiang模型

（i）Wu模型

（j）Youssef模型

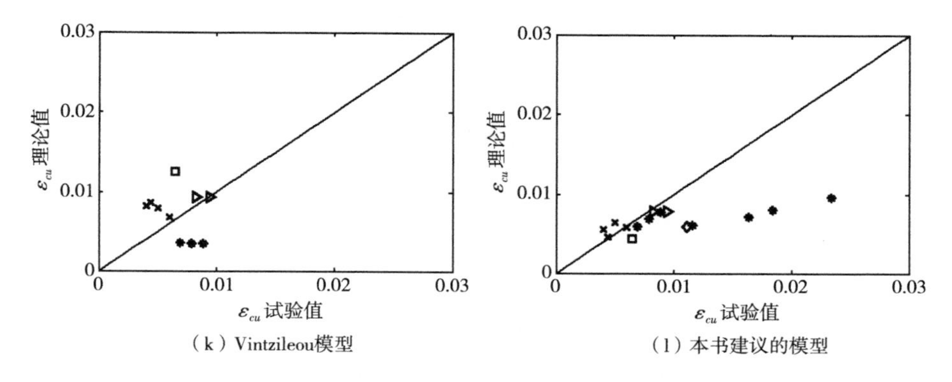

图 3－6　圆形截面弱约束试件极限应变理论值与试验值对比

表 3－6　极限应变模型评估(对圆形截面弱约束试件)

模型类别	评估值					
	试件数目	ε_{cu}理论值/ε_{cu}试验值			平均绝对误差/%	误差平方和
		平均值	标准偏差	变异系数/%		
Mander 模型	15	0.97	0.33	33.3	26.9	37.2
Spoelstra 模型	15	2.46	0.79	31.0	146.2	260.7
Toutanji 模型	15	1.21	0.35	27.8	32.2	19.3
Xiao 模型	15	0.41	0.13	30.3	58.7	115.1
De Lorenzis 模型	15	0.81	0.30	36.5	29.1	61.1
Lam 模型	15	1.18	0.38	31.4	33.2	260.7
Teng 模型	15	0.71	0.25	34.0	32.3	260.7
Jiang 模型	15	0.56	0.20	35.1	43.8	260.7
Wu 模型	15	1.22	0.95	75.2	59.8	88.2
Youssef 模型	15	0.72	0.23	31.5	30.6	66.9
Vintzileou 模型	10	1.21	0.64	50.3	54.5	23.4
本书建议的模型	15	0.81	0.30	36.5	29.1	61.1

从图 3－6 和表 3－6 中可以看出：

(1)已有的极限应变模型(ε_{cu}理论值/ε_{cu}试验值)的平均值介于 0.41～2.46，标准偏差最大达到 0.95，变异系数最大达到 75.2%，平均绝对误差最大甚至达到 146.2%，误差平方和最高甚至达到 260.7，预测结果普遍较差。

(2)在(ε_{cu}理论值/ε_{cu}试验值)平均值介于 0.81～1.21 的模型中，De Lorenzis 模型的标准偏差为 0.30，Toutanji 模型的变异系数为 27.8%，误差平方和为 19.3，Mander 模型的平均绝对误差为 26.9%，均为最小，说明

Lorenzis 模型、Toutanji 模型和 Mander 模型对圆形截面弱约束试件极限应变的预测较准确。

(3)Xiao 模型和 Jiang 模型(ε_{cu} 理论值/ε_{cu} 试验值)的平均值分别为 0.41 和 0.56,预测极为保守;Spoelstra 模型(ε_{cu} 理论值/ε_{cu} 试验值)的平均值为 2.46,预测的理论值太高。

(4)Wu 模型(ε_{cu} 理论值/ε_{cu} 试验值)的标准偏差为 0.95,变异系数为 75.2%,均为各极限应变模型中最大,说明 Wu 模型对圆形截面弱约束试件极限应变的预测离散性较大。

3.3.3.3　对矩形截面强约束试件

图 3-7 所示为各极限应变模型对矩形截面强约束试件预测的理论值和试验值的对比,各小图图例同图 3-7(a)。表 3-7 列出了对各极限应变模型预测矩形截面强约束试件的评估数据。

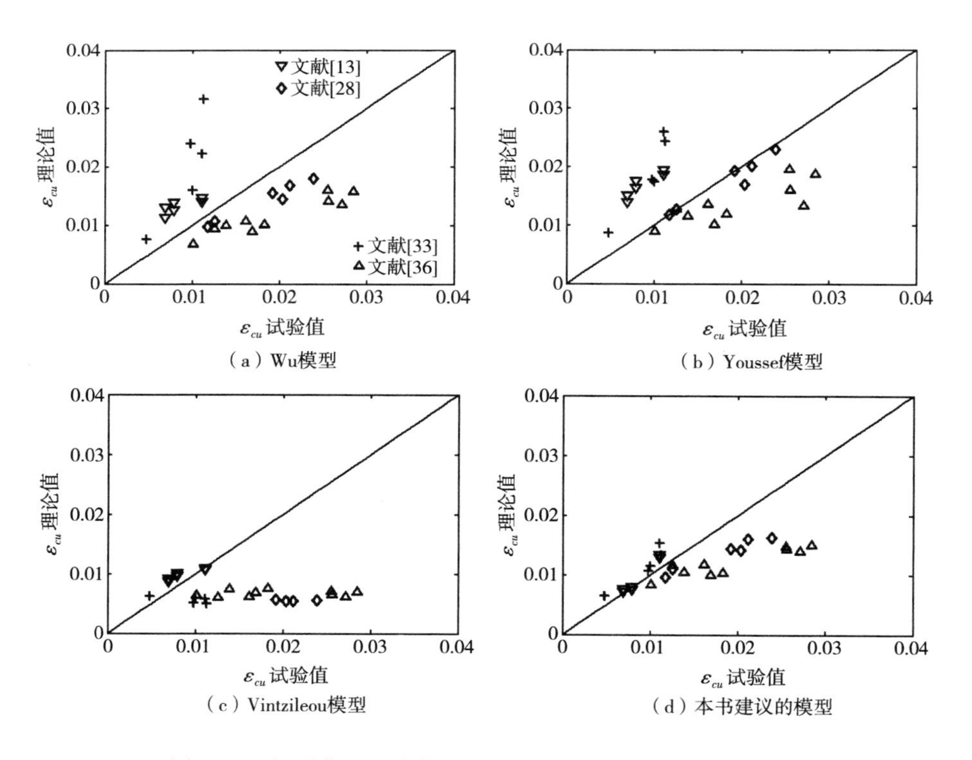

图 3-7　矩形截面强约束试件极限应变理论值与试验值对比

从图3-7和表3-7中可以看出：

(1)已有的极限应变模型(ε_{cu}理论值/ε_{cu}试验值)的平均值介于0.61～1.29，标准偏差介于0.39～0.64，变异系数介于46.5%～62.9%，平均绝对误差介于50.0%～52.0%，误差平方和介于487.2～608.5，说明已有的极限应变模型对矩形截面强约束试件极限应变的预测结果均较差。

(2)Vintzileou模型(ε_{cu}理论值/ε_{cu}试验值)的平均值为0.61，预测极为保守；Youssef模型(ε_{cu}理论值/ε_{cu}试验值)的平均值为1.29，预测的理论值偏高。

(3)Wu模型和Youssef模型(ε_{cu}理论值/ε_{cu}试验值)的标准偏差分别为0.64和0.61，平均绝对误差分别为52.0%和50.5%，均为各极限应变模型中最大，说明Wu模型和Youssef模型对矩形截面强约束试件极限应变的预测离散性较大。

表3-7 极限应变模型评估(对矩形截面强约束试件)

模型类别	评估值					
	试件数目	ε_{cu}理论值/ε_{cu}试验值			平均绝对误差/%	误差平方和
		平均值	标准偏差	变异系数/%		
Wu模型	27	1.14	0.64	55.3	52.0	506.1
Youssef模型	27	1.29	0.61	46.5	50.5	487.2
Vintzileou模型	25	0.61	0.39	62.9	50.0	608.5
本书建议的模型	27	0.88	0.26	29.0	24.4	175.7

3.3.3.4 对矩形截面弱约束试件

图3-8所示为各极限应变模型对矩形截面弱约束试件预测的理论值和试验值的对比，各小图图例同图3-8(a)。表3-8列出了对各极限应变模型预测矩形截面弱约束试件的评估数据。

从图3-8和表3-8中可以看出：

(1)已有极限应变模型(ε_{cu}理论值/ε_{cu}试验值)的平均值介于0.64～1.06，标准偏差介于0.33～0.58，变异系数介于46.1%～59.9%，平均绝

对误差介于 39.5%～45.0%，误差平方和介于 226.3～253.2，说明已有的极限应变模型对矩形截面弱约束试件极限应变的预测结果均不理想。

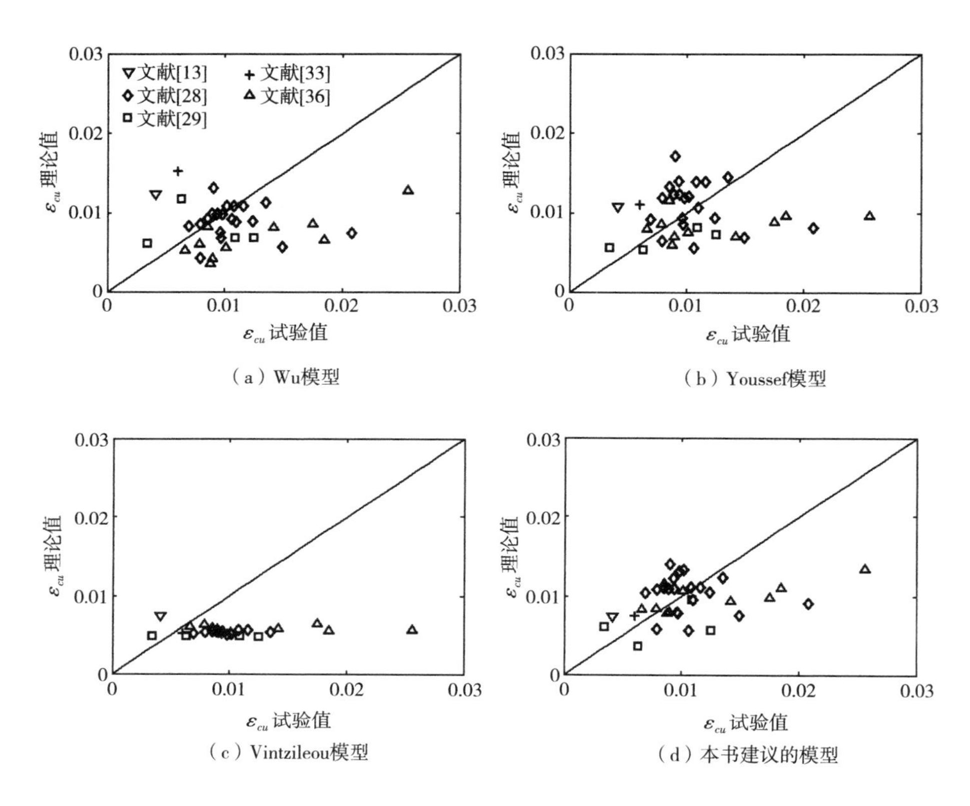

（a）Wu模型　（b）Youssef模型

（c）Vintzileou模型　（d）本书建议的模型

图 3-8　矩形截面弱约束试件极限应变理论值与试验值对比

(2)Vintzileou 模型(ε_{cu} 理论值/ε_{cu} 试验值)的平均值为 0.64，预测极为保守。表 3-5～表 3-8 中，Vintzileou 模型计算的试件数目均比其他模型少，这是由于 Vintzileou 模型中只规定了 γ_{FRP} 对 CFRP 和 GFRP 约束试件的取值，因此无法计算其他如 AFRP 和 DFRP 约束试件的极限应变，具有局限性。

(3)Wu 模型和 Youssef 模型(ε_{cu} 理论值/ε_{cu} 试验值)的标准偏差分别为 0.58 和 0.50，误差平方和分别为 253.2 和 226.3，说明 Wu 模型和 Youssef 模型对矩形截面弱约束试件极限应变的预测离散性较大。

表 3-8　极限应变模型评估(对矩形截面弱约束试件)

模型类别	评估值					
	试件数目	ε_{cu}理论值/ε_{cu}试验值			平均绝对误差/%	误差平方和
		平均值	标准偏差	变异系数/%		
Wu 模型	36	0.95	0.58	59.9	39.9	253.2
Youssef 模型	36	1.06	0.50	46.1	39.5	226.3
Vintzileou 模型	28	0.64	0.33	50.2	45.0	230.9
本书建议的模型	36	1.00	0.37	36.7	31.2	149.0

3.4　建议模型

从评估结果可见，已有模型对强度的预测要好于对极限应变的预测。其中，Campione 模型对圆形截面强约束试件强度的预测较准确，对圆形截面弱约束试件强度的预测虽然不如 Shehata 模型准确，但是考虑到 FRP 约束圆形截面混凝土柱大多数为强约束试件，从本书收集的试验数据中圆形截面强、弱约束试件数目的对比(86∶15)也可见一斑，且圆形截面弱约束试件强度范围不大，预测偏差也不会太大。因此，可以认为 Campione 模型对圆形截面试件强度的预测较准确。另外，Campione 模型对矩形截面强约束试件的预测却不够准确。在对圆形截面试件极限应变的预测方面，不论是对强约束试件还是对弱约束试件，De Lorenzis 模型的预测均较准确，但是 De Lorenzis 模型却不能预测矩形截面试件的极限应变。

Campione 强度模型和 De Lorenzis 极限应变模型均是在对已有模型和试验数据分析比较的基础上得出的，已具有相当的可信度。一般的模型提出仅是对收集到的试验数据进行直接回归分析得到的，具有一定的局限性。本书提出模型的理念是对具有相当可信度的已有模型进行适当的改进，使其在保持原有方面准确性的基础上提高其在其他方面的准确性或可用于其他方面。具体到本章，即对 Campione 强度模型和 De Lorenzis 极限应变模型进行适当的改进，使其在保持原有的对圆形截面试件准确预测的基础上，对矩形截面试件预测的准确性得到进一步提高或可用于预测矩形截面试件，这样提出的模型的可信度和通用性更高。基于此，本书提出的对圆形和矩形截面试件统一的强度和极限应变模型就是在 Campione 强度模型中替换原有的截面影响因子，在 De Lorenzis 极限应变模型中加入截面影响因子，具体格式分别如下：

$$\frac{f_{cc}}{f_c'}=1+2.0\gamma^{c_1}\frac{f_{lu}}{f_c'} \tag{3-45}$$

$$\frac{\varepsilon_{cu}}{\varepsilon_c'}=1+26.2\gamma^{c_2}\left(\frac{f_{lu}}{f_c'}\right)^{0.80}E_l^{-0.148} \tag{3-46}$$

式中，c_1 和 c_2 为待定的系数；γ 为截面影响因子；ε_c'在无相关试验数据时可取为 0.002。从已有的模型看，Lam 模型、Campione 模型、Ilki 模型、Al－Salloum 模型、Youssef 模型和 Vintzileou 模型等均考虑了截面有效约束系数。其中，Campione 模型和 Al－Salloum 模型中的截面有效约束系数只考虑了矩形截面中宽度 b 的影响，未考虑矩形截面中高度 h 的影响，而 Lam 模型、Ilki 模型、Youssef 模型和 Vintzileou 模型中的截面有效约束系数同时考虑了矩形截面中宽度 b 和高度 h 的影响。经过试算和比较，本书对 γ 采用 Lam 等建议的 k_s，按式（2－17）计算。通过对收集的试验数据[13,17,18,20,23,28,29,33,36,71,134]进行回归分析可以确定式（3－45）和式（3－46）中的系数 c_1 和 c_2，并得到：

$$\frac{f_{cc}}{f_c'}=1+2.0k_s^{2.50}\frac{f_{lu}}{f_c'} \tag{3-47}$$

$$\frac{\varepsilon_{cu}}{\varepsilon_c'}=1+26.2k_s^{0.12}\left(\frac{f_{lu}}{f_c'}\right)^{0.80}E_l^{-0.148} \tag{3-48}$$

本书提出的强度模型[式（3－47）]和极限应变模型[式（3－48）]预测的强度和极限应变理论值与试验值的对比分别见图 3－1～图 3－6(l)和图 3－7～图 3－8(d)，相关的评估值见表 3－1～图 3－8 所列。表 3－9 和表 3－10 还分别列出了对各强度和极限应变模型预测所有试件的评估结果。

对比本书建议的模型与已有模型的预测结果可以发现：

(1)从图 3－3 和表 3－3 中可以看出，本书建议的模型（f_{cc}理论值/f_{cc}试验值）的平均值为 0.93，标准偏差为 0.08，变异系数为 8.9%，后两项均为各强度模型中最小，说明本书建议的模型对矩形截面强约束试件强度的预测较准确。

(2)从图3-4和表3-4中可以看出，本书建议的模型(f_{cc}理论值/f_{cc}试验值)的平均值为1.03，标准偏差为0.15，变异系数为14.6%，平均绝对误差为12.9%，均与已有模型中对矩形截面弱约束试件强度预测较准确的Campione模型相近。

表3-9　强度模型评估(对所有试件)

模型类别	评估值					
	试件数目	f_{cc}理论值/f_{cc}试验值			平均绝对误差/%	误差平方和
		平均值	标准偏差	变异系数/%		
Mirmiran模型	164	1.10	0.15	14.0	15.1	11.2
Shehata模型	164	0.89	0.19	21.9	18.2	36.8
Lam模型	164	1.21	0.17	13.9	22.3	27.7
Campione模型	164	0.98	0.12	12.6	10.2	8.0
Ilki模型	164	1.00	0.16	15.7	12.0	11.9
Kumutha模型	164	0.90	0.20	21.8	17.8	33.6
Al-Salloum模型	164	1.17	0.15	12.8	18.8	19.9
Wu模型	164	0.91	0.16	18.0	14.5	12.8
Youssef模型	164	0.90	0.12	13.5	11.9	12.6
Vintzileou模型	164	0.92	0.23	24.5	19.6	44.9
Wu和Wang模型	164	1.05	0.14	12.9	11.2	7.0
本书建议的模型	164	1.00	0.12	12.2	9.7	6.9

表3-10　极限应变模型评估(对所有试件)

模型类别	评估值					
	试件数目	ε_{cu}理论值/ε_{cu}试验值			平均绝对误差/%	误差平方和
		平均值	标准偏差	变异系数/%		
Mander模型	101	1.34	0.5	37	43.2	594.1
Spoelstra模型	101	2.69	1.54	56.9	169.1	4429.2
Toutanji模型	101	1.96	1.06	54	98.5	4154.9

（续表）

模型类别	评估值					
	试件数目	ε_{cu}理论值/ε_{cu}试验值			平均绝对误差/%	误差平方和
		平均值	标准偏差	变异系数/%		
Xiao 模型	101	0.92	0.44	47.8	35.8	678.1
De Lorenzis 模型	101	0.91	0.34	36.5	28.6	601.9
Lam 模型	101	1.83	0.9	49.1	86.8	4429.4
Teng 模型	101	1.14	0.43	37.8	35.3	4429.7
Jiang 模型	101	0.95	0.39	40.4	31.7	4429.8
Wu 模型	164	1.27	0.88	68.6	54.8	2316.1
Youssef 模型	164	1.17	0.55	46.8	42.4	1588.6
Vintzileou 模型	145	0.65	0.47	72.4	52.7	2774
本书建议的模型	164	0.93	0.33	35.8	28.5	926.6

(3)从图 3-7 和表 3-7 中可以看出，本书建议的模型(ε_{cu}理论值/ε_{cu}试验值)的平均值为 0.88，标准偏差为 0.26，变异系数为 29.0%，平均绝对误差为 24.4%，误差平方和为 175.7，后四项均为各极限应变模型中最小，说明本书建议的模型对矩形截面强约束试件极限应变的预测较准确。

(4)从图 3-8 和表 3-8 中可以看出，本书建议的模型(ε_{cu}理论值/ε_{cu}试验值)的平均值为 1.00，标准偏差为 0.37，变异系数为 36.7%，平均绝对误差为 31.2%，误差平方和为 149.0，后四项均为各极限应变模型中最小，说明本书建议的模型对矩形截面弱约束试件极限应变的预测较准确。

(5)从表 3-9 中可以看出，本书建议的模型(f_{cc}理论值/f_{cc}试验值)的平均值为 1.00，标准偏差为 0.12，变异系数为 12.2%，平均绝对误差为 9.6%，误差平方和为 6.9，后四项均为各强度模型中最小，说明本书建议的模型对所有试件强度的整体预测较准确。

(6)从表 3-10 中可以看出，本书建议的模型(ε_{cu}理论值/ε_{cu}试验值)的平均值为 0.93，标准偏差为 0.33，变异系数为 35.8%，平均绝对误差为 28.5%，误差平方和为 926.6，中间三项均为各极限应变模型中最小，后四项均为可预测所有试件的极限应变模型中最小，说明本书建议的模型对所有试件极限应变的整体预测较准确。

综上所述，在保持原有的Campione模型对圆形截面试件强度和De Lorenzis模型对圆形截面试件极限应变准确预测的基础上，本书建议的对Campione模型改进的模型对矩形截面试件强度预测的准确性得到进一步提高，对De Lorenzis模型改进的模型可用于预测矩形截面试件的极限应变且准确性较高。

3.5　本章小结

本章完成的工作和得到的主要结论如下：

(1)对已有的强度和极限应变模型进行了评估，结果表明已有模型对强度的预测要好于对极限应变的预测。

(2)已有模型中Campione模型对圆形截面强约束试件和矩形截面弱约束试件强度的预测较准确；Shehata模型对圆形截面弱约束试件强度的预测较准确；Mirmiran模型对矩形截面强约束试件强度的预测较准确。

(3)De Lorenzis模型对圆形截面试件极限应变的预测较准确；已有模型对矩形截面试件极限应变的预测均不准确。

(4)在Campione强度模型和De Lorenzis极限应变模型基础上，提出了改进的强度和极限应变模型，对圆形截面和矩形截面试件均适用。与已有模型的各种评估结果的对比表明，本书建议的模型对强度和极限应变的预测均较准确，且简便实用。

本章给出的强度和极限应变模型是下一章计算偏压下FRP约束钢筋混凝土柱承载力的基础。

第四章 FRP约束钢筋混凝土柱的偏压性能研究

4.1 引 言

前面两章研究了FRP约束混凝土柱在轴心受压下的力学性能。在实际工程中,由于自身几何特性、施工误差、地震作用以及吊车荷载等因素的存在,大多数混凝土柱往往受到轴向荷载和弯矩荷载的共同作用。因此,学者们对FRP约束混凝土柱,特别是对FRP约束钢筋混凝土柱在压弯或偏心受压作用下的力学表现进行了研究[98-117]。然而到目前为止,对偏压下FRP约束钢筋混凝土柱的数值模拟研究还未见报道。已报道的预测偏压下FRP约束钢筋混凝土柱承载力的计算模型仍然还或多或少地沿用偏压下钢筋混凝土柱的计算理论[107,114],而实际上偏压下FRP约束钢筋混凝土柱的力学性能与偏压下钢筋混凝土柱的力学性能还是有所不同的。

本章首先提出了用于模拟FRP约束钢筋混凝土柱偏压过程的非线性有限元分析模型。在提出的数值模型的基础上,对偏压下FRP约束钢筋混凝土柱开展了大量的数值试验,试验研究的参数包括截面偏心率以及试件长细比。然后,在数值模拟研究的基础上,提出了计算偏压下FRP约束钢筋混凝土柱承载力的计算模型,包括分析模型和设计模型。最后,给出了基于设计模型的偏压下FRP约束钢筋混凝土柱的承载力-弯矩关系简化计算模型。

4.2 偏压下FRP约束钢筋混凝土柱的数值模拟

4.2.1 单元类型和材料模型选取

4.2.1.1 FRP

同第二章一样，本章继续采用4节点壳体单元Shell181模拟FRP，设置其KEYOPT(1)为1，只考虑薄膜刚度而不考虑弯曲刚度，通过命令SECTYPE和SECDATA设置FRP的各层厚度、缠绕角度和材料属性，再通过命令SECNUM附属给FRP模型。FRP材料的应力-应变关系接近理想弹性。在分析中，按照多线性随动强化模型(KINH)[142]输入其应力、应变值。

4.2.1.2 混凝土

混凝土采用ANSYS中专用于混凝土材料的8节点实体单元Solid65模拟，泊松比取0.2，材料应力-应变关系模型按照多线性等向强化模型(MISO)[142]输入，采用Popovics模型[141]。

这就产生了一个问题，是不是还要按照第二章中介绍的先判别强弱约束再选择不同的应力-应变关系模型模拟混凝土呢？首先，FRP约束混凝土柱的偏压性能与轴压性能是有所差别的，Parvin等[101]和曹双寅等[107]的研究表明，由偏心受压引起的FRP应变梯度会导致FRP对混凝土约束应力的不均匀，因此偏压下FRP约束混凝土柱的强弱约束是无法按照轴压下FRP约束混凝土柱的强弱约束判别模型进行判别的；其次，在后面的计算模型中，本书提出将偏压下FRP强、弱约束混凝土的应力-应变关系曲线均简化为有强化段的曲线，采用简化模型的计算结果与数值和试验结果均吻合较好，具体说明将在后面给出，这里不作详述。因此，在模拟偏压下FRP约束钢筋混凝土柱时，本书采用第二章中修正后的Popovics模型，即当混凝土压应力达到抗压强度后假定其应力不变[如图2-12(b)所示]，使用修正后的模型数值计算效果较好。

在ANSYS中，Solid65单元的破坏准则默认采用William-Wamke五参数破坏准则。经过试算，本书在定义 TB 和 CONCR 时，开裂的剪力传递系数取0.5，闭合的剪力传递系数取0.9，单轴抗拉强度取$0.1f_c'$，并关闭压碎选项。

4.2.1.3 钢筋

混凝土内部的钢筋有三种方法进行模拟，即整体式法、分离式法和组合式法。整体式法是将钢筋作为附加弥散钢筋分布到混凝土中一个指定的方向。钢筋作为附加弥散钢筋加入到 Solid65 单元中的方法是通过输入实常数设定 Solid65 单元在三维空间各个方向的钢筋材料编号、位置、角度和配筋率实现的。这种方法主要用于有大量钢筋且钢筋分布较均匀的构件中，譬如剪力墙或楼板结构。分离式法是把混凝土和钢筋作为不同的单元来处理。混凝土与钢筋各自被划分成足够小的单元，混凝土还是采用 Solid65 单元模拟，钢筋通常采用空间杆单元 Link8 单元模拟。Link8 单元有 2 个节点，每个节点有 3 个自由度。利用 Link8 单元建立钢筋单元，和混凝土单元共用节点。这种方法建模比较方便，可以任意布置钢筋位置并可直观获得钢筋的内力，但是建模时需要考虑共用节点的位置，且容易出现应力集中拉坏混凝土的问题。以上两种钢筋的模拟方法均假设钢筋和混凝土之间位移完全协调，没有考虑钢筋和混凝土之间的滑移，而组合式法则需要考虑钢筋和混凝土之间的黏结和滑移。同样还是采用 Solid65 单元和 Link8 单元建立混凝土和钢筋模型，不同的是在混凝土单元和钢筋单元之间加入了界面单元。界面单元一般采用弹簧单元 Combin 单元来模拟。

一般情况下，由于钢筋混凝土结构中钢筋和混凝土之间都有比较良好的锚固，通常不需要考虑混凝土与钢筋之间的黏结和滑移，因此组合式法并不常用。Link8 单元作为一种空间杆单元，只能模拟钢筋的拉压，并不能模拟钢筋的弯曲，因此模拟有侧向弯曲的 FRP 约束钢筋混凝土偏压柱采用分离式法似乎也不合适。对 FRP 约束钢筋混凝土偏压柱来说，钢筋的分布一般具有柱中疏、柱端密的特点，但是不论疏密，柱中和柱端的钢筋分布在所在区域基本上是均匀的。基于以上分析，本书采用整体式法对偏压下 FRP 约束钢筋混凝土柱中的钢筋进行模拟。

通常的整体式法是将钢筋平均分配到所有的混凝土单元中去。这种通常的做法是模拟普通钢筋混凝土柱时使用的。模拟 FRP 约束钢筋混凝土柱时，若还是按照通常做法，在对模型加载过程中，由于靠近 FRP 的混凝土单元含有的钢筋比率较少，随着FRP对混凝土约束的逐渐加强，该位置的混凝土单元容易过早地发生开裂，使得核心区域的混凝土得不到靠近FRP的外围混凝土给予的有效约束，最终导致试件承载力的下降，这与实际情况不符。实际上，靠近FRP的混凝土离钢筋也较近，由于FRP和钢筋的共同约束，这里的混凝土反而不易开裂，直到外部FRP断裂才最终破坏。因此，本书建议对通常的整体式法进行改进。

如图4-1所示，对FRP约束钢筋混凝土柱截面进行分区，将截面分为A区和B区，其中A区为混凝土保护层、纵向钢筋和横向钢筋所占据的回形区域，B区为余下的矩形区域（即图4-1中阴影部分）。在对混凝土单元设定实常数时，对B区混凝土，按照素混凝土设定，即钢筋角度和配筋率均设定为0；对A区混凝土，按照钢筋混凝土设定，只是此时的钢筋配筋率应以钢筋体积与A区所占体积的比值来设定，这样A区的钢筋比率就比通常做法时设定的钢筋比率大得多，从而对A区混凝土可以产生有效的约束作用，使其不会过早开裂，同时A区混凝土也可以将FRP和钢筋的有效约束作用顺利地传递给B区混凝土。使用改进后的整体式法模拟钢筋数值计算效果较好。

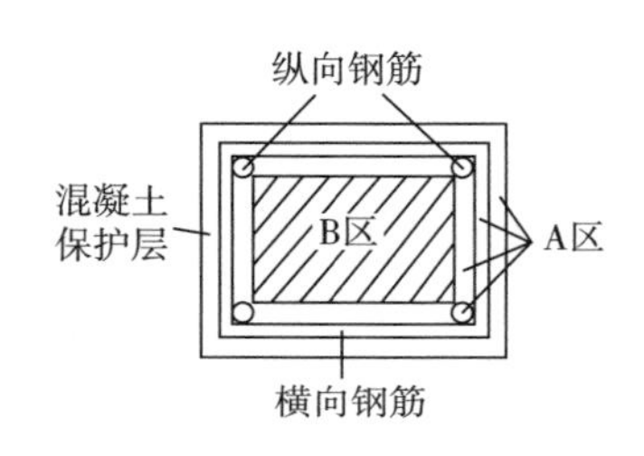

图4-1　柱截面分区

对于钢筋的本构关系模型，本书按照双折线随动强化模型（BKIN）[142]输入其应力、应变值，钢筋强化阶段的斜率取弹性模量的1/100，受力过程满足Von Mises屈服准则，当钢筋Von Mises等效应力超过材料的屈服应力f_{sy}时，钢筋就发生屈服，泊松比取0.3。

4.2.1.4　端部牛腿

根据文献[100,107,114]对试验的设计，FRP约束钢筋混凝土柱的端部牛腿一般尺寸较大且内部钢筋较多，其作用主要是用来传递荷载，且在试验加载过程中，端部牛腿未发生较大的变形和破坏。因此，为了节省数值计算所需要的内存和时间，本书将端部牛腿简化为刚性实体，采用8节点实体单元Solid45模拟，将其弹性模量设定为一较大值（本书分析时设定为1.0×10^7）。

4.2.2 有限元模型

4.2.2.1 FRP与混凝土界面的处理及单元划分

假定混凝土和FRP之间共同工作性能良好，使用GLUE命令将两者界面黏结起来，共用节点。考虑到试件的几何非线性，对FRP约束钢筋混凝土柱实体模型网格化时采取对应网格和自由网格相结合的方式。如图4-2所示，对混凝土和FRP，由于试件的力学性能主要取决于它们，为了计算更为准确，采取对应网格将其分别划分为六面体和四边形单元；对端部牛腿，由于为了便于加载而预先对端部牛腿实体模型进行了必要的切割，因此采取自由网格将其分别划分为四面体单元。

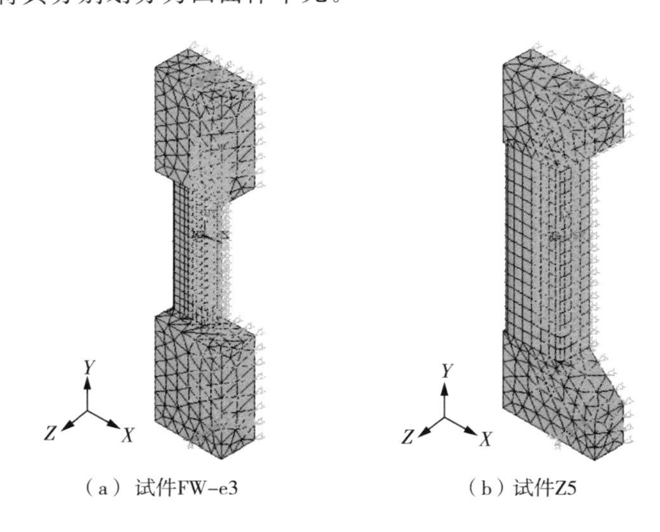

（a）试件FW-e3　　（b）试件Z5

图4-2　有限元分析模型

4.2.2.2 边界条件和加载方式

进行偏压下FRP约束钢筋混凝土柱非线性有限元模拟分析时，利用对称性，取二分之一柱体建立模型。如图4-2所示，在对称面的节点上施加沿对称面法向的对称约束。按照加载位置，对柱顶和柱底的面进行切割。将柱底面切割线上的节点的X、Y和Z方向自由度耦合到一个关键点上，对该关键点施加约束$UX=0$、$UY=0$和$UZ=0$；将柱顶面切割线上的节点的X、Y和Z方向自由度也耦合到一个关键点上，对该关键点施加约束$UX=0$、$UZ=0$和Y方向位移荷载UY。

4.2.2.3　计算程序设定

当计算结果达到以下任一种情况时，认为试件破坏，计算终止：

(1)FRP 环向拉应变达到极限拉应变 ε_{fu} 时；

(2)在计算过程中，迭代超过 50 次不收敛，将加载步长折半，重复折半超过 1000 次不收敛。

在本次分析中，所有算例均计算效果良好，未出现因第(2)种情况终止的现象。

4.2.3　数值模型验证

采用文献[107,114]中报道的试验数据对提出的数值模型进行验证。其中，文献[107]对 4 个 CFRP 约束矩形截面钢筋混凝土柱进行了偏压试验，各试件具体数据见附录 B。试件两端各设有牛腿，每个牛腿截面尺寸为 250mm×400mm，高度为 300mm。试件的主筋为 4 根直径 16mm 的钢筋，屈服强度为 403.7MPa，箍筋为直径 6.5mm、间距 250mm 的钢筋，屈服强度为 337.8MPa。为方便研究，将文献[107]中的 4 个试件编为[A]组试件。

文献[114]对 8 个 CFRP 约束矩形截面钢筋混凝土柱进行了偏压试验，各试件具体数据见附录 B。试件两端各设有牛腿，每个牛腿截面尺寸为 250mm×250mm，高度为 350mm。试件的主筋为 4 根直径 10mm 的钢筋，屈服强度为 550MPa，箍筋为直径 6mm、间距 125mm 的钢筋。混凝土抗压强度为 28.5MPa。混凝土保护层厚度为 15mm。试件拐角半径为 10mm。为方便研究，将文献[114]中的 4 个完全 CFRP 包裹试件编为[B]组试件，4 个部分 CFRP 包裹试件编为[C]组试件。

图 4-3 给出了数值计算的轴向压力-侧向变形曲线与试验测得的轴向压力-侧向变形曲线的对比，表 4-1 列出了各试件的数值计算结果和试验结果，其中包括柱中部侧向挠度 Δ 和柱子的承载力 P(各参数下标“exp”表试验结果，“num”表数值计算结果，下同)。从图 4-3 中可以看出，数值计算的轴向压力-侧向变形曲线与试验测得的轴向压力-侧向变形曲线吻合较好。从表 4-1 中可以看出，除了试件 Z5 和 FW-e4 的数值计算的承载力 P_{num} 比试验测得的承载力 P_{exp} 分别高 14.9%和 16.8%以外，其余所有试件的数值计算的承载力 P_{num} 与试验测得的承载力 P_{exp} 的相对误差均不超过 7.4%。

数值计算的侧向挠度 Δ_{num} 与试验测得的侧向挠度 Δ_{exp} 的差别，以及数值计算的轴向压力-侧向变形曲线与试验测得的轴向压力-侧向变形曲线的差别可以认为是由混凝土、钢筋和(或)FRP 实际的力学性能引起的。数值计算结果与试验结果的基本吻合验证了本书提出的有限元模型的准确性和合理性，说明该数值模型可以较好地模拟再现偏压下 FRP 约束钢筋混凝土柱的力学过程，这为之后开展数值试验奠定了基础。

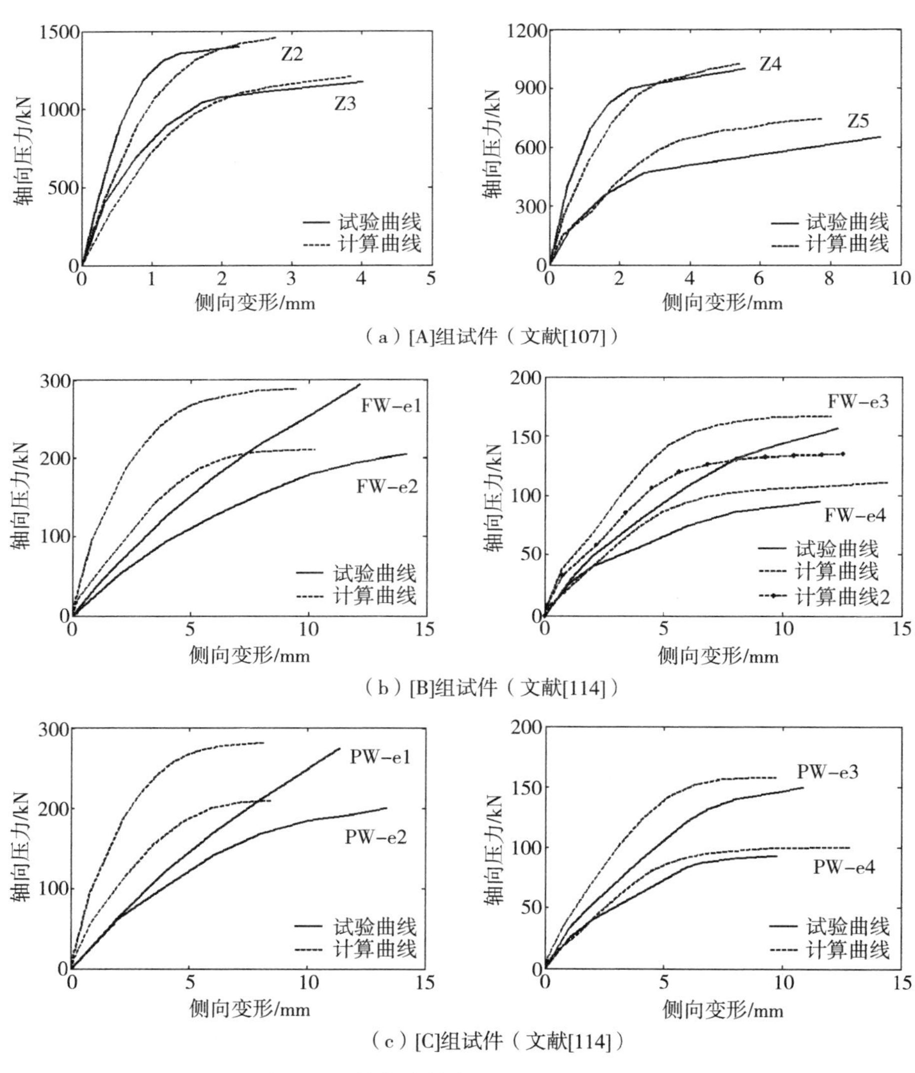

图 4-3 数值计算曲线与试验曲线对比

表 4－1　数值计算结果与试验结果对比

组别	试件名称	侧向挠度/mm		承载力/kN		承载力误差①/%	柱中部受压区混凝土	
		Δ_{exp}	Δ_{num}	P_{exp}	P_{num}		最大应力/MPa	最大应变
[A]	Z2	2.26	2.79	1400	1458	4.2	26.1	0.00576
	Z3	4.03	3.87	1175	1209	2.9	26.5	0.00569
	Z4	5.58	5.42	1000	1026	2.6	26.6	0.00546
	Z5	9.43	7.79	650	747	14.9	26.3	0.00530
[B]	FW－e1	12.2	9.5	295	289	－2.1	32.7	0.00469
	FW－e2	14.2	10.3	205	211	3.0	32.9	0.00445
	FW－e3	12.3	12.0(12.5)②	157	166(134)②	6.0(－14.6)②	33.2	0.00411
	FW－e4	11.6	14.4	95	110	16.8	32.8	0.00398
[C]	PW－e1	11.4	8.2	275	282	2.6	32.9	0.00350
	PW－e2	13.4	8.5	200	210	4.9	32.7	0.00338
	PW－e3	10.9	9.8	150	158	5.6	32.9	0.00328
	PW－e4	9.8	12.8	93	100	7.4	32.8	0.00305

注：①误差(%)＝$100\times(P_{num}-P_{exp})/P_{exp}$。

②括号内为计算曲线2结果。

为了比较本书建议的钢筋整体式法与通常的钢筋整体式法的不同，对试件FW－e3分别采用两种钢筋模拟方法进行了数值计算。如图4－3(b)右图所示，其中“计算曲线2”为采用通常的钢筋整体式法的数值计算曲线。从图4－3(b)右图中可以看出，“计算曲线2”的刚度和承载力都比“计算曲线”小，且与试验曲线的发展趋势相差较大。从表4－1中可以看出，虽然“计算曲线2”中侧向挠度与试验值接近，但承载力的计算值比试验值低了14.6%，而“计算曲线”中承载力的计算值与试验值的相对误差仅为6%，两者的差别很好地回应了前面建议对通常的钢筋整体式法进行改进时所做的分析。两种钢筋整体式法的对比表明，在对FRP约束钢筋混凝土柱偏压过程进行数值模拟时，采用本书建议的钢筋整体式法是合理的。

4.2.4 数值结果分析

4.2.4.1 FRP 应变分布

如图 4-4 所示为试件 FW-e1、FW-e3 和 PW-e3 达到其承载力时受压区 FRP 环向拉应变 ε_{fh} 与极限拉应变 ε_{fu} 之比沿柱纵向的分布情况，其中 Y 为柱纵向坐标，$Y=0$ 处即柱中，Y 以柱上部为正，柱下部为负。为图 4-5 所示为试件 FW-e1、FW-e3 和 PW-e3 达到其承载力时柱中部受压区 FRP 环向拉应变 ε_{fh} 与极限拉应变 ε_{fu} 之比沿柱横向的分布情况，其中 Z 为柱横向坐标，$Z=0$ 处即截面中点。

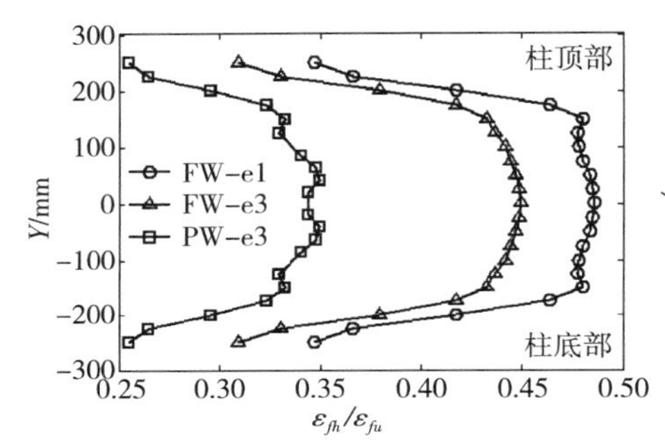

图 4-4 受压区 FRP 应变比纵向分布

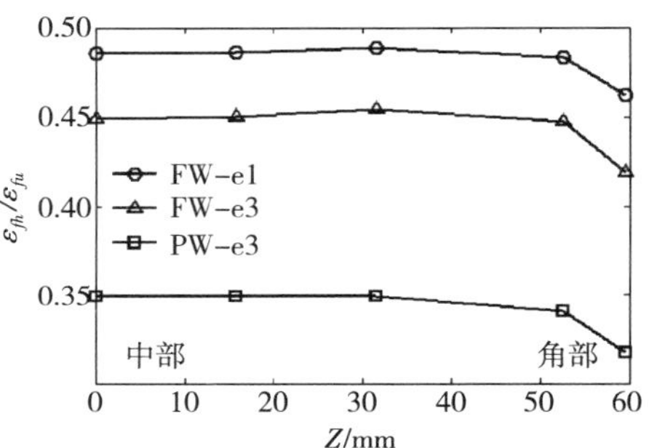

图 4-5 受压区 FRP 应变比横向分布

从图 4-4 和图 4-5 中可以看出：

(1)与轴压下 FRP 约束混凝土柱相似的是，偏压下 FRP 约束钢筋混凝土柱沿柱纵向的 FRP 应变比最大值均出现在柱中部，说明最终 FRP 的断裂始于这里并导致试件破坏，这与试验中观测到的现象是一致的(如图 4-6 所示)。

(2)当试件达到其承载力时，偏压下 FRP 约束钢筋混凝土柱沿柱纵向和横向的 FRP 应变比均未达到 1.0，即 FRP 环向拉应变 ε_{fh} 还尚未达到极限拉应变 ε_{fu}，这与文献[107]中试验观测的结果是一致的。

这里需要说明的是，试件达到其承载力时，FRP 并未断裂，试件也并未破坏。试件达到其承载力之后，受拉区混凝土开裂加剧，试件轴向承载能力下降，荷载 P-侧向挠度 Δ 曲线开始进入下降段。此时，由于有 FRP 和钢筋的约束，试件并未破坏，尚有部分承载能力，直到 FRP 断裂才导致试件最终

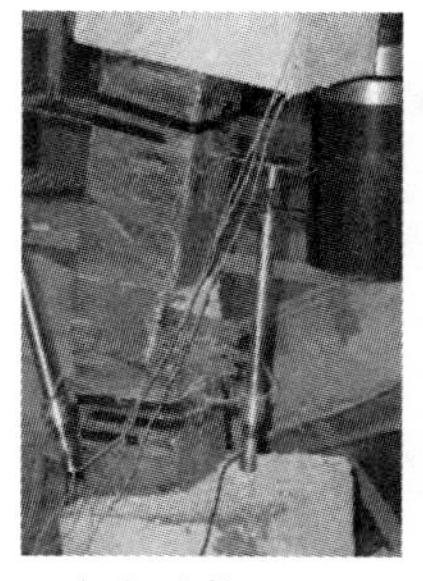

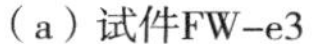

（a）试件FW-e3　　（b）试件PW-e3

图 4-6 文献[114]试件破坏情况

破坏。一般来说，研究偏压柱的力学性能最主要的是确定其承载力和侧向挠度。因此，在计算程序设定时虽然遵循理论上的“FRP断裂即终止”原则，但是在分析时为了便于与试验结果比对，将不再关注试件达到承载力之后的表现，于是在图4-3中均未给出各试件数值计算曲线的下降段。

(3)比较试件FW-e1和FW-e3，随着偏心距增大，受压区沿柱纵向和横向的FRP环向拉应变ε_{fh}会减小。这说明FRP对混凝土的约束作用随偏心距的增大而减小。

(4)比较试件FW-e3和PW-e3，同一位置，FRP完全缠绕试件(FW-e3)受压区沿柱纵向和横向的FRP环向拉应变ε_{fh}比FRP部分缠绕试件(PW-e3)大。这说明FRP对混凝土的约束作用随FRP缠绕量的减少而减小。

(5)比较试件FW-e1、FW-e3和PW-e3，FRP部分缠绕试件(PW-e3)受压区沿柱横向的FRP环向拉应变ε_{fh}最大值出现在截面中部，FRP完全缠绕试件(FW-e1和FW-e3)受压区沿柱横向的FRP环向拉应变ε_{fh}最大值不是在截面中部，而是在介于截面中部和角部之间的位置。这可能是因为在偏压过程中，FRP完全缠绕时受压区FRP产生了较多的褶皱，使截面中部和角部之间位置混凝土对FRP的约束作用比中部小，因而应变较大；FRP部分缠绕时受压区FRP的褶皱较少，截面中部和角部之间位置混凝土对FRP的约束作用比中部大，因而应变较小。

4.2.4.2 柱截面应变分布

如图4-7所示为试件Z5达到其承载力时截面应变的计算值与文献[107]试验值的对比，其中h为柱截面高度坐标，$h=0$处即受拉区最外层纤维位置,应变值以受压为正,受拉为负,以下皆同。从图 4-7 中可以看出,试件 Z5 截面应变的计算值与试验值吻合较好,这也验证了本书提出的有限元模型的准确性和合理性。

如图 4-8 所示为试件 FW-e3 采用本书建议的钢筋整体式法(计算值)与通常的钢筋整体式法(计算值 2)分别计算的达到试件承载力时截面应变的分布情况的对比。从图 4-8 中可以看出,“计算值 2”呈现的截面受拉区域比“计算值”呈现的截面受拉区域要大,这也解释了前面“计算曲线 2”中承载力比“计算曲线”中承载力低的原因。

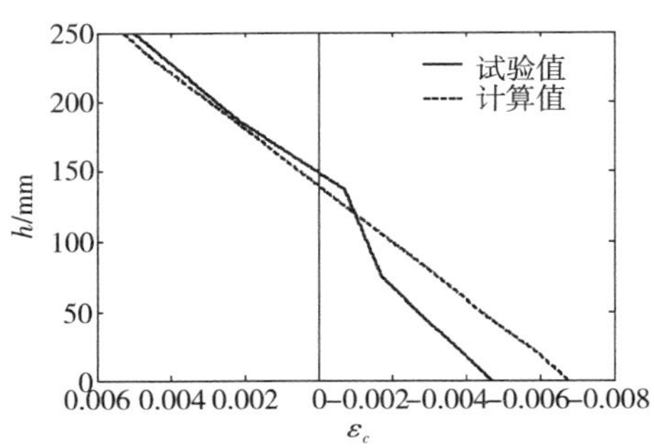

图 4-7　试件 Z5 截面应变对比

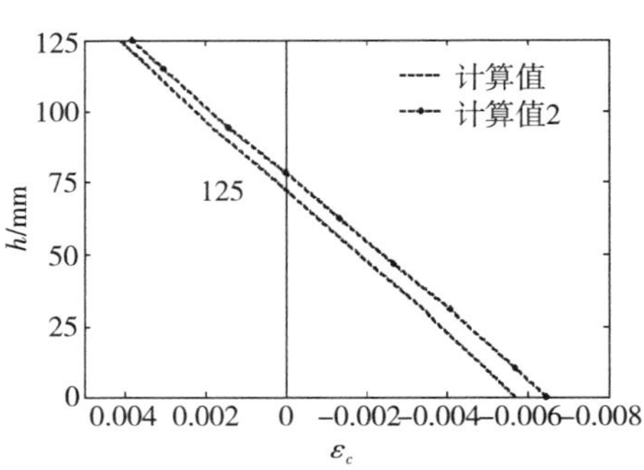

图 4-8　试件 FW-e3 两种计算值对比

图 4-9 所示为试件 FW-e1 和 FW-e3 在加载过程中截面应变的发展情况。从图 4-9 中可以看出:

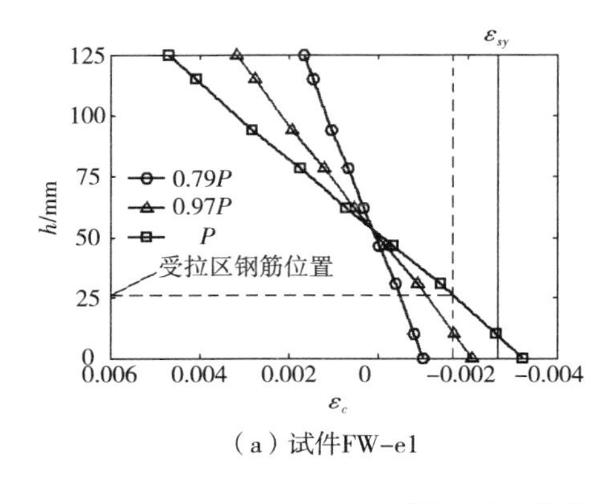

(a) 试件FW-e1

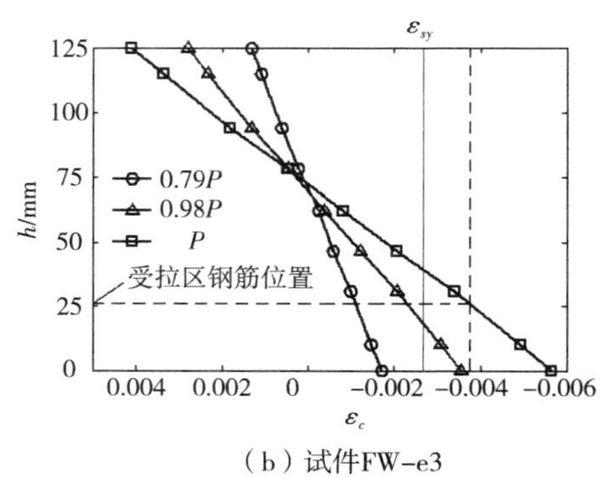

(b) 试件FW-e3

图 4-9　柱截面应变发展情况

(1)柱截面应变发展基本上满足平截面假定,这与文献[100,107]的试验结果是一致的。

(2)当试件达到其承载力时,试件 FW-e1 受拉区钢筋的应变尚未超过其屈服应变 ε_{sy},试件 FW-e3 受拉区钢筋的应变业已超过其屈服应变 ε_{sy}。由此可见,与偏压下普通钢筋混凝土柱一样,偏压下 FRP 约束钢筋混凝土柱也存在大小偏心受压情况之分。即试件达到其承载力时,若受拉区钢筋的应变未达到其屈服应变 ε_{sy},则试件属于小偏心受压情况,如试件 FW-e1;若受拉区钢筋的应变超过其屈服应变 ε_{sy},则试件属于大偏心受压情况,如试件 FW-e3。这与文献[114]对试件 FW-e1 和 FW-e3 破坏模式的划分(分别为受压破坏和受拉破坏)是吻合的。

4.2.4.3　混凝土裂缝分布

如图 4-10～图 4-12 所示为试件 FW-e1、FW-e3 和 PW-e3 达到其承载力时柱内混凝土裂缝的分布情况。从图 4-10～图 4-12 中可以看出:

(1)比较试件 FW-e1 和 FW-e3,随着偏心距的增大,受拉区混凝土的三个方向裂缝均向受压区发展,试件从小偏心受压破坏向大偏心受拉破坏转变。

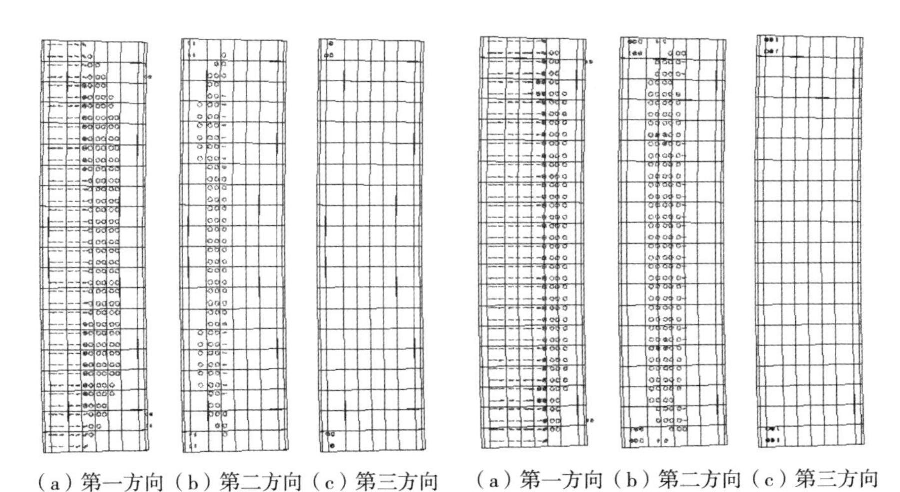

(a)第一方向 (b)第二方向 (c)第三方向

图 4-10　试件 FW-e1 裂缝分布

(a)第一方向 (b)第二方向 (c)第三方向

图 4-11　试件 FW-e3 裂缝分布

(2)比较试件 FW-e3 和 PW-e3,由于 FRP 缠绕量较少,试件 PW-e3 受拉区混凝土的第一、第二方向裂缝在 FRP 缠绕区域之间的无约束混凝土

中得到发展，并出现了大量的第三方向裂缝，使得试件从受压区 FRP 断裂导致的破坏(FW－e3)向受压区 FRP 断裂和受拉区混凝土开裂共同导致的破坏(PW－e3)转变。这与图 4－6 所示的试验观测的试件破坏情况是一致的。

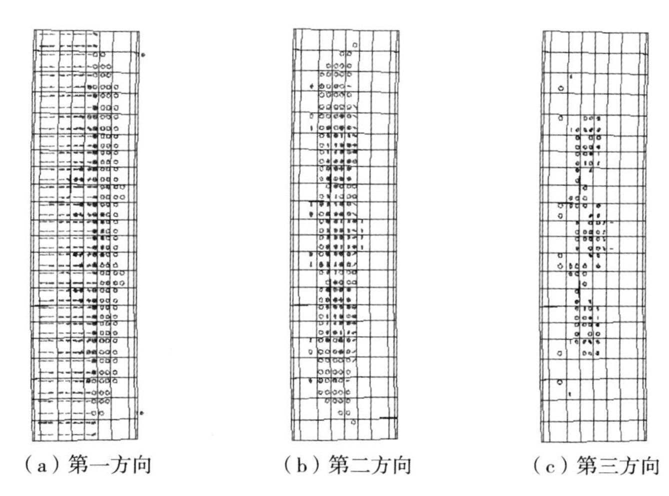

(a) 第一方向　(b) 第二方向　(c) 第三方向

图 4－12　试件 PW－e3 裂缝分布

4.2.4.4　柱的侧向变形

图 4－13 所示为部分试件在不同的轴压比(μ)下数值计算的侧向变形沿柱身分布与正弦半波曲线的对比。其中，正弦半波曲线按照下式计算：

$$y = \Delta_d \sin \frac{\pi z}{L} \tag{4-1}$$

式中，z 为离柱底的纵向距离；y 是任一位置 z 的正弦值；L 为柱子的总长度；Δ_d 为不同轴压比(μ)下柱中部的侧向变形，当 $\mu=1.00$ 时，Δ_d 即为柱中部侧向挠度 Δ。

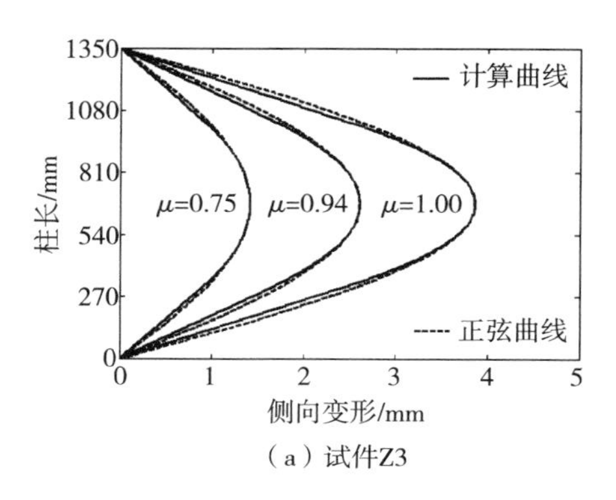

(a) 试件Z3

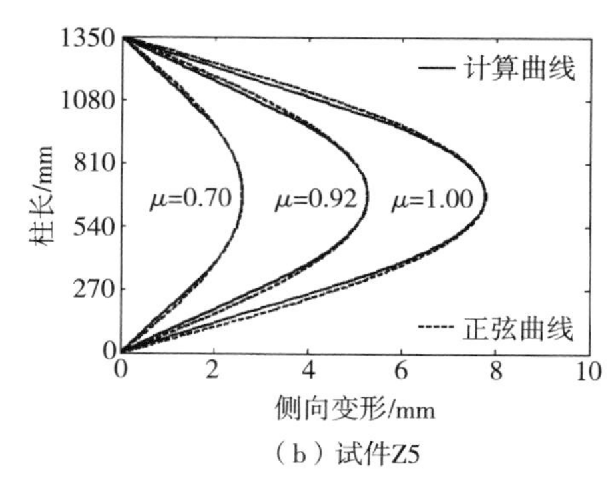

(b) 试件Z5

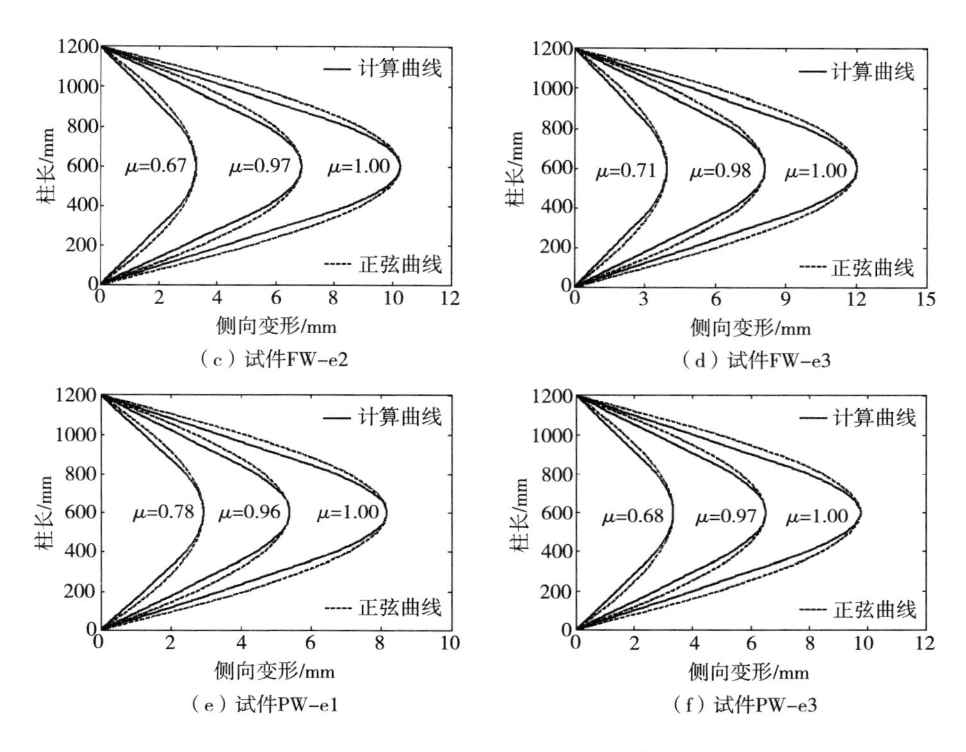

图 4－13　不同轴压比下试件的侧向变形计算曲线与正弦曲线对比

从图 4－13 中可以看出，不同轴压比下数值计算的柱长-侧向变形曲线与正弦半波曲线十分接近。因此，可近似用正弦半波曲线来表示试件侧向变形的发展趋势。于是，当试件达到其承载力($\mu=1.00$)时，柱中部截面曲率 φ 可以表示为：

$$\varphi=-\frac{d^2y}{dz^2} \tag{4-2}$$

由式(4－1)和式(4－2)可得柱中部侧向 Y 挠度 Δ 与柱中部截面曲率 φ 的关系为：

$$\Delta=\frac{\varphi L^2}{\pi^2} \tag{4-3}$$

4.2.4.5　柱中部受压区混凝土最大应力和最大应变

表 4－1 列出了柱中部受压区混凝土最大应力和最大应变。从表 4－1 中可以看出，当混凝土强度和 FRP 的约束作用(具体表现为 FRP 对混凝土

的侧向约束应力和侧向约束刚度)相同时,试件的最大应力基本上不随偏心率 e/h 的变化而变化,而最大应变却随着偏心率 e/h 的增大而减小。文献[114]的试验研究也报道了最大应变与偏心率的反比关系,但最大应力与偏心率的关系却未提及。其实,最大应变除了与偏心率有关之外,还可能与试件的长细比 L/h 有关。另外,最大应力是否与长细比有关也不能确定。为了进一步观察最大应力与偏心率和长细比的关系,以及获得最大应变与偏心率和长细比的关系,大量的数值试验将在下一节中展开。

4.3 基于数值模型的数值试验

4.3.1 试验设计及结果分析

这一节将根据前面提出并验证的数值计算模型对 20 个 FRP 约束矩形截面钢筋混凝土柱进行偏压试验。这 20 个试件分成[D]组、[E]组、[F]组、[G]组和[H]组共五组。其中,[D]组试件采用和[A]组试件相同的几何尺寸和材料性能,初始偏心距分别为 35mm、55mm、75mm 和 115mm,只是试件的截面尺寸改为 200mm×200mm。[E]组、[F]组、[G]组和[H]组试件采用和[B]组试件相同的几何尺寸和材料性能,初始偏心距分别为 37.5mm、54mm、71mm 和 107.5mm,只是[E]组试件的截面尺寸改为 150mm×150mm,[F]组试件截面尺寸改为 100mm×100mm,[G]组试件总长度改为 1000mm,[H]组试件总长度改为 1500mm。这样,[A]组、[D]组、[E]组、[B]组和[F]组试件截面尺寸不同,长细比分别为 5.4、6.75、8、9.6 和 12;[G]组、[B]组和[H]组试件总长度不同,长细比分别为 8、9.6 和 12。

图 4-14 给出了各组试件由数值试验得到的轴向压力-侧向变形曲线,表 4-2 列出了各组试件相应的数值试验结果。为了便于分析比较,将[A]组和[B]组试件相应的数值计算结果也列入了表 4-2 中。

从图 4-14 中可以看出:

(1)随着截面偏心率和试件长细比的增大,试件的承载力不断下降,而侧向挠度却不断增大。

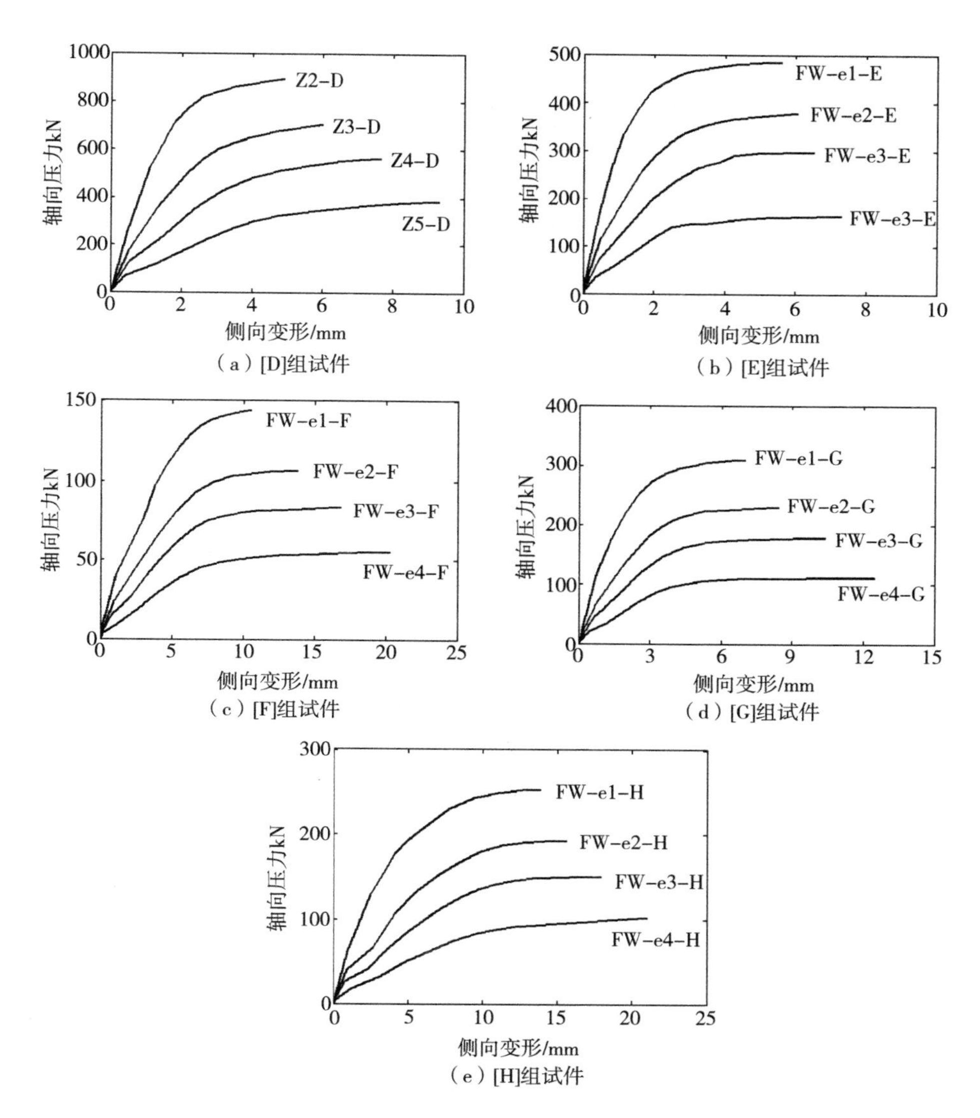

图 4-14 数值试验试件轴向压力-侧向变形曲线

(2)随着试件长细比的增大,截面尺寸不同的[A]组、[D]组、[E]组、[B]组和[F]组试件的承载力下降幅度较大,而总长度不同的[G]组、[B]组和[H]组试件的承载力下降幅度较小;截面尺寸不同的[A]组、[D]组、[E]组、[B]组和[F]组试件的侧向挠度与总长度不同的[G]组、[B]组和[H]组试件的侧向挠度增大幅度相当。

从表 4-2 中可以看出，当混凝土强度和 FRP 的约束作用相同时，试件的柱中部受压区混凝土最大应力基本上不随偏心率和长细比的变化而变化，而最大应变却随着偏心率和长细比的增大而减小。这说明最大应力和最大应变都与混凝土强度和 FRP 的约束作用有关，此外最大应变还与试件的偏心率和长细比有关。

表 4-2 数值试验结果

组别	试件名称①	长细比 L/h	初始偏心距 e /mm	侧向挠度 Δ /mm	承载力 P /kN	柱中部受压区混凝土				柱中部截面曲率 φ ($\times 10^4$)
						最大应力② /MPa		最大应变②		
						数值	理论	数值	理论	
[A]	Z2	5.4	35	2.79	1458	26.1	26.1	0.00576	0.0072	0.2765
	Z3	5.4	55	3.87	1209	26.5	26.1	0.00569	0.0072	0.3147
	Z4	5.4	75	5.42	1026	26.6	26.1	0.00546	0.0072	0.3385
	Z5	5.4	115	7.79	747	26.3	26.1	0.0053	0.0072	0.4826
[D]	Z2-D	6.75	35	4.9	896	26.2	27	0.00596	0.0081	0.3936
	Z3-D	6.75	55	6	705	26.4	27	0.00579	0.0081	0.4389
	Z4-D	6.75	75	7.7	566	26.5	27	0.00556	0.0081	0.4648
	Z5-D	6.75	115	9.3	389	26.5	27	0.00537	0.0081	0.7156
[E]	FW-e1-E	8	37.5	8.4	484	32.6	30	0.00535	0.0067	0.5472
	FW-e2-E	8	54	9.1	379	32.4	30	0.00528	0.0067	0.6375
	FW-e3-E	8	71	9.8	297	32.6	30	0.0045	0.0067	0.6677
	FW-e4-E	8	107.5	11	166	32.5	30	0.00344	0.0067	0.7578
[B]	FW-e1	9.6	37.5	9.5	289	32.7	30.6	0.00469	0.0073	0.6337
	FW-e2	9.6	54	10.3	211	32.9	30.6	0.00445	0.0073	0.6986
	FW-e3	9.6	71	12	166	33.2	30.6	0.00411	0.0073	0.7812
	FW-e4	9.6	107.5	14.4	110	32.8	30.6	0.00398	0.0073	0.9716
[F]	FW-e1-F	12	37.5	10.6	144	32.7	31.6	0.00417	0.0082	0.8104
	FW-e2-F	12	54	13.8	106	32.8	31.6	0.00419	0.0082	0.8798
	FW-e3-F	12	71	16.9	84	32.8	31.6	0.00403	0.0082	0.9217
	FW-e4-F	12	107.5	20.3	55	32.3	31.6	0.00392	0.0082	1.0203
[G]	FW-e1-G	8	37.5	7	310	32.9	30.6	0.00526	0.0073	0.697
	FW-e2-G	8	54	8.4	230	32.7	30.6	0.00527	0.0073	0.8015
	FW-e3-G	8	71	10.4	177	32.3	30.6	0.00503	0.0073	0.9418
	FW-e4-G	8	107.5	12.5	112	32.7	30.6	0.00494	0.0073	1.2074

（续表）

组别	试件名称①	长细比 L/h	初始偏心距 e /mm	侧向挠度 Δ /mm	承载力 P /kN	柱中部受压区混凝土 最大应力② /MPa		最大应变②		柱中部截面曲率 φ （×10⁴）
						数值	理论	数值	理论	
[H]	FW－e1－H	12	37.5	13.9	254	32.5	30.6	0.00407	0.0073	0.5876
	FW－e2－H	12	54	15.7	192	32.6	30.6	0.0041	0.0073	0.6676
	FW－e3－H	12	71	17.9	150	32.8	30.6	0.00373	0.0073	0.728
	FW－e4－H	12	107.5	21.1	99	32.8	30.6	0.00357	0.0073	0.87

注：①D、E、F、G 和 H 分别表示[D]、[E]、[F]、[G]和[H]组。

②数值和理论分别表示数值计算结果和根据第三章模型的理论计算结果。

4.3.2　柱中部受压区混凝土最大应力和最大应变的计算

第三章在对已有模型的对比评估后提出了计算更为准确和简便的强度和极限应变模型，分别为式(3－47)和式(3－48)。为了确定柱中部受压区混凝土最大应力和最大应变，采用式(3－47)和式(3－48)分别计算出轴压 FRP 约束钢筋混凝土短柱的最大应力(强度)和最大应变(极限应变)，再与数值计算值进行比较。与第三章提出的模型有所区别的地方在于，这里需要考虑钢筋的影响。因此截面形状因子 k_s 采用 Lam 和 Teng 建议的计算式[62]：

$$k_s=1-\frac{(b/h)(h-2r)^2+(h/b)(b-2r)^2}{3[bh-(4-\pi)r^2](1-\rho_s)} \qquad (4-4)$$

式中，ρ_s 为纵向钢筋比率。当不考虑钢筋时，与式(3－47)和式(3－48)中的 k_s 一致。

表 4－2 中给出了根据第三章中提出的强度和极限应变模型计算的最大应力(强度)和最大应变(极限应变)，以及数值计算的最大应力和最大应变。通过对比可以发现，强度模型计算的最大应力与数值计算的最大应力基本相等，而极限应变模型计算的最大应变比数值计算的最大应变要大。因此，柱中部受压区混凝土最大应力 f_{cm} 可以用强度 f_{cc} 表示，即：

$$f_{cm}=f_{cc} \tag{4-5}$$

考虑到最大应变还与偏心率和长细比有关，柱中部受压区混凝土最大应变 ε_{cm} 与极限应变 ε_{cu} 的关系可以写成以下形式：

$$\frac{\varepsilon_{cm}}{\varepsilon_{cu}}=c_1\left(1+\frac{e}{h}\right)^{c_2}\left(\frac{L}{h}\right)^{c_3} \tag{4-6}$$

式中，c_1、c_2 和 c_3 为待定的系数。

第三章中提出的强度和极限应变模型是针对长细比不超过3.33的轴压FRP约束混凝土短柱提出的。因此，对长细比为3.33的轴压FRP约束混凝土短柱，应满足如下条件：$\varepsilon_{cm}=\varepsilon_{cu}$，$e=0$，$L/h=3.33$。此时，$c_1$、$c_2$ 和 c_3 有以下关系：

$$c_1\cdot 3.33^{c_3}=1 \tag{4-7}$$

对表4-2中数值计算的最大应变值进行回归分析，并考虑式(4-7)所得到的系数关系，式(4-6)中的各待定系数可以得到确定，从而得到柱中部受压区混凝土最大应变 ε_{cm} 与极限应变 ε_{cu} 的关系为：

$$\frac{\varepsilon_{cm}}{\varepsilon_{cu}}=1.53\left(1+\frac{e}{h}\right)^{-0.37}\left(\frac{L}{h}\right)^{-0.35} \tag{4-8}$$

并规定，当 $L/h\leqslant 3.33$ 时，$\varepsilon_{cm}=\varepsilon_{cu}$。式(4-8)的 R^2 为0.817。图4-15给出了式(4-8)计算的最大应变与数值计算的最大应变的对比。从图4-15中可以看出，式(4-8)计算的最大应变与数值计算的最大应变基本吻合。

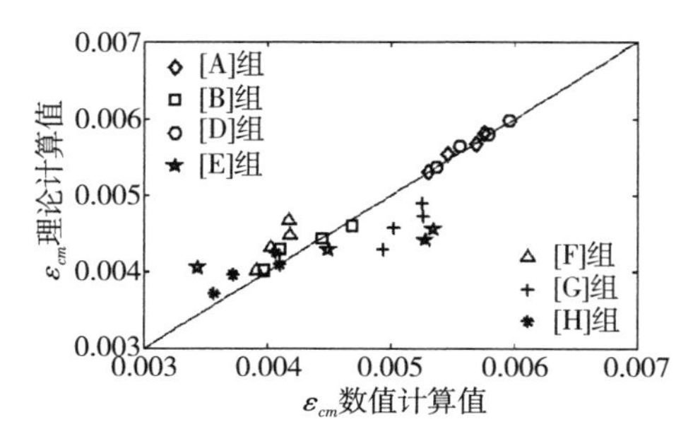

图4-15　最大应变计算值对比

4.4　偏压下 FRP 约束钢筋混凝土柱承载力计算模型

4.4.1　承载力分析模型

4.4.1.1　基本假定

本节将考虑 FRP 约束钢筋混凝土柱的等效矩形应力图形以及由侧向挠度引起的附加偏心距的影响，给出预测偏压下 FRP 约束钢筋混凝土柱承载力的分析模型。在使用分析模型时，应遵循以下四个基本假定：

(1)截面应变保持平截面；

(2)不考虑混凝土的抗拉强度；

(3)忽略箍筋影响；

(4)混凝土与 FRP 之间黏结完好。

分析模型计算结果与数值计算结果，以及分析模型计算结果与试验结果的对比也证实了以上基本假定的合理性。

4.4.1.2　材料本构关系选取

偏压下 FRP 约束混凝土的应力-应变关系很大程度上取决于 FRP 对混凝土的约束作用。当压应力较小时，FRP 约束混凝土的应力-应变关系曲线与未约束混凝土的应力-应变关系曲线很相似。当压应力接近和达到未约束混凝土的抗压强度时，FRP 约束混凝土的侧向膨胀开始急剧增加。当压应力超过未约束混凝土的抗压强度之后，若 FRP 对混凝土的约束作用足够有效，压应力将继续增大直至 FRP 断裂；另一方面，若 FRP 对混凝土的约束作用不是很有效，压应力将逐渐减小直至 FRP 断裂。

图 4 - 16 为典型的偏压下 FRP 约束混凝土的应力-应变关系曲线，包括强约束曲线和弱约束曲线。如图 4 - 16 所示，可将偏压下 FRP 约束混凝土的应力-应变关系曲线简化为由抛物线段 OA 和直线段 AB 组成的曲线。其中，对强约束曲线，如图 4 - 16(a)所示，简化曲线中 A 点的应力和应变分别为未约束混凝土的抗压强度 f_c'和与其对应的应变 ε_c'，B 点的应力和应变则分别为柱中部受压区混凝土最大应力 f_{cm}(极限应力)和最大应变 ε_{cm}(极限应变)；对弱约束曲线，如图 4 - 16(b)所示，简化曲线中 A 点的应力和应变分别为未约束混凝土的

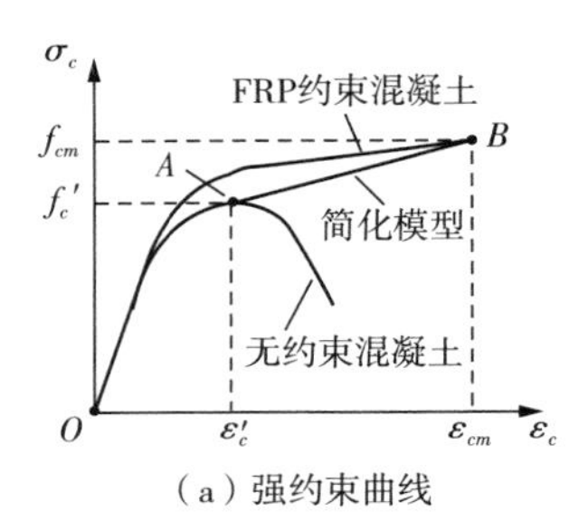

（a）强约束曲线

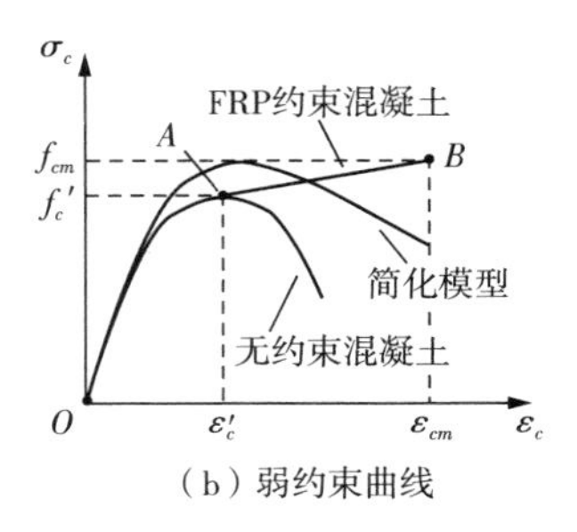

（b）弱约束曲线

图 4－16　偏压下 FRP 约束混凝土应力-应变关系简化模型

抗压强度 f_c'和与其对应的应变 ε_c'，B 点的应力和应变则分别为柱中部受压区混凝土最大应力 f_{cm}（强度）和最大应变 ε_{cm}（极限应变）。这样，所有的偏压下 FRP 约束混凝土的应力-应变关系曲线都可以简化为由抛物线段和直线上升段共同组成的曲线，这也回应了前文在数值建模时选取修正后的混凝土本构关系模型的依据。对偏压下 FRP 约束混凝土的应力-应变关系简化曲线，其抛物线段 OA 和直线段 AB 的应力和应变可按照式(4－9)计算：

$$\sigma_c=\begin{cases} f_c'\left[\dfrac{2\varepsilon_c}{\varepsilon_c'}-\left(\dfrac{\varepsilon_c}{\varepsilon_c'}\right)^2\right] & 0\leqslant\varepsilon_c\leqslant\varepsilon_c' \\ f_c'+\dfrac{f_{cm}-f_c'}{\varepsilon_{cm}-\varepsilon_c'}(\varepsilon_c-\varepsilon_c') & \varepsilon_c'<\varepsilon_c\leqslant\varepsilon_{cm} \end{cases} \tag{4-9}$$

式中，ε_c'可取为 0.002。

钢筋和 FRP 的应力-应变关系如图 4－17 所示。其中，钢筋的应力-应变关系仍然采用双折线模型（$E_{sp}=0.01E_{se}$，其中 E_{se} 和 E_{sp} 分别为钢筋的弹性模量和强化段斜率）。FRP 的应力-应变关系可理想化为直线段，当 FRP 的拉应力超过其抗拉强度 f_{fu} 时，认为 FRP 被拉断。

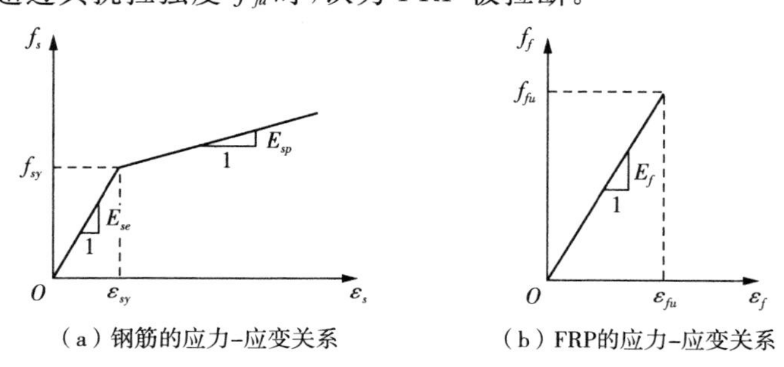

图 4－17　材料的应力-应变关系

4.4.1.3　等效矩形应力图

如图 4-18 所示为 FRP 约束钢筋混凝土柱截面应力和应变分布情况。受压区混凝土应力图可以简化为等效矩形应力图，矩形应力图的宽度和高度分别为 $\alpha_1 f_{cm}$ 和 $\beta_1 c$。其中，c 为中和轴高度，以中和轴与受压区最外层纤维的距离计算。α_1 和 β_1 为等效矩形应力图的系数。

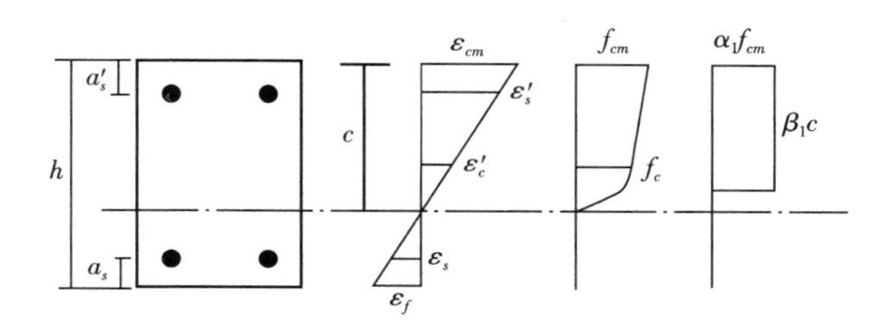

图 4-18　截面应力和应变分布

根据力的平衡原则，应有：

$$\frac{2}{3}f_c'\frac{\varepsilon_c'}{\varepsilon_{cm}}c+\frac{1}{2}(f_c'+f_{cm})\frac{(\varepsilon_{cm}-\varepsilon_c')}{\varepsilon_{cm}}c=\alpha_1 f_{cm}\beta_1 c \tag{4-10}$$

根据力的作用点不变原则，应有：

$$\frac{2}{3}f_c'\frac{\varepsilon_c'}{\varepsilon_{cm}}c\cdot\frac{5}{8}\frac{\varepsilon_c'}{\varepsilon_{cm}}c+\frac{1}{2}(f_c'+f_{cm})\frac{(\varepsilon_{cm}-\varepsilon_c')}{\varepsilon_{cm}}c\cdot\left[\frac{\varepsilon_c'}{\varepsilon_{cm}}+\frac{(f_c'+2f_{cm})(\varepsilon_{cm}-\varepsilon_c')}{3(f_c'+f_{cm})\varepsilon_{cm}}\right]c$$

$$=\alpha_1 f_{cm}\beta_1 c\cdot\left(1-\frac{\beta_1}{2}\right)c \tag{4-11}$$

联立式(4-10)和式(4-11)，可计算出系数 α_1 和 β_1 分别为：

$$\alpha_1=\frac{(3f_{cm}\varepsilon_{cm}-3f_{cm}\varepsilon_c'+3f_c'\varepsilon_{cm}+f_c'\varepsilon_c')^2}{6f_{cm}(2f_{cm}\varepsilon_{cm}^2+2f_{cm}\varepsilon_c'^2-4f_{cm}\varepsilon_c'\varepsilon_{cm}+4f_c'\varepsilon_{cm}^2-f_c'\varepsilon_c'^2)} \tag{4-12}$$

$$\beta_1=\frac{2f_{cm}\varepsilon_{cm}^2+2f_{cm}\varepsilon_c'^2-4f_{cm}\varepsilon_c'\varepsilon_{cm}+4f_c'\varepsilon_{cm}^2-f_c'\varepsilon_c'^2}{\varepsilon_{cm}(3f_{cm}\varepsilon_{cm}-3f_{cm}\varepsilon_c'+3f_c'\varepsilon_{cm}+f_c'\varepsilon_c')} \tag{4-13}$$

由此，FRP 约束钢筋混凝土柱等效矩形应力图可以得到确定。从式(4-12)和式(4-13)中可以看出，由于受到 FRP 的约束作用，FRP 约束钢筋混凝土柱等效矩形应力图系数 α_1 和 β_1 的计算与普通钢筋混凝土柱等效矩形应力图系数 α_1 和 β_1 的计算[143]还是有所差别的。

为了进一步研究 FRP 钢筋约束混凝土柱等效矩形应力图系数 α_1 和 β_1

的变化规律，对文献[13,28,29,33,36]所报道的63个轴压FRP约束矩形截面混凝土短柱试验数据进行了收集。其中试件截面宽度为150～200mm，截面高度为150～203mm，拐角半径为0～60mm，混凝土抗压强度为26.72～54.1MPa，FRP类型包括CFRP、GFRP和AFRP三种，各试件具体数据见附录A。

表4-3给出了利用所收集的试验数据，根据式(4-12)和式(4-13)分别计算得到的各试件的等效矩形应力图系数α_1和β_1，如图4-19(a)和(b)所示分别为系数α_1和β_1与强度比f_{cm}/f_c'的关系。从表4-3和图4-19中可以看出，系数α_1和β_1与强度比f_{cm}/f_c'均呈现出反比关系，当强度比f_{cm}/f_c'从1.01增大到2.48时，系数α_1从0.99下降到0.80，系数β_1从0.97降低到0.80。一般情况下，强度比f_{cm}/f_c'不会无限地增大。从试验报道[13,28,29,33,36]来看，对FRP约束矩形截面混凝土柱，强度比f_{cm}/f_c'一般不会超过2.50，因此系数α_1和β_1一般不会小于0.80。特别地，对普通钢筋混凝土柱，应满足条件[143]：$f_{cm}=f_c'$，$\varepsilon_c'=0.002$，$\varepsilon_{cm}=0.0033$，由式(4-12)和式(4-13)计算得到的系数α_1和β_1分别为0.97和0.82。这与《混凝土结构设计规范(GB 50010—2002)》[143]对普通钢筋混凝土建议的α_1和β_1取值(1.0和0.8)是基本一致的。可见，由于FRP对混凝土约束作用的存在，FRP约束钢筋混凝土柱等效矩形应力图与普通钢筋混凝土柱等效矩形应力图是不同的，不能简单地以后者来代替前者。

表4-3　各试件的等效矩形应力图系数α_1和β_1

数据来源文献	试件名称	α_1	β_1	数据来源文献	试件名称	α_1	β_1
[13]	S-r5	0.886	0.877	[28]	S38-A9	0.927	0.904
[13]	S-r25-1	0.882	0.893	[29]	S11-C3	0.934	0.903
[13]	S-r25-2	0.87	0.884	[29]	S25-C3	0.92	0.847
[13]	S-r38-1	0.829	0.848	[29]	S11-C9	0.929	0.928
[13]	S-r38-2	0.849	0.868	[29]	S25-C9	0.887	0.845
[13]	S-r50-1	0.801	0.8	[33]	AcL1M(3)	0.93	0.863
[13]	S-r50-2	0.804	0.803	[33]	AcL3M(3)	0.896	0.888

（续表）

数据来源文献	试件名称	α_1	β_1	数据来源文献	试件名称	α_1	β_1
[28]	S5－C3	0.989	0.898	[33]	AcL5M(3)	0.855	0.86
[28]	S25－C3－1	0.993	0.924	[33]	AgL3M(3)	0.904	0.865
[28]	S25－C3－2	0.984	0.916	[33]	AgL6M(3)	0.904	0.892
[28]	S38－C3－1	0.953	0.913	[33]	AgL9M(3)	0.869	0.872
[28]	S38－C3－2	0.935	0.907	[36]	C30－r0－1	0.992	0.943
[28]	S5－C5	0.993	0.929	[36]	C30－r15－1	0.98	0.947
[28]	S25－C4－1	0.947	0.922	[36]	C30－r30－1	0.931	0.918
[28]	S25－C5－1	0.963	0.907	[36]	C30－r45－1	0.89	0.883
[28]	S25－C4－2	0.89	0.9	[36]	C30－r60－1	0.872	0.88
[28]	S25－C5－2	0.87	0.885	[36]	C30－r0－2	0.994	0.967
[28]	S38－C4	0.863	0.876	[36]	C30－r15－2	0.915	0.924
[28]	S38－C5	0.84	0.86	[36]	C30－r30－2	0.855	0.875
[28]	R25－C3	0.991	0.91	[36]	C30－r45－2	0.821	0.841
[28]	R38－C3	0.98	0.911	[36]	C30－r60－2	0.806	0.82
[28]	R5－C5	0.993	0.926	[36]	C50－r0－1	0.982	0.901
[28]	R25－C4	0.992	0.923	[36]	C50－r15－1	0.982	0.903
[28]	S5－A3	0.939	0.905	[36]	C50－r30－1	0.957	0.867
[28]	S5－A6	0.938	0.92	[36]	C50－r45－1	0.956	0.881
[28]	S5－A9	0.929	0.927	[36]	C50－r60－1	0.933	0.888
[28]	S5－A12	0.921	0.902	[36]	C50－r0－2	0.968	0.906
[28]	S25－A3	0.93	0.882	[36]	C50－r15－2	0.966	0.938
[28]	S25－A6	0.935	0.897	[36]	C50－r30－2	0.921	0.871
[28]	S25－A9	0.924	0.898	[36]	C50－r45－2	0.869	0.86
[28]	S25－A12	0.907	0.894	[36]	C50－r60－2	0.852	0.856
[28]	S38－A6	0.937	0.898				

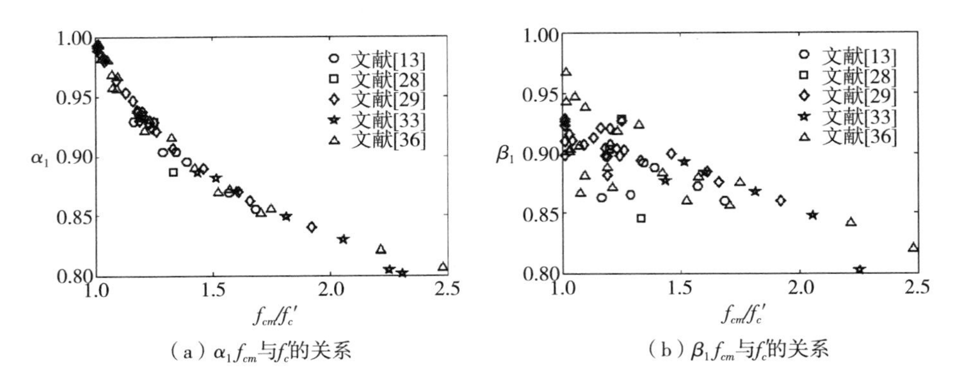

（a）$\alpha_1 f_{cm}$与f_c'的关系　　（b）$\beta_1 f_{cm}$与f_c'的关系

图 4－19　系数 α_1 和 β_1 与强度比 f_{cm}/f_c'的关系

4.4.1.4　承载力计算

当试件达到其承载力时，根据力的平衡条件可以得到承载力 P 和弯矩 M 的计算式为：

$$P=\alpha_1\beta_1 f_{cm}cb+f_s'A_s'+f_f'A_f'-f_sA_s-f_fA_f \tag{4-14}$$

$$M=\alpha_1\beta_1 f_{cm}cb\left(\frac{h}{2}-\frac{\beta_1 c}{2}\right)+f_s'A_s'\left(\frac{h}{2}-a_s'\right)+f_f'A_f'\frac{h}{2}+f_sA_s\left(\frac{h}{2}-a_s\right)+f_fA_f\frac{h}{2} \tag{4-15}$$

其中，

$$f_s'=\begin{cases}\varepsilon_s'E_{se} & 0\leqslant\varepsilon_s'\leqslant\varepsilon_{sy}' \\ f_{sy}'+(\varepsilon_s'-\varepsilon_{sy}')E_{sp} & \varepsilon_s'>\varepsilon_{sy}'\end{cases} \tag{4-16a}$$

$$\varepsilon_s'=\frac{c-a_s'}{c}\varepsilon_{cm} \tag{4-16b}$$

$$f_s=\begin{cases}\varepsilon_sE_{se} & 0\leqslant\varepsilon_s\leqslant\varepsilon_{sy} \\ f_{sy}+(\varepsilon_s-\varepsilon_{sy})E_{sp} & \varepsilon_s>\varepsilon_{sy}\end{cases} \tag{4-17a}$$

$$\varepsilon_s=\frac{h-a_s-c}{c}\varepsilon_{cm} \tag{4-17b}$$

$$f_f'=\varepsilon_{cm}E_f \tag{4-18}$$

$$f_f=\frac{h-c}{c}\varepsilon_{cm}E_f \tag{4-19}$$

式中，f_s'和f_s分别为柱中部受压区和受拉区钢筋的应力；ε_s'和ε_s分别为柱中部受压区和受拉区钢筋的应变；f_{sy}'和f_{sy}分别为柱中部受压区和受拉区钢筋的屈服应力；ε_{sy}'和ε_{sy}分别为柱中部受压区和受拉区钢筋的屈服应变；A_s'和A_s分别为柱中部受压区和受拉区钢筋的面积；a_s'和a_s分别为柱中部受压区和受拉区钢筋离最外层纤维的距离；f_f'和f_f分别为柱中部截面受压区和受拉区FRP的应力，由于FRP厚度一般很小，因此在计算时忽略了FRP厚度的影响，对单向纤维约束（与纵向垂直）的FRP约束钢筋混凝土柱来说，f_f'和f_f均为0。

柱中部截面曲率φ按照式(4－20)计算：

$$\varphi=\frac{\varepsilon_{cm}}{c} \tag{4-20}$$

本书提出的分析模型预测试件承载力的流程如下：

(1)对任一给定的初始偏心距e，假定其中和轴高度c；

(2)根据式(4－14)和式(4－15)分别计算试件的承载力P和弯矩M；

(3)计算试件的内部偏心距$e_{\text{ini}}=(M/P)$；

(4)根据式(4－3)计算柱中部侧向挠度Δ；

(5)计算试件的外部偏心距$e_{\text{ext}}=(e+\Delta)$，并将其与内部偏心距$e_{\text{ini}}$比较；

(6)根据比较的结果修正假定的中和轴高度c，然后返回第(2)步重新计算，直至$e_{\text{ext}}=e_{\text{ini}}$；

(7)记录试件的承载力P和柱中部侧向挠度Δ。

4.4.1.5　分析模型验证

将混凝土、钢筋和FRP的几何和力学性能作为参数输入根据上文的计算流程编制的程序中，计算得到的各试件的承载力和柱中部侧向挠度见表4－4和表4－5所列。其中，表4－4为分析模型计算结果与4.3节数值试验结果的对比；表4－5为分析模型计算结果与已报道的试验结果的对比。表4－5中[A]组、[B]组和[C]组试件为单向FRP约束钢筋混凝土柱，[I]组试件为双向FRP约束钢筋混凝土柱。[I]组试件为文献[100]报道的4个CFRP约束矩形截面钢筋混凝土偏压柱，各试件具体数据见附录B。

表 4-4　分析模型计算结果与数值计算结果对比

组别	试件名称	侧向挠度/mm		承载力/kN		承载力误差①%
		Δ_{num}	Δ_{pre}	P_{num}	P_{pre}	
[D]	Z2-D	4.9	7.3	896	817	−8.8
	Z3-D	6	8.2	705	653	−7.4
	Z4-D	7.7	8.7	566	539	−4.8
	Z5-D	9.3	13.2	389	330	−15.1
[E]	FW-e1-E	8.4	6.8	484	410	−15.3
	FW-e2-E	9.1	7.8	379	321	−15.2
	FW-e3-E	9.8	9.2	297	249	−16.2
	FW-e4-E	11	12.8	166	136	−18
[F]	FW-e1-F	10.6	13.3	144	138	−3.8
	FW-e2-F	13.8	13.6	106	105	−1.2
	FW-e3-F	16.9	14.2	84	81	−2.8
	FW-e4-F	20.3	14.9	55	52	−5.3
[G]	FW-e1-G	7	6.6	310	275	−11.2
	FW-e2-G	8.4	7.3	230	214	−7.3
	FW-e3-G	10.4	8.6	177	158	−10.8
	FW-e4-G	12.5	10.4	112	92	−18
[H]	FW-e1-H	13.9	14	254	240	−5.5
	FW-e2-H	15.7	15.2	192	183	−4.9
	FW-e3-H	17.9	17.5	150	135	−10.2
	FW-e4-H	21.1	20.6	99	81	−18.2

注：①误差(%)$=100\times(P_{pre}-P_{num})/P_{num}$。

从表 4-4 中可以看出，所有试件根据分析模型计算的承载力与数值计算的承载力的误差均在 18.2%之内，可见本书分析模型可以较准确地预测数值试验中 FRP 约束钢筋混凝土偏压柱的承载力。

从表 4-5 中可以看出，除了试件 FW-e1 和 BC-2L-E16 根据分析模型计算的承载力与试验得到的承载力的误差分别为 11.4%和 16.5%之外，其余所有试件的承载力误差均在9.7%之内，可见本书分析模型可以较准确地预测试验中单向和双向FRP约束钢筋混凝土偏压柱的承载力。分析模型计算的试件承载力和柱中部侧向挠度与试验结果的差别可认为是混凝土、钢筋和(或)FRP实际的力学性能引起的。

表4-5　分析模型计算结果与试验结果对比

组别	试件名称	侧向挠度/mm		承载力/kN		承载力误差①%
		Δ_{exp}	Δ_{pre}	P_{exp}	P_{pre}	
[A]	Z2	2.26	5.2	1400	1315	−6.1
	Z3	4.03	5.8	1175	1087	−7.5
	Z4	5.58	6.4	1000	913	−8.7
	Z5	9.43	9	650	600	−7.7
[B]	FW-e1	12.2	9.2	295	261	−11.4
	FW-e2	14.2	10.1	205	203	−1
	FW-e3	12.3	11.7	157	149	−5.1
	FW-e4	11.6	14.2	95	87	−7.9
[C]	PW-e1	11.4	7.1	275	248	−9.7
	PW-e2	13.4	8	200	183	−8.4
	PW-e3	10.9	8.3	150	144	−4
	PW-e4	9.8	9.6	93	90	−3.2
[I]	BC-2L-E3	20.1	24.27	1335	1295	−3
	BC-2L-E6	33.27	30.91	828	838	1.3
	BC-2L-E12	32.77	49.52	440	406	−7.8
	BC-2L-E16	41.15	54.65	356	297	−16.5

注：①误差(%)$=100\times(P_{pre}-P_{exp})/P_{exp}$。

4.4.2　承载力设计模型

4.4.2.1　基本假定

本节将在前面提出的承载力分析模型的基础上，给出预测偏压下FRP约束钢筋混凝土柱承载力的设计模型，以供实际工程应用。在使用设计模型时，应遵循以下六个基本假定：

(1)截面应变保持平截面；

(2)不考虑混凝土的抗拉强度；

(3)忽略箍筋影响；

(4)钢筋应力达到屈服强度后应力不变；

(5)受压区钢筋已屈服；

(6)混凝土与 FRP 之间黏结完好。

设计模型计算结果与数值计算结果，以及设计模型计算结果与试验结果的对比也证实了以上基本假定的合理性。

4.4.2.2　等效矩形应力图的简化计算

前面 4.4.1.3 节推导出的计算 FRP 约束钢筋混凝土柱等效矩形应力图的系数 α_1 和 β_1 的表达式计算较为烦琐，不便于实际工程应用。从式(4－12)和式(4－13)中可以看出，系数 α_1 和 β_1 与强度比 f_{cm}/f_c' 和应变比 $\varepsilon_{cm}/\varepsilon_c'$ 有关，即有：

$$\alpha_1 = c_1\left(\frac{\varepsilon_{cm}}{\varepsilon_c'}\right)^{c_2}\left(\frac{f_{cm}}{f_c'}\right)^{c_3} \tag{4-21}$$

$$\beta_1 = c_4\left(\frac{\varepsilon_{cm}}{\varepsilon_c'}\right)^{c_5}\left(\frac{f_{cm}}{f_c'}\right)^{c_6} \tag{4-22}$$

式中，c_1、c_2、c_3、c_4、c_5 和 c_6 为待定的系数。

通过对表 4－3 中根据式(4－12)和式(4－13)分别计算得到的系数 α_1 和 β_1 进行回归分析，可以确定式(4－21)和式(4－22)中的系数，从而得到：

$$\alpha_1 = 0.96\left(\frac{\varepsilon_{cm}}{\varepsilon_c'}\right)^{0.012}\left(\frac{f_{cm}}{f_c'}\right)^{-0.26} \tag{4-23}$$

$$\beta_1 = 0.85\left(\frac{\varepsilon_{cm}}{\varepsilon_c'}\right)^{0.060}\left(\frac{f_{cm}}{f_c'}\right)^{-0.18} \tag{4-24}$$

式(4－23)和式(4－24)的 R^2 分别为 0.973 和 0.927。如图 4－20 所示为根据式(4－23)和式(4－12)分别计算得到的系数 α_1 的对比，以及根据式(4－24)和式(4－13)分别计算得到的系数 β_1 的对比。从图 4－20 中可以看出，式(4－23)和式(4－24)的简化计算结果与式(4－12)和式(4－13)的理论计算结果基本吻合，式(4－23)和式(4－24)完全可以代替式(4－12)和式(4－

13)用于计算 FRP 约束钢筋混凝土柱等效矩形应力图的系数 α_1 和 β_1。

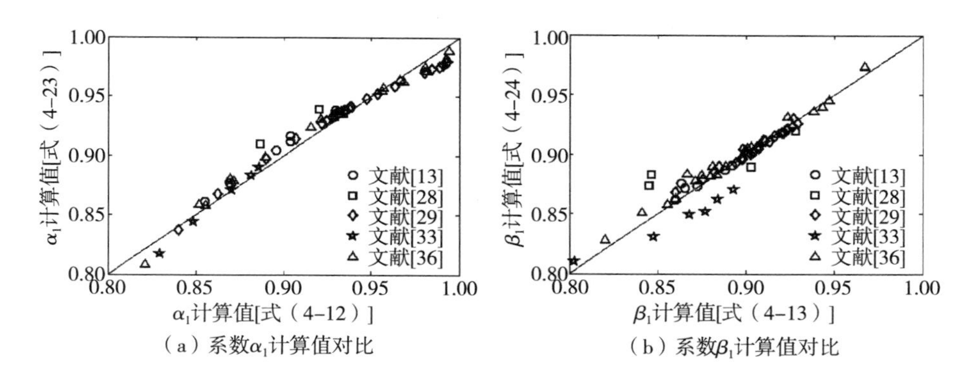

（a）系数α_1计算值对比　（b）系数β_1计算值对比

图 4－20　系数 α_1 和 β_1 计算值对比

4.4.2.3　界限偏心距

当受拉区钢筋的拉应力达到其屈服应力时，认为此时柱截面处于界限平衡条件，如图 4－21 所示。此时，试件的内部偏心距 e_{ini} 即为界限偏心距 e_b，中和轴高度也相应地叫做界限中和轴高度 c_b。

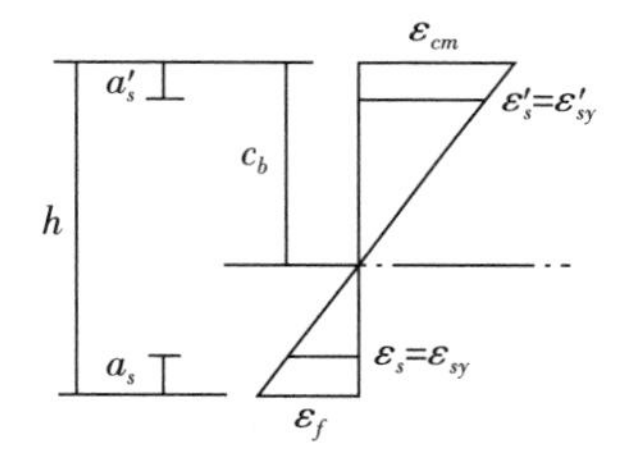

图 4－21　界限平衡条件下柱截面应变分布

在界限平衡条件下，界限中和轴高度 c_b 可按照式(4－25)计算：

$$c_b=\frac{h-a_s}{1+\dfrac{f_{sy}}{E_{se}\varepsilon_{cm}}} \tag{4-25}$$

将界限中和轴高度 c_b 代入式(4－14)和式(4－15)，再联立式(4－14)和式(4－15)可以得到界限偏心距 e_b 为：

$$e_b=\frac{\alpha_1\beta_1 f_{cm}c_b b\left(\dfrac{h}{2}-\dfrac{\beta_1 c_b}{2}\right)+f_{sy}'A_s'\left(\dfrac{h}{2}-a_s'\right)+f_f'A_f'\dfrac{h}{2}+f_{sy}A_s\left(\dfrac{h}{2}-a_s\right)+f_fA_f\dfrac{h}{2}}{\alpha_1\beta_1 f_{cm}c_b b+f_{sy}'A_s'+f_f'A_f'-f_{sy}A_s-f_fA_f} \tag{4-26}$$

4.4.2.4 附加偏心距增大系数

考虑到柱中部侧向挠度的影响，附加偏心距增大系数 η 应为：

$$\eta=\frac{e+\Delta}{e} \tag{4-27}$$

将式(4-3)代入式(4-27)，则式(4-27)可以写为：

$$\eta=1+\frac{\varphi}{e}\frac{L^2}{\pi^2} \tag{4-28}$$

在界限平衡条件下，柱中部截面曲率 φ 即为柱中部界限截面曲率 φ_b，可以按照式(4-29)计算：

$$\varphi_b=\frac{\varepsilon_{cm}+f_{sy}/E_{se}}{h-a_s} \tag{4-29}$$

柱中部截面曲率 φ 与柱中部界限截面曲率 φ_b 有关，其关系可以用式(4-30)表示：

$$\varphi=\kappa\varphi_b \tag{4-30}$$

式中，κ 为系数，与试件偏心距 e/h 以及长细比 L/h 有关，其关系可以用式(4-31)表示：

$$\kappa=c_1\left(\frac{e}{h}\right)^{c_2}\left(\frac{L}{h}\right)^{c_3} \tag{4-31}$$

式中，c_1、c_2 和 c_3 为待定的系数。

通过对表 4-2 中数值计算得到的柱中部截面曲率 φ 与根据式(4-29)计算得到的柱中部界限截面曲率 φ_b 的比值的回归分析，可以确定式(4-31)中的系数，从而得到：

$$\kappa=3.73\left(\frac{e}{h}\right)^{0.47}\left(\frac{L}{h}\right)^{-0.40} \tag{4-32}$$

式(4-32)的 R^2 为 0.856。图 4-22 所示为根据式(4-30)计算得到的柱中部截面曲率 φ 与表 4-2 中数值计算得到的柱中部截面曲率 φ 的对比。从图 4-22 中可以看出，式(4-32)计算结果与数值计算结果基本吻合。

4.4.2.5 承载力计算

随着加载增大，实际偏心距 ηe 也在不断增大。如图 4-23 所示，当 $\eta e < e_b$ 时，受拉区钢筋的拉应变小于其屈服应变，试件属于小偏心受压情况；当

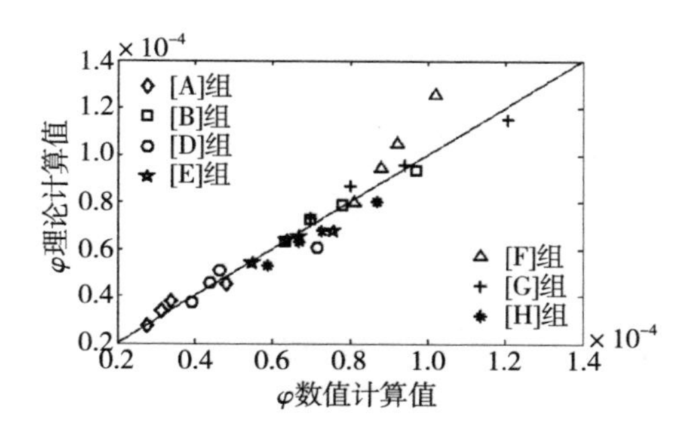

图 4－22　柱中部截面曲率 φ 计算值对比

$\eta e \geqslant e_b$ 时，受拉区钢筋的拉应变等于或超过其屈服应变，试件属于大偏心受压情况。

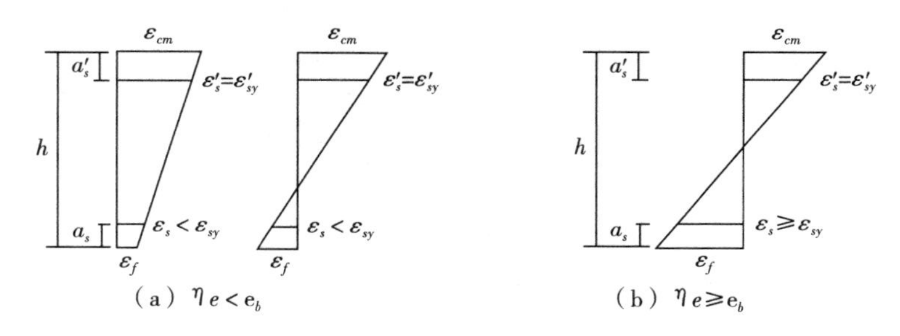

图 4－23　柱截面应变分布

对小偏心受压试件，根据力的平衡条件可以得到承载力 P 和弯矩 $P\eta e$ 的计算式为：

$$P=\alpha_1\beta_1 f_{cm}cb+f_{sy}'A_s'+f_f'A_f'-f_sA_s-f_fA_f \tag{4-33}$$

$$P\eta e=\alpha_1\beta_1 f_{cm}cb\left(\frac{h}{2}-\frac{\beta_1 c}{2}\right)+f_{sy}'A_s'\left(\frac{h}{2}-a_s'\right)+f_f'A_f'\frac{h}{2}+f_sA_s\left(\frac{h}{2}-a_s\right)+f_fA_f\frac{h}{2} \tag{4-34}$$

对大偏心受压试件，根据力的平衡条件可以得到承载力 P 和弯矩 $P\eta e$ 的计算式为：

$$P=\alpha_1\beta_1 f_{cm}cb+f_{sy}'A_s'+f_f'A_f'-f_{sy}A_s-f_fA_f \tag{4-35}$$

$$P\eta e=\alpha_1\beta_1 f_{cm}cb\left(\frac{h}{2}-\frac{\beta_1 c}{2}\right)+f_{sy}'A_s'\left(\frac{h}{2}-a_s'\right)$$

$$+f_f'A_f'\frac{h}{2}+f_{sy}A_s\left(\frac{h}{2}-a_s\right)+f_fA_f\ \frac{h}{2} \tag{4-36}$$

在实际工程应用时，根据设计模型计算偏压下 FRP 约束钢筋混凝土柱承载力 P 和柱中部侧向挠度 Δ 的步骤如下：

(1)对任一给定的初始偏心距 e，根据式(4－26)计算界限偏心距 e_b；

(2)根据式(4－28)计算附加偏心距增大系数 η；

(3)通过比较实际偏心距 ηe 与界限偏心距 e_b 判别大小偏心受压情况，对小偏心受压试件，根据式(4－33)和式(4－34)计算承载力 P；对大偏心受压试件，根据式(4－35)和式(4－36)计算承载力 P；

(4)计算柱中部侧向挠度 $\Delta=(\eta-1)e$。

4.4.2.6　设计模型验证

根据设计模型计算得到的各试件的承载力和柱中部侧向挠度见表 4－6 和表 4－7 所列。其中，表 4－6 为设计模型计算结果与 4.3 节数值试验结果的对比；表 4－7 为设计模型计算结果与已报道的试验结果的对比。

表 4－6　设计模型计算结果与数值计算结果对比

组别	试件名称	侧向挠度/mm		承载力/kN		承载力误差① %
		Δ_{num}	Δ_{pre}	P_{num}	P_{pre}	
[D]	Z2－D	4.9	7	896	819	－8.6
	Z3－D	6	8.5	705	651	－7.7
	Z4－D	7.7	9.6	566	535	－5.5
	Z5－D	9.3	11.3	389	334	－14.2
[E]	FW－e1－E	8.4	6.2	484	406	－16.2
	FW－e2－E	9.1	7.2	379	314	－17.2
	FW－e3－E	9.8	8.1	297	252	－15.4
	FW－e4－E	11	9.5	166	144	－13.4
[F]	FW－e1－F	10.6	10.7	144	147	2
	FW－e2－F	13.8	12.4	106	112	4.9
	FW－e3－F	16.9	13.8	84	84	0.8
	FW－e4－F	20.3	16.1	55	50	－8

（续表）

组别	试件名称	侧向挠度/mm		承载力/kN		承载力误差① %
		Δ_{num}	Δ_{pre}	P_{num}	P_{pre}	
[G]	FW - e1 - G	7	6.1	310	269	−13
	FW - e2 - G	8.4	7.1	230	206	−10.4
	FW - e3 - G	10.4	7.9	177	162	−8.9
	FW - e4 - G	12.5	9.2	112	94	−16.3
[H]	FW - e1 - H	13.9	10.7	254	246	−3
	FW - e2 - H	15.7	12.5	192	188	−1.9
	FW - e3 - H	17.9	13.9	150	147	−2.2
	FW - e4 - H	21.1	16.4	99	86	−13.6

注：①误差（%）$=100\times(P_{pre}-P_{num})/P_{num}$。

从表 4 - 6 中可以看出，所有试件根据设计模型计算的承载力与数值计算的承载力的误差均在 17.2%之内，可见本书设计模型可以较准确地预测数值试验中 FRP 约束钢筋混凝土偏压柱的承载力。

从表 4 - 7 中可以看出，除了试件 FW - e1 和 BC - 2L - E16 根据设计模型计算的承载力与试验得到的承载力的误差分别为 10.7%和 11.8%之外，其余所有试件的承载力误差均在 9.5%之内，可见本书设计模型可以较准确地预测试验中单向和双向 FRP 约束钢筋混凝土偏压柱的承载力。设计模型计算的试件承载力和柱中部侧向挠度与试验结果的差别可认为是混凝土、钢筋和（或）FRP 实际的力学性能引起的。

表 4 - 7　设计模型计算结果与试验结果对比

组别	试件名称	侧向挠度/mm		承载力/kN		承载力误差① %
		Δ_{exp}	Δ_{pre}	P_{exp}	P_{pre}	
[A]	Z2	2.26	5.2	1400	1308	−6.6
	Z3	4.03	6.3	1175	1079	−8.2
	Z4	5.58	7.1	1000	906	−9.5
	Z5	9.43	8.4	650	599	−7.8

（续表）

组别	试件名称	侧向挠度/mm		承载力/kN		承载力误差①%
		Δ_{exp}	Δ_{pre}	P_{exp}	P_{pre}	
[B]	FW－e1	12.2	9.2	295	264	－10.7
	FW－e2	14.2	10.7	205	204	－0.3
	FW－e3	12.3	11.9	157	153	－2.7
	FW－e4	11.6	13.9	95	89	－6.5
[C]	PW－e1	11.4	7.8	275	260	－5.4
	PW－e2	13.4	9.1	200	199	－0.4
	PW－e3	10.9	10.2	150	156	3.8
	PW－e4	9.8	11.9	93	91	－2.6
[I]	BC－2L－E3	20.1	20.77	1335	1327	－0.6
	BC－2L－E6	33.27	27.57	828	857	3.5
	BC－2L－E12	32.77	35.72	440	425	－3.5
	BC－2L－E16	41.15	39.46	356	314	－11.8

注：①误差（%）＝$100\times(P_{pre}-P_{exp})/P_{exp}$。

4.5 偏压下 FRP 约束钢筋混凝土柱 P－M 关系模型

4.5.1 *P*－*M* 关系简化计算模型

承载力 P－弯矩 M 关系是研究偏压下 FRP 约束钢筋混凝土柱力学性能的重要指标。本节将在前文给出的设计模型的基础，提出计算承载力 P－弯矩 M 关系的简化计算模型。

如图 4－24 所示为承载力 P－弯矩 M 关系的简化计算模型。如图 4－24(a)所示，将承载力 P－弯矩 M 关系曲线简化为五个力学关键点组成的曲线。其中，A 点处于轴压状态（如图 4－24(b)所示），此处承载力 P 和弯矩 M 分别为：

$$P=f_{cm}(bh-A_s'-A_s)+f_{sy}'A_s'+f_f'A_f'+f_{sy}A_s+f_fA_f \tag{4-37}$$

$$M=0 \tag{4-38}$$

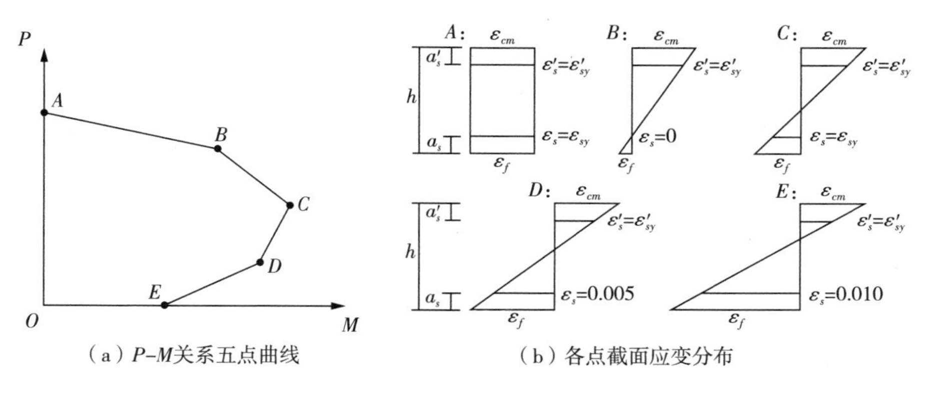

（a）P-M关系五点曲线　　（b）各点截面应变分布

图 4－24　P－M 关系简化计算模型

B 点受拉区钢筋应变为 0[如图 4－24(b)所示]，此处承载力 P 和弯矩 M 分别为：

$$P=\alpha_1\beta_1 f_{cm}c_cb+f_{sy}'A_s'+f_f'A_f'-f_fA_f \tag{4-39}$$

$$M=\alpha_1\beta_1 f_{cm}c_cb\left(\frac{h}{2}-\frac{\beta_1 c_c}{2}\right)+f_{sy}'A_s'\left(\frac{h}{2}-a_s'\right)+f_f'A_f'\frac{h}{2}+f_fA_f\frac{h}{2} \tag{4-40}$$

式中，c_c 为受拉区钢筋应变为 0 时的中和轴高度，按式(4－41)计算：

$$c_c=h-a_s \tag{4-41}$$

C 点处于界限平衡条件[如图 4－24(b)所示]，此处承载力 P 和弯矩 M 分别为：

$$P=\alpha_1\beta_1 f_{cm}c_bb+f_{sy}'A_s'+f_f'A_f'-f_{sy}A_s-f_fA_f \tag{4-42}$$

$$M=\alpha_1\beta_1 f_{cm}c_bb\left(\frac{h}{2}-\frac{\beta_1 c_b}{2}\right)+f_{sy}'A_s'\left(\frac{h}{2}-a_s'\right)+f_f'A_f'\frac{h}{2}+f_{sy}A_s\left(\frac{h}{2}-a_s\right)+f_fA_f\frac{h}{2} \tag{4-43}$$

D 点受拉区钢筋应变为 0.005[如图 4－24(b)所示]，此处承载力 P 和弯矩 M 分别为：

$$P=\alpha_1\beta_1 f_{cm}c_t b+f'_{sy}A'_s+f'_f A'_f-f_{sy}A_s-f_f A_f \tag{4-44}$$

$$M=\alpha_1\beta_1 f_{cm}c_t b\left(\frac{h}{2}-\frac{\beta_1 c_t}{2}\right)+f'_{sy}A'_s\left(\frac{h}{2}-a'_s\right)$$
$$+f'_f A'_f\frac{h}{2}+f_{sy}A_s\left(\frac{h}{2}-a_s\right)+f_f A_f\ \frac{h}{2} \tag{4-45}$$

式中，c_t 为受拉区钢筋应变为 0.005 时的中和轴高度，按式(4-46)计算：

$$c_t=\frac{h-a_s}{1+\dfrac{0.005}{\varepsilon_{cm}}} \tag{4-46}$$

E 点处于纯弯状态，假定受拉区钢筋应变达到其极限拉应变 0.010[如图 4-24(b)所示]，因受压区高度极小可忽略混凝土影响，此处承载力 P 和弯矩 M 分别为：

$$P=0 \tag{4-47}$$

$$M=f'_{sy}A'_s\left(\frac{h}{2}-a'_s\right)+f'_f A'_f\frac{h}{2}+f_{sy}A_s\left(\frac{h}{2}-a_s\right)+f_f A_f\ \frac{h}{2} \tag{4-48}$$

式中，柱中部截面受压区和受拉区 FRP 的应力 f'_f 和 f_f 分别按式(4-49)、式(4-50)计算：

$$f'_f=\left[\varepsilon'_{sy}+\frac{a'_s}{h-a_s-a'_s}(\varepsilon'_{sy}+0.01)\right]E_f \tag{4-49}$$

$$f_f=\left[0.01+\frac{a_s}{h-a_s-a'_s}(\varepsilon'_{sy}+0.01)\right]E_f \tag{4-50}$$

4.5.2 简化模型验证

图 4-25 所示为根据简化模型计算的承载力 P-弯矩 M 关系曲线与数值试验结果的对比，图 4-26 所示为根据简化模型计算的承载力 P-弯矩 M 关系曲线与试验结果的对比。从图 4-25 和图 4-26 中可以看出，简化模型计算曲线与数值结果、简化模型计算曲线与试验结果整体上基本吻合。本书建议的简化计算模型能够较好地预测数值模拟和试验中 FRP 约束钢筋混凝土偏压柱的承载力 P-弯矩 M 关系。

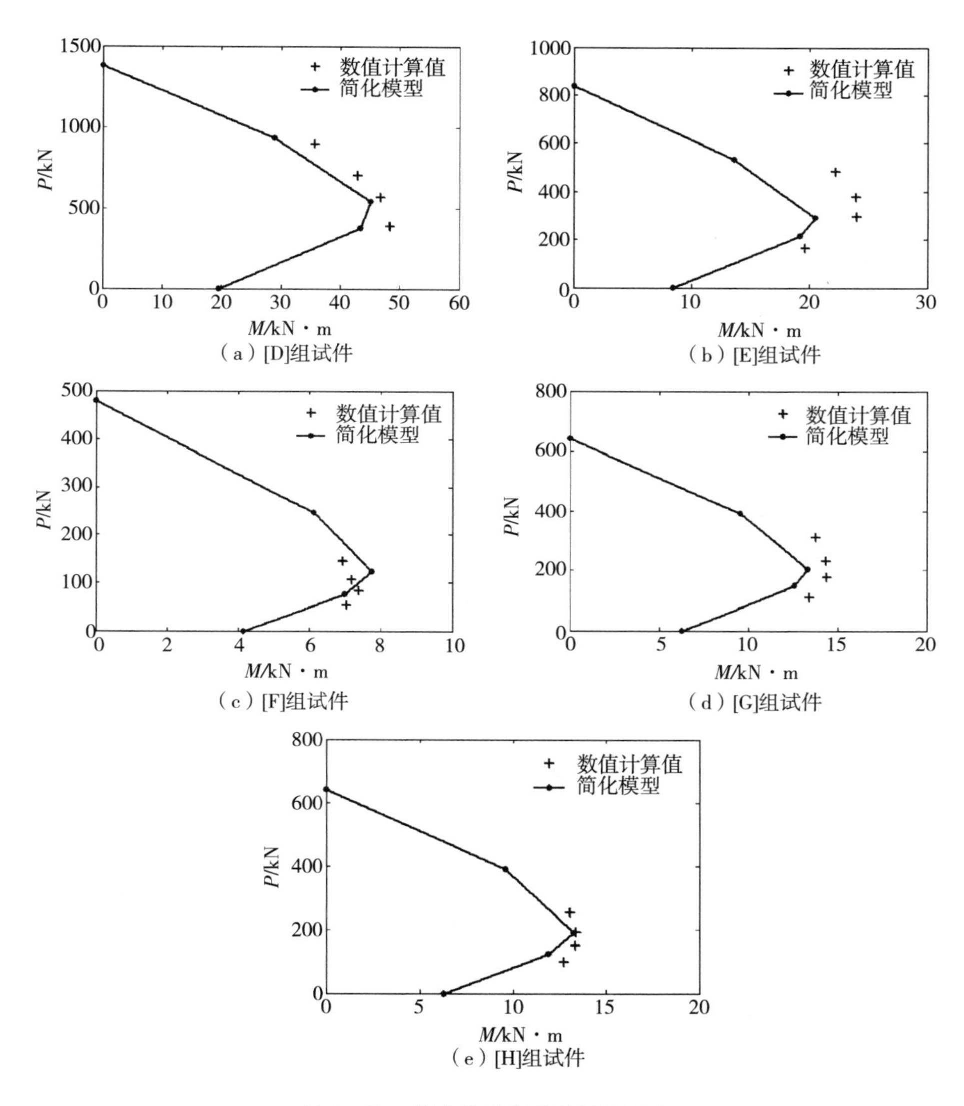

（a）[D]组试件
（b）[E]组试件
（c）[F]组试件
（d）[G]组试件
（e）[H]组试件

图 4-25 简化模型与数值结果对比

4.5.3 基于简化计算模型的参数分析

在提出的承载力 P-弯矩 M 关系简化计算模型的基础上，对偏压下FRP约束钢筋混凝土柱的承载力 P-弯矩 M 关系开展参数分析。

如图 4-27 所示为根据简化模型计算的不同参数变化的承载力 P-弯

矩 M 关系曲线。分析采用的试件的基本数据有：试件长度为 1200mm，截面尺寸为 125mm×125mm，拐角半径为 10mm，混凝土保护层厚度为 15mm；混凝土抗压强度为 30MPa；主筋为 4 根直径 10mm 的钢筋，屈服强度为 550MPa；FRP 类型为 CFRP，完全缠绕 1 层，抗拉强度为 894MPa，弹性模量为 65.4GPa。其中图 4－27(a)中 GFRP 抗拉强度为 154MPa，弹性模量为 10.3GPa，AFRP 抗拉强度为 230MPa，弹性模量为 13.6GPa；图 4－27(d)中部分缠绕时，FRP 的宽度和间距分别为 65mm 和 40mm；图 4－27(g)中截面尺寸的变化分别为 150mm×150mm 和 100mm×100mm；图 4－27(h)中试件长度的变化分别为 1000mm 和 1500mm。

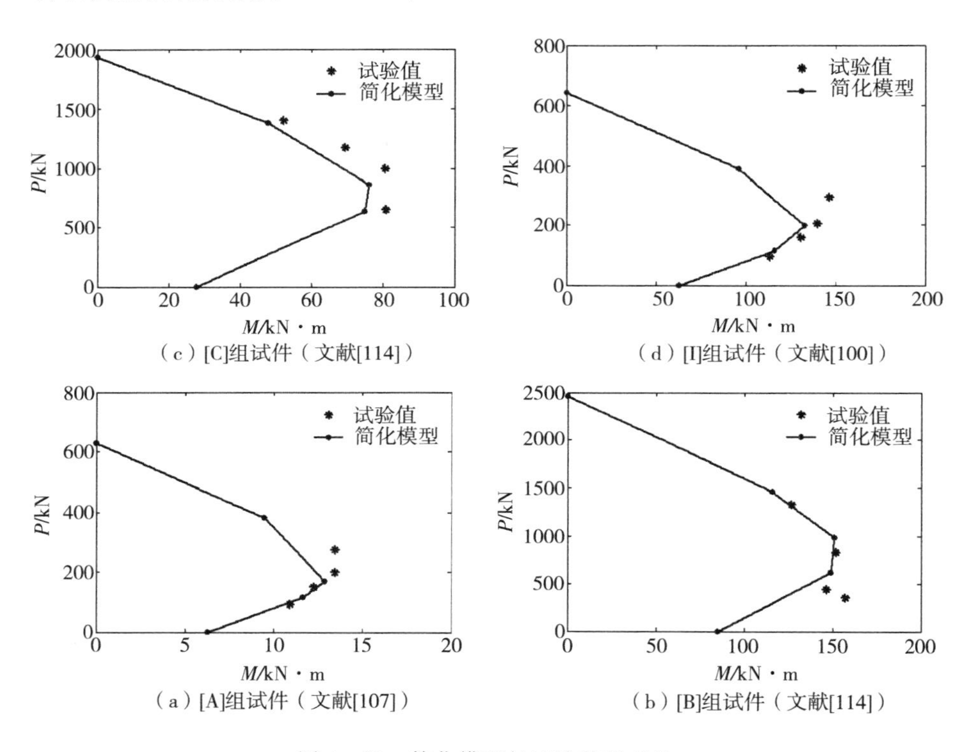

(c) [C]组试件（文献[114]）
(d) [I]组试件（文献[100]）
(a) [A]组试件（文献[107]）
(b) [B]组试件（文献[114]）

图 4－26 简化模型与试验结果对比

从图 4－27 中可以看出：

(1)随着 FRP 强度的增大，试件在界限平衡条件下的承载力和弯矩均增大。对小偏心受压情况，FRP 强度的增大可以使试件的承载力和弯矩增大；对大偏心受压情况，FRP 类型对试件的承载力和弯矩基本没有影响。

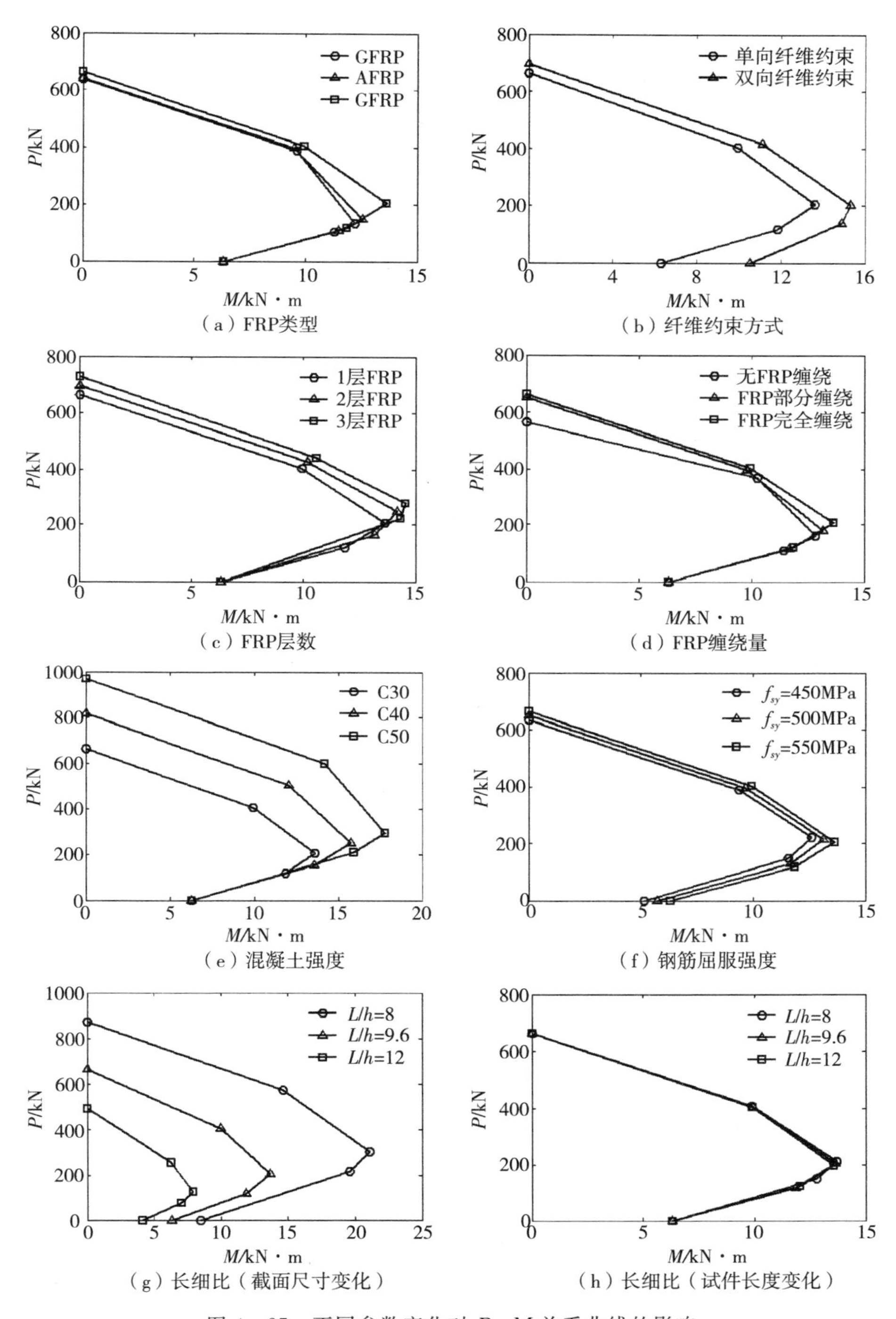

（a）FRP类型　（b）纤维约束方式

（c）FRP层数　（d）FRP缠绕量

（e）混凝土强度　（f）钢筋屈服强度

（g）长细比（截面尺寸变化）　（h）长细比（试件长度变化）

图 4-27　不同参数变化对 $P-M$ 关系曲线的影响

(2)界限平衡状态时,双向纤维约束试件的承载力和单向纤维约束试件相当,而弯矩比单向纤维约束试件大。对小偏心受压情况,双向纤维约束试件的承载力和弯矩均比单向纤维约束试件大;对大偏心受压情况,双向纤维约束试件的承载力比单向纤维约束试件小,而弯矩比单向纤维约束试件大。

(3)随着 FRP 层数的增加,试件在界限平衡条件下的承载力和弯矩均增大。对小偏心受压情况,FRP 层数的增加可以使试件的承载力和弯矩增大;对大偏心受压情况,FRP 层数的增加可以使试件的承载力增大,弯矩减小。

(4)随着 FRP 缠绕量的增大,试件在界限平衡条件下的承载力和弯矩均增大。对小偏心受压情况,FRP 缠绕量的增大可以使试件的承载力和弯矩增大;对大偏心受压情况,FRP 缠绕量对试件的承载力和弯矩基本没有影响。

(5)随着混凝土强度的增大,试件在界限平衡条件下的承载力和弯矩均增大。对小偏心受压情况,混凝土强度的增大可以使试件的承载力和弯矩增大;对大偏心受压情况,混凝土强度对试件的承载力和弯矩影响较小。

(6)随着钢筋屈服强度的增大,试件在界限平衡条件下的弯矩增大,而承载力有所降低。对小偏心受压情况,钢筋屈服强度的增大可以使试件的承载力和弯矩增大;对大偏心受压情况,钢筋屈服强度的增大使试件的承载力降低,弯矩增大。

(7)当截面尺寸变化时,随着长细比的增大,试件在界限平衡条件下的承载力和弯矩均减小。对小偏心受压情况,长细比的增大可以使试件的承载力和弯矩减小;对大偏心受压情况,长细比的增大使试件的承载力有所增大,弯矩减小。

(8)当试件长度变化时,随着长细比的增大,试件的承载力和弯矩均几乎不发生变化,说明试件长度引起的长细比变化对试件的偏压性能影响不大,这与前面数值试验得到的结果是一致的。

综上所述,FRP 类型、FRP 缠绕量以及混凝土强度对小偏心受压试件的承载力和弯矩影响较大,对大偏心受压试件影响较小;纤维约束方式、FRP 层数、钢筋屈服强度以及截面尺寸变化的长细比对大、小偏心受压试件的承载力和弯矩均有较大影响;试件长度变化的长细比对大、小偏心受压试件的承载力和弯矩的影响不大。

4.6　本章小结

本章完成的工作和得到的主要结论如下：

(1)建立了用于数值模拟偏压下FRP约束钢筋混凝土柱力学过程的非线性有限元分析模型，其中对通常的钢筋整体式法进行了改进，数值计算结果与试验结果的较好吻合证明了本书数值模型的可行性。

(2)在数值模型的基础上开展了大量的数值试验。结果表明，柱中部受压区混凝土的最大应力和最大应变与混凝土强度和FRP的约束作用有关；最大应力与试件的偏心距 e/h 以及长细比 L/h 无关，而最大应变与试件的偏心距 e/h 以及长细比 L/h 成反比。

(3)提出了用于预测偏压下FRP约束钢筋混凝土柱承载力的分析模型和设计模型。模型计算结果与数值计算结果以及试验结果的对比表明，本书提出的分析模型和设计模型均能够较好地预测偏压下FRP约束钢筋混凝土柱的承载力。

(4)在设计模型的基础上，提出了计算承载力 P -弯矩 M 关系的简化计算模型。简化模型计算曲线与数值结果以及试验结果的对比表明，本书建议的简化计算模型能够较好地预测数值模拟和试验中FRP约束钢筋混凝土偏压柱的承载力 P -弯矩 M 关系。在简化模型的基础上，对不同参数变化的 $P-M$ 关系曲线进行了分析。

第五章　FRP-混凝土-钢混合双管柱的轴压性能研究

5.1　引　言

前面三章对FRP布约束混凝土柱的轴压和偏压性能进行了研究。FRP除了以FRP布或板的形式加固和约束混凝土柱以外，将FRP制作成套管用来约束混凝土柱也是一种加固方式或结构柱形式[10,16,43－50]。对FRP管约束混凝土柱来说，虽然FRP管能有效地增大混凝土柱的强度和延性，但是由于FRP管抗剪性能较差以及FRP本身不具备有效的防火性能，因此，作为新的结构柱形式，FRP管约束混凝土柱的应用受到了很大的限制。为了弥补FRP管约束混凝土柱的不足，香港理工大学的Teng等[132,133]于2003—2004年提出了一种新的FRP-混凝土-钢混合结构柱形式——FRP-混凝土-钢混合双管柱(如第一章图1-4所示)。混凝土柱在外部FRP管和内部钢管的共同作用下，其抗剪强度大大提高。此外，当遇到火灾外部FRP管失去作用时，内钢管尚且可以提供一定的约束作用，使柱不会很快破坏，给人员疏散提供了宝贵的时间。

作为一种新型的组合结构柱，目前对FRP-混凝土-钢混合双管柱的研究只是一些试验研究[134－137]。其中，只有文献[136]在试验的基础上给出了核心混凝土应力-应变关系的设计模型，尚缺少对FRP与钢双管约束混凝土应力-应变关系的理论分析模型，对FRP-混凝土-钢混合双管柱的数值模拟研究也未见报道。

本章首先在平面应变条件下，对FRP-混凝土-钢混合双管柱进行了力学分析，考虑了混凝土和钢管的弹塑性，通过钢管和 FRP 管有无达到极限状态判断试件是否破坏，推导出 FRP 与钢双管约束混凝土应力-应变关系理论模型。然后，采用非线性有限元分析程序 ANSYS 对轴压下 FRP -混凝土-钢混合双管柱的力学过程进行了数值模拟分析，得出了一些有益的结论。最后，对不同加载方式下 FRP -混凝土-钢混合双管柱的轴压性能进行了力学分析，并在数值模型的基础上通过数值算例对理论分析结果进行了验证。

5.2　FRP 与钢双管约束混凝土应力-应变关系理论模型

5.2.1　变形协调假定

假定 FRP 管与混凝土、混凝土与钢管之间共同工作性能良好，变形协调，界面连续。

5.2.2　平面应变条件下受力分析

对如图 5 - 1 所示的内外受均压的轴对称厚壁圆管，在平面应变条件下未知量有径向应力 σ_r、环向应力 σ_h、径向应变 ε_r、环向应变 ε_h 和径向位移 u，它们应满足基本方程及相应的边界条件，以下的分析中均以受压为正，受拉为负。

其中，平衡方程为：

$$\frac{\mathrm{d}\sigma_r}{\mathrm{d}r}+\frac{\sigma_r-\sigma_h}{r}=0 \qquad (5-1)$$

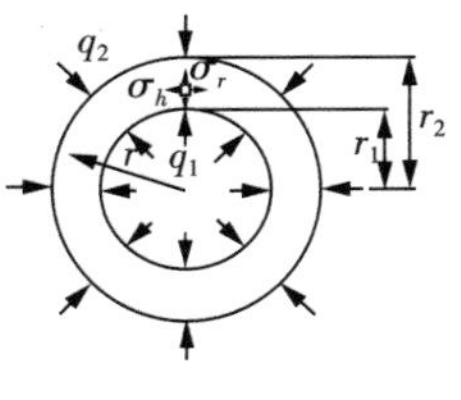

几何方程为：

$$\begin{cases}\varepsilon_r=\dfrac{\mathrm{d}u}{\mathrm{d}r}\\[2ex] \varepsilon_h=\dfrac{u}{r}\end{cases} \qquad (5-2)$$

q_2 σ_h σ_r r q_1 r_1 r_2

图 5 - 1　内外受均压的厚壁圆管

本构方程为：

$$\begin{cases}\varepsilon_r=\dfrac{1-\nu^2}{E}\left(\sigma_r-\dfrac{\nu}{1-\nu}\sigma_h\right)\\ \varepsilon_h=\dfrac{1-\nu^2}{E}\left(\sigma_h-\dfrac{\nu}{1-\nu}\sigma_r\right)\end{cases}\tag{5-3}$$

边界条件为：

$$\begin{cases}\sigma_r\big|_{r=r_1}=q_1,\sigma_r\big|_{r=r_2}=q_2,\text{在力边界上}\\ u\big|_{r=r_1}=u_1,u\big|_{r=r_2}=u_2,\text{在位移边界上}\end{cases}\tag{5-4}$$

通过式(5－1)～式(5－4)可解得径向应力 σ_r 和环向应力 σ_h 为：

$$\begin{cases}\sigma_r=\dfrac{r_2^2q_2-r_1^2q_1}{r_2^2-r_1^2}+\dfrac{r_1^2r_2^2(q_1-q_2)}{r_2^2-r_1^2}\dfrac{1}{r^2}\\ \sigma_h=\dfrac{r_2^2q_2-r_1^2q_1}{r_2^2-r_1^2}-\dfrac{r_1^2r_2^2(q_1-q_2)}{r_2^2-r_1^2}\dfrac{1}{r^2}\end{cases}\tag{5-5}$$

再将式(5－5)代入式(5－3)、式(5－2)得径向位移 u 为：

$$u=\varepsilon_h r=\frac{1+\nu}{E}\left[(1-2\nu)\frac{r_2^2q_2-r_1^2q_1}{r_2^2-r_1^2}r-\frac{r_1^2r_2^2(q_1-q_2)}{r_2^2-r_1^2}\frac{1}{r}\right]\tag{5-6}$$

式中，r 为径向坐标；E 为弹性模量；ν 为泊松比；r_1 和 r_2 分别为管内外半径；q_1 和 q_2 分别为管内外壁受到的均压。

对 FRP－混凝土－钢混合双管柱(如图 5－2 所示)中的混凝土，令 $r_1=r_s$，$r_2=r_c$，$q_1=q_s$，$q_2=q_f$，于是得：

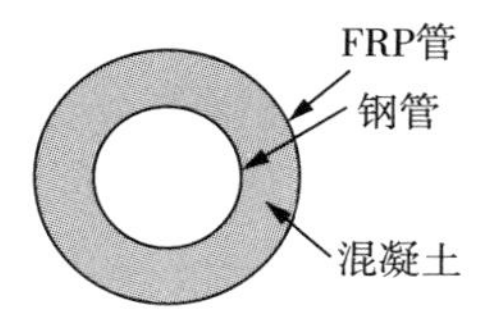

图 5－2　FRP－混凝土－钢混合双管柱截面

$$\begin{cases}\sigma_{cr}=\dfrac{r_c^2q_f-r_s^2q_s}{r_c^2-r_s^2}+\dfrac{r_s^2r_c^2(q_s-q_f)}{r_c^2-r_s^2}\dfrac{1}{r^2}\\ \sigma_{ch}=\dfrac{r_c^2q_f-r_s^2q_s}{r_c^2-r_s^2}-\dfrac{r_s^2r_c^2(q_s-q_f)}{r_c^2-r_s^2}\dfrac{1}{r^2}\end{cases}\tag{5-7}$$

$$u_c=\frac{1+\nu_c}{E_c}\left[(1-2\nu_c)\frac{r_c^2q_f-r_s^2q_s}{r_c^2-r_s^2}r-\frac{r_s^2r_c^2(q_s-q_f)}{r_c^2-r_s^2}\frac{1}{r}\right] \tag{5-8}$$

式中，σ_{cr}、σ_{ch} 和 u_c 分别为混凝土的径向应力、环向应力和径向位移；E_c 和 ν_c 分别为混凝土的割线模量和泊松比；r_s 和 r_c 分别为钢管外半径和 FRP 管内半径；q_s 和 q_f 分别为钢管对混凝土和 FRP 管对混凝土的均压。

对钢管，令 $r_1=r_v$，$r_2=r_s$，$q_1=0$，$q_2=q_s$，一般地，钢管厚度 $t_s=r_s-r_v<<(r_s+r_v)/2$，则有 $r_s^2-r_v^2=t_s(r_s+r_v)$，$r_v^2/r^2\approx 1$，$r_v^2/r\approx r$，$r_s^2\approx(r_s+r_v)^2/4$，于是得：

$$\begin{cases}\sigma_{sr}=0\\ \sigma_{sh}=\dfrac{q_s(r_s+r_v)}{2t_s}\end{cases} \tag{5-9}$$

$$u_s=\frac{q_sr(1-\nu_s^2)(r_s+r_v)}{2t_sE_s} \tag{5-10}$$

式中，σ_{sr}、σ_{sh} 和 u_s 分别为钢管的径向应力、环向应力和径向位移；E_s 和 ν_s 分别为钢材的割线模量和泊松比；r_v 为钢管内半径。

对 FRP 管，令 $r_1=r_c$，$r_2=r_f$，$q_1=q_f$，$q_2=0$，一般地，FRP 管厚度 $t_f=r_f-r_c<<(r_f+r_c)/2$，则有 $r_f^2-r_c^2=t_f(r_f+r_c)$，$r_f^2/r^2\approx 1$，$r_f^2/r\approx r$，$r_c^2\approx(r_f+r_c)^2/4$，于是得：

$$\begin{cases}\sigma_{fr}=0\\ \sigma_{fh}=-\dfrac{q_f(r_f+r_c)}{2t_f}\end{cases} \tag{5-11}$$

$$u_f=-\frac{q_fr(1-\nu_{fh}^2)(r_f+r_c)}{2t_fE_{fh}} \tag{5-12}$$

式中，σ_{fr}、σ_{fh} 和 u_f 分别为 FRP 管的径向应力、环向应力和径向位移；E_{fh} 和 ν_{fh} 分别为 FRP 管环向的弹性模量和泊松比；r_f 为 FRP 管外半径。

根据 5.2.1 节假定，对 FRP-混凝土-钢混合双管柱全截面加载时应有 $\varepsilon_{fz}=\varepsilon_{cz}=\varepsilon_{sz}=\varepsilon_z$，其中，$\varepsilon_z$ 为柱截面轴向压应变，ε_{fz}、ε_{cz} 和 ε_{sz} 分别为 FRP 管、混凝土和钢管轴向压应变。FRP 管、混凝土和钢管的径向位移均由两部分组成：由轴向压应变引起的径向位移和平面应变条件下产生的径向位移。在 FRP 管与混凝土边界 $r=r_c$ 上，FRP 管的径向位移与混凝土的径向位移相等；在混凝土与钢管边界 $r=r_s$ 上，混凝土的径向位移与钢管的径向位移相等，即：

$$\begin{cases} -\nu_{fz}\varepsilon_z r_c + u_f \big|_{r=r_c} = -\nu_c\varepsilon_z r_c + u_c \big|_{r=r_c}，边界\ r=r_c \\ -\nu_c\varepsilon_z r_s + u_c \big|_{r=r_s} = -\nu_s\varepsilon_z r_s + u_s \big|_{r=r_s}，边界\ r=r_s \end{cases} \tag{5-13}$$

式中，ν_{fz} 为 FRP 管的轴向泊松比。

将式(5-8)、式(5-10) 和式(5-12) 代入式(5-13) 可解得：

$$\begin{cases} q_f = \dfrac{K_4B_1\varepsilon_z + (K_5B_1 + K_3B_2)\varepsilon_z^2}{K_1K_4 + (K_1K_5 + K_2K_4)\varepsilon_z + (K_2K_5 - K_3K_6)\varepsilon_z^2} \\ q_s = \dfrac{K_1B_2\varepsilon_z + (K_6B_1 + K_2B_2)\varepsilon_z^2}{K_1K_4 + (K_1K_5 + K_2K_4)\varepsilon_z + (K_2K_5 - K_3K_6)\varepsilon_z^2} \end{cases} \tag{5-14}$$

式中，$K_1 = \dfrac{(1-\nu_{fh}^2)r_c(r_f+r_c)}{2t_fE_{fh}}$，$K_2 = \dfrac{(1+\nu_c)r_c[(1-2\nu_c)r_c^2+r_s^2]}{\sigma_{cz}(r_c^2-r_s^2)}$，

$K_3 = \dfrac{2(1-\nu_c^2)r_cr_s^2}{\sigma_{cz}(r_c^2-r_s^2)}$，$K_4 = \dfrac{(1-\nu_s^2)r_s(r_s+r_v)}{2t_sE_s}$，

$K_5 = \dfrac{(1+\nu_c)r_s[(1-2\nu_c)r_s^2+r_c^2]}{\sigma_{cz}(r_c^2-r_s^2)}$，$K_6 = \dfrac{2(1-\nu_c^2)r_sr_c^2}{\sigma_{cz}(r_c^2-r_s^2)}$，$B_1=(\nu_c-\nu_{fz})r_c$，

$B_2=(\nu_s-\nu_c)r_s$，$\sigma_{cz}=E_c\varepsilon_z$，$\sigma_{cz}$ 为核心混凝土轴向压应力。

5.2.3 材料本构关系及破坏准则选取

5.2.3.1 混凝土本构关系

混凝土的本构关系采用 Popovics 提出的应力-应变关系模型[141]：

$$\sigma_{cz} = \frac{f'_{cc}\cdot x\cdot p}{p-1+x^p} \tag{5-15}$$

式中，f'_{cc} 为受约束混凝土压应力峰值，对应的压应变为 ε'_{cc}；$x=\varepsilon_z/\varepsilon'_{cc}$；$p=E_{co}/(E_{co}-E_{sec})$，初始弹性模量 E_{co} 依据试验数据取值，无试验数据时可取 $E_{co}=4700\sqrt{f'_c}$[139]，峰值割线模量 $E_{sec}=f'_{cc}/\varepsilon'_{cc}$；$f'_c$ 为未受约束混凝土抗压强度，对应的应变为 ε'_c，ε'_c 依据试验数据取值，无试验数据时取 ε'_c 为 0.0022。

Candappa 等[144] 提出的 FRP 管约束实心混凝土的 f'_{cc} 和 ε'_{cc} 计算式如下：

$$\frac{f'_{cc}}{f'_c} = 1 + 3.5\frac{q_f}{f'_c} \tag{5-16}$$

$$\frac{\varepsilon'_{cc}}{\varepsilon'_{c}}=1+17.5\frac{q_f}{f'_c} \tag{5-17}$$

对 FRP 与钢双管约束混凝土，还需要考虑内钢管对混凝土的约束。在弹性状态下，当达到未受约束混凝土的抗压强度时，根据胡克定律，受约束混凝土压应力峰值可写为：

$$f'_{cc}=f'_c+\nu_c(\sigma_{cr}+\sigma_{ch}) \tag{5-18}$$

将式(5-7)代入式(5-18)可得：

$$\frac{f'_{cc}}{f'_c}=1+\frac{2\nu_c(r_c^2q_f-r_s^2q_s)}{f'_c(r_c^2-r_s^2)} \tag{5-19}$$

仿照式(5-17)的格式可得到相应的压应变峰值为：

$$\frac{\varepsilon'_{cc}}{\varepsilon'_{c}}=1+k\frac{2\nu_c(r_c^2q_f-r_s^2q_s)}{f'_c(r_c^2-r_s^2)} \tag{5-20}$$

由于 FRP-混凝土-钢混合双管柱的轴压性能与同尺寸的 FRP 管约束实心混凝土柱相似[134,137]，因此参考 Candappa 等[144]提出的式(5-16)和式(5-17)中相应位置系数的关系，可取 k 为 5。

混凝土处于三向轴压状态下，侧向膨胀受到限制，不同的轴压状态下其泊松比的割线模量 ν_c 也在不断改变，本书采用 Ottosen 假定[140]来计算泊松比 ν_c。由于 σ_{cz} 和 f'_{cc} 在轴压过程中是不断变化的(如图 5-3 所示)，因此需要对 Ottosen 假定的适用条件进行适当修正，取泊松比的割线值为：

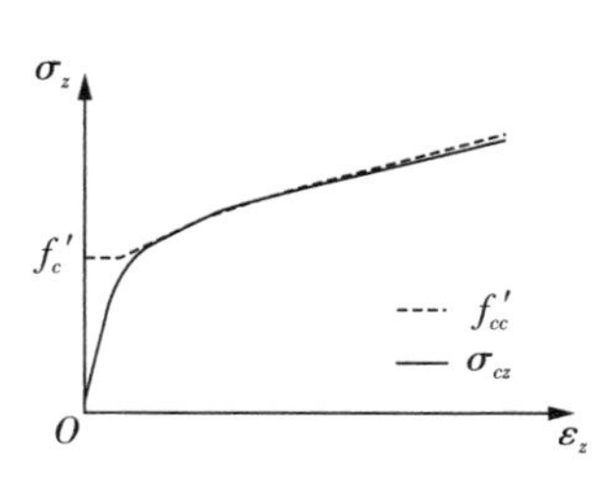

图 5-3　σ_{cz} 和 f_{cc} 变化过程

$$\nu_c=\begin{cases}\nu_{c0}, & y_i\leqslant y_a\\ \nu_{cf}-(\nu_{cf}-\nu_{c0})\sqrt{1-\left(\dfrac{y_i-y_a}{1-y_a}\right)^2}, & y_i>y_a\text{ 且 }y_i\geqslant y_{i-1}\\ \nu_{cf}, & y_i<y_{i-1}\end{cases} \tag{5-21}$$

式中，ν_{c0} 和 ν_{cf} 分别为初始泊松比的割线值和塑性段泊松比的割线值，取 ν_{c0}

为0.2，$\nu_{cf}=1-0.0025(f'_{cc}-20)$；$y_i$ 为应力比，$y_i=\sigma_{cz}/f'_{cc}$；y_a 为比例极限点的应力比，$y_a=0.3+0.002(f'_{cc}-20)$；$y_{i-1}$ 为前一个压应变对应的应力比。

5.2.3.2 钢管本构关系

钢管的本构关系采用双线性强化模型，其应力-应变关系曲线[如第四章图4-17(a)所示]按式(5-22)确定：

$$f_s=\begin{cases}E_{se}\varepsilon_s & \varepsilon_s\leqslant\varepsilon_{sy}\\ f_{sy}+E_{sp}(\varepsilon_s-\varepsilon_{sy}) & \varepsilon_s>\varepsilon_{sy}\end{cases}\tag{5-22}$$

式中，f_s 和 ε_s 为钢管的应力和应变；f_{sy} 和 ε_{sy} 为钢材的屈服强度及对应的应变；E_{se} 为钢材的弹性模量；E_{sp} 为钢材的强化模量，取为弹性模量 E_{se} 的1/100。钢材的泊松比 ν_s 取0.3。对钢管采用Von Mises屈服准则，其等效应力为：

$$f_{sq}=\sqrt{\frac{(\sigma_{sr}-\sigma_{sh})^2+(\sigma_{sh}-\sigma_{sz})^2+(\sigma_{sz}-\sigma_{sr})^2}{2}}\tag{5-23}$$

式中，钢管轴向压应力 σ_{sz} 为

$$\sigma_{sz}=E_s\varepsilon_{sz}+\nu_s(\sigma_{sr}+\sigma_{sh})\tag{5-24}$$

将式(5-9)代入式(5-24)可得：

$$\sigma_{sz}=E_s\varepsilon_z+\frac{\nu_s q_s(r_s+r_v)}{2t_s}\tag{5-25}$$

当 $f_{sq}\leqslant f_{sy}$ 时，取 $E_s=E_{se}$；当 $f_{sq}>f_{sy}$ 时，经过试算发现钢管应变 ε_s 主要受轴向压应变 ε_z 影响，为了便于计算，可取

$$E_s=\frac{f_{sy}+E_{sp}(\varepsilon_z-\varepsilon_{sy})}{\varepsilon_z}\tag{5-26}$$

在加载过程中，当钢管等效应力达到其极限强度 f_{su} 时，钢管就会发生屈服破坏[136]。在计算过程中，当 $f_{sq}<f_{su}$ 时，认为钢管尚未破坏；当 $f_{sq}=f_{su}$ 时，认为钢管屈服破坏。

5.2.3.3 FRP管破坏准则

试验研究[134,136,137]表明，试件的破坏主要起因于FRP管断裂，因此需要

根据FRP管的受力状态来判断FRP管是否断裂。在纤维增强复合材料中，碳纤维、玻璃纤维、芳纶纤维等与不同树脂形成的FRP的性能是有一定差别的。在平面应力状态下，单向复合材料有三种基本的破坏形式：纤维拉伸(或压缩)破坏、基体拉伸(或压缩)破坏和剪切破坏。目前，公认的单向复合材料的破坏理论有最大应力准则、最大应变准则、Tsai-Hill破坏准则以及Tsai-Wu破坏准则等。其中，Tsai-Wu破坏准则的判别式中包含应力的一次项，因此适用于抗拉、抗压性能不同的材料[145]。FRP管一般处于双向应力状态，判断其是否断裂可使用由Tsai-Wu破坏准则简化后的双轴破坏准则[146]：

$$\xi=\left(\frac{\sigma_{fz}}{f_{fz}}\right)^{2}+\left(\frac{\sigma_{fh}}{f_{fh}}\right)^{2}-\frac{\sigma_{fz}\sigma_{fh}}{f_{fz}f_{fh}} \tag{5-27}$$

式中，ξ为强度指数；f_{fz}和f_{fh}分别为FRP管轴向和环向极限强度。当ξ达到1时，认为FRP管断裂破坏。FRP管轴向压应力σ_{fz}通过式(5-28)计算：

$$\sigma_{fz}=E_{fz}\varepsilon_{z}+\nu_{fh}(\sigma_{fr}+\sigma_{fh})\frac{E_{fz}}{E_{fh}} \tag{5-28}$$

式中，E_{fz}为FRP管的轴向弹性模量。

将式(5-11)代入式(5-28)可得：

$$\sigma_{fz}=E_{fz}\varepsilon_{z}-\frac{\nu_{fh}E_{fz}q_{f}(r_{f}+r_{c})}{2t_{f}E_{fh}} \tag{5-29}$$

若FRP管的轴向弹性模量E_{fz}很小，则轴向压应力σ_{fz}可忽略不计，式(5-27)可变为：

$$\xi=\left(\frac{\sigma_{fh}}{f_{fh}}\right)^{2} \tag{5-30}$$

5.2.4　理论模型计算流程

本书分析得出的FRP与钢双管约束混凝土应力-应变关系理论模型的计算程序流程如图5-4所示。

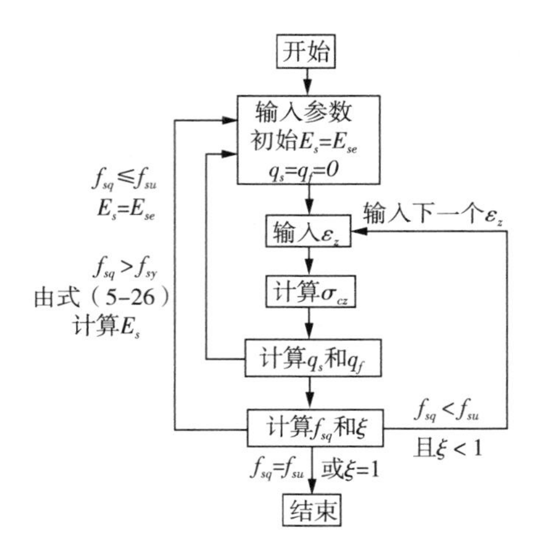

图 5－4　计算程序流程图

5.2.5　理论模型验证

根据本书提出的 FRP 与钢双管约束混凝土应力-应变关系理论模型计算的曲线与文献[134,137]的试验曲线的对比如图 5－5 所示，各文献试件的具体数据可见附录 C。从图 5－5 中可以看出，本书理论模型计算得到的 FRP 与钢双管约束混凝土应力-应变关系曲线与文献[134,137]试验得到的曲线吻合较好，说明本书提出的理论模型能够较准确地预测 FRP 与钢双管约束混凝土的应力-应变关系。

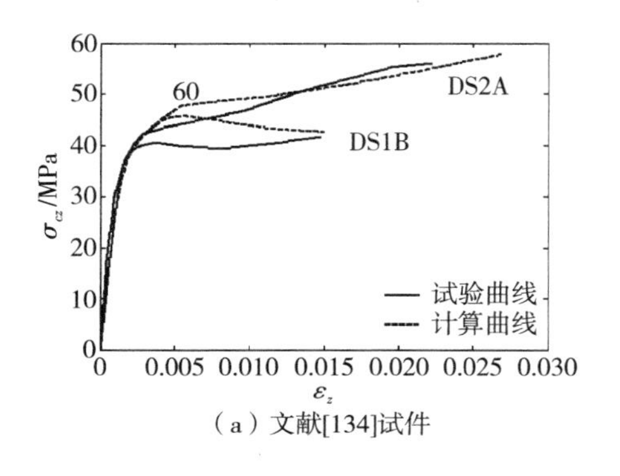

（a）文献[134]试件

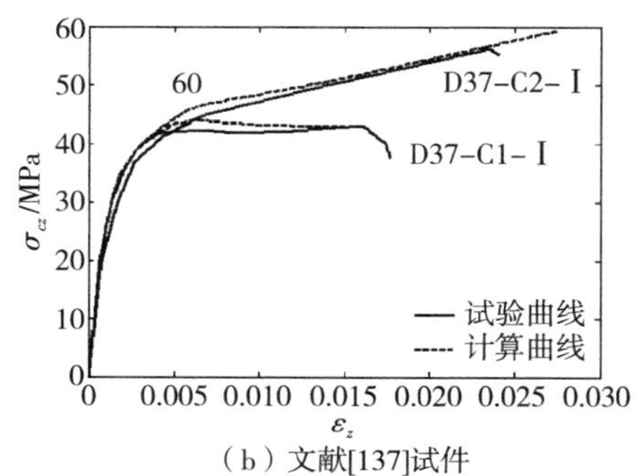

（b）文献[137]试件

图 5－5　计算曲线与试验曲线的对比

5.2.6　基于理论模型的参数分析

依据上文提出的理论模型通过计算分别考察 FRP 管类型、截面空心率 r_s/r_c、钢管径厚比 $2r_s/t_s$、混凝土强度以及钢管强度对 FRP 与钢双管约束混凝土应力-应变关系的影响。

分析中采用的试件的基本参数包括：FRP 管采用 GFRP 管；GFRP 管厚度为 3.5mm，GFRP 管内半径 r_c 为 106mm，钢管外半径 r_s 为 53mm，钢管厚度为 3mm；钢管屈服强度为 235MPa，弹性模量 E_{se} 为 206GPa；混凝土抗压强度为 40MPa；GFRP 管轴向抗拉强度、弹性模量和泊松比分别为 220MPa、18GPa 和 0.12，环向抗拉强度、弹性模量和泊松比分别为 440MPa、27GPa 和 0.3。当考察不同参数影响时，只需对以上相应参数的数值进行改变即可。其中，图 5-6(a)中 CFRP 管轴向抗拉强度、弹性模量和泊松比分别为 178MPa、9.5GPa 和 0.1，环向抗拉强度、弹性模量和泊松比分别为 2020MPa、159GPa 和 0.32，AFRP 管轴向抗拉强度、弹性模量和泊松比分别为 53MPa、5.5GPa 和 0.06，环向抗拉强度、弹性模量和泊松比分别为 1400MPa、76GPa 和 0.34；图 5-6(b)中钢管外半径 r_s 的变化分别为 35mm 和 71mm；图 5-6(c)中钢管厚度 t_s 的变化分别为 2mm 和 4mm；图 5-6(d)中混凝土强度的变化分别为 30MPa 和 50MPa；图 5-6(e)中钢管屈服强度的变化为 345MPa。

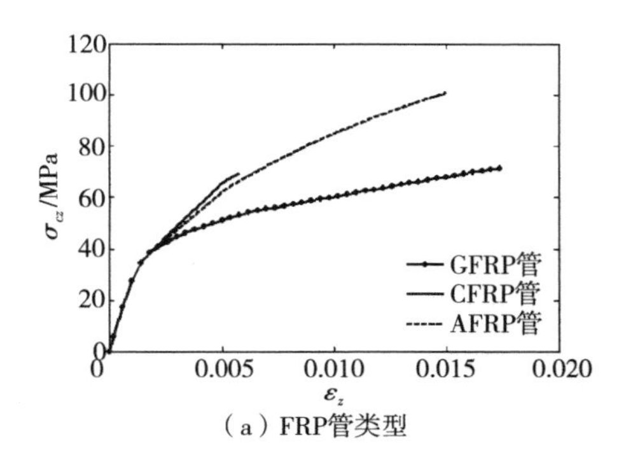

（a）FRP管类型

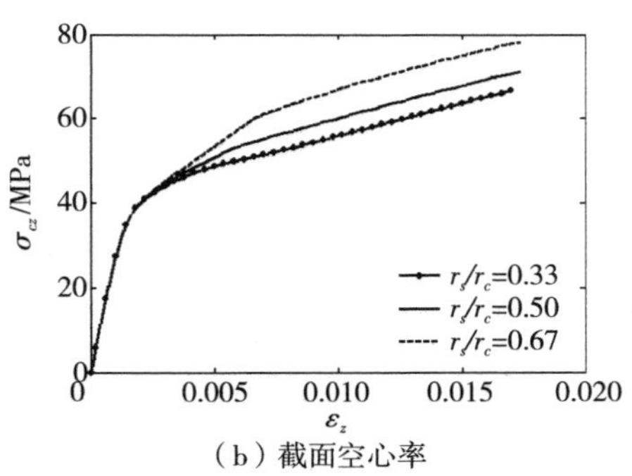

（b）截面空心率

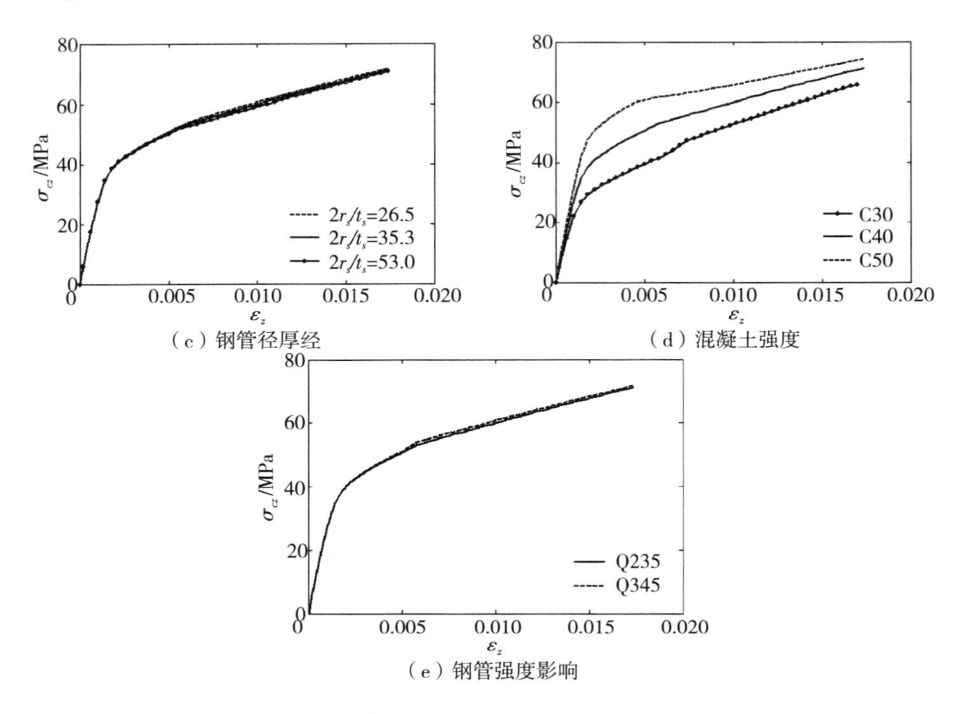

（c）钢管径厚经

（d）混凝土强度

（e）钢管强度影响

图 5－6　不同参数变化对应力-应变关系曲线的影响

从图 5－6 中可以看出：

（1）FRP 管类型对应力-应变曲线影响很大，GFRP 管约束的混凝土延性最好，CFRP 管约束的混凝土延性最差。

（2）空心率 r_s/r_c 从 0.33 增大到 0.67，延性变化不大，但核心混凝土强度有所提高，说明空心率 r_s/r_c 增大可以提高内钢管对混凝土的约束作用。

（3）钢管径厚比变化（26.5～53.0）对应力-应变关系曲线几乎没有影响，径厚比减小使强度略有提高，但提高幅度可以忽略不计。

（4）混凝土强度从 C30 增大到 C50，核心混凝土的强度提高明显，延性却差别不大。

（5）钢管强度对应力-应变关系曲线影响很小，Q345 钢管约束的混凝土的强度比 Q235 钢管约束的混凝土的强度略高。

综上所述，并结合 5.2.5 节模型验证中给出的 FRP 管厚度变化对应力-应变关系的影响可以发现，FRP 与钢双管约束混凝土的强度主要受 FRP 管类型、FRP 管厚度、截面空心率以及混凝土强度等因素影响，FRP 与钢双管约束混凝土的延性主要受FRP管类型、FRP管厚度等因素影响，而钢管径厚比和钢管强度对FRP与钢双管约束混凝土的强度和延性的影响不大。

5.3　轴压下FRP-混凝土-钢混合双管柱的数值模拟

5.3.1　单元类型和材料模型选取

5.3.1.1　FRP管

FRP属于各向异性材料，其应力-应变关系接近理想弹性。从试验研究的报道来看，FRP-混凝土-钢混合双管柱的制作分为两种方式：(1)先制成带钢管的混凝土柱，再用FRP布缠绕柱体[132-134,137]；(2)先制成FRP管和钢管，再向FRP管和钢管之间浇注混凝土[135,136]。对于前者，由于FRP布在平面内只有抗拉强度而平面外无弯曲强度，往往多层组合使用且各层缠绕角度及材料属性可能不同，并且在对轴压试件作静力分析时必须使用应力强化以及大应变非线性分析，因此本书分析时采用4节点壳体单元Shell181模拟这类FRP管，设置其KEYOPT(1)为1，只考虑薄膜刚度而不考虑弯曲刚度，通过命令SECTYPE和SECDATA设置FRP的各层厚度、缠绕角度和材料属性，再通过命令SECNUM附属给FRP管模型，按照多线性随动强化模型(KINH)[142]输入其应力、应变值。对于后者，本书分析时采用8节点实体单元Solid46模拟这类FRP管，在定义TB,FAIL时使用Tsai-Wu破坏准则中的强度指数[142]来判断FRP管是否断裂，其表达式如下：

$$\xi_3 = A + B \tag{5-31a}$$

$$A = -\frac{(\sigma_x)^2}{\sigma_{xt}^f \sigma_{xc}^f} - \frac{(\sigma_y)^2}{\sigma_{yt}^f \sigma_{yc}^f} - \frac{(\sigma_z)^2}{\sigma_{zt}^f \sigma_{zc}^f} + \frac{(\sigma_{xy})^2}{(\sigma_{xy}^f)^2} + \frac{(\sigma_{yz})^2}{(\sigma_{yz}^f)^2} + \frac{(\sigma_{xz})^2}{(\sigma_{xz}^f)^2}$$

$$+ \frac{C_{xy}\sigma_x\sigma_y}{\sqrt{\sigma_{xt}^f\sigma_{xc}^f\sigma_{yt}^f\sigma_{yc}^f}} + \frac{C_{yz}\sigma_y\sigma_z}{\sqrt{\sigma_{yt}^f\sigma_{yc}^f\sigma_{zt}^f\sigma_{zc}^f}} + \frac{C_{xz}\sigma_x\sigma_z}{\sqrt{\sigma_{xt}^f\sigma_{xc}^f\sigma_{zt}^f\sigma_{zc}^f}} \tag{5-31b}$$

$$B = \left(\frac{1}{\sigma_{xt}^f} + \frac{1}{\sigma_{xc}^f}\right)\sigma_x + \left(\frac{1}{\sigma_{yt}^f} + \frac{1}{\sigma_{yc}^f}\right)\sigma_y + \left(\frac{1}{\sigma_{zt}^f} + \frac{1}{\sigma_{zc}^f}\right)\sigma_z \tag{5-31c}$$

式中，ξ_3 为强度指数；σ_x、σ_y 和 σ_z 分别为 X、Y 和 Z 方向应力；σ_{xy}、σ_{yz} 和 σ_{xz} 分别为 $X-Y$、$Y-Z$ 和 $X-Z$ 方向剪切应力；σ_{xt}^f 和 σ_{xc}^f、σ_{yt}^f 和 σ_{yc}^f、σ_{zt}^f 和 σ_{zc}^f 分别为 X、Y、Z 方向的极限拉应力和极限压应力；σ_{xy}^f、σ_{yz}^f 和 σ_{xz}^f 分别为 $X-Y$、$Y-Z$ 和 $X-Z$ 方向极限剪应力；C_{xy}、C_{yz} 和 C_{xz} 为耦合系数。

由于一般事先已经对制成的 FRP 管进行了抗压和抗拉试验，另外试件在轴压过程中，FRP 管径向应力几乎为零，因此可将 FRP 管看成只受轴向和环向应力作用的正交各向异性单层板。定义 FRP 管的材料属性时，将 $X-Y$、$Y-Z$、$X-Z$ 方向的极限剪应力 σ_{xy}^f、σ_{yz}^f 和 σ_{xz}^f 定义得很大，耦合系数按照 ANSYS 程序中默认均取为 -1，这样 Tsai - Wu 破坏准则可简化为：

$$\xi_3 = \frac{(\sigma_y)^2}{(\sigma_{yt}^f)^2} + \frac{(\sigma_z)^2}{(\sigma_{zc}^f)^2} - \frac{\sigma_y \sigma_z}{\sigma_{yt}^f \sigma_{zc}^f} \qquad (5-32)$$

这里，σ_y 和 σ_z 分别为 Y(环向）和 Z(轴向）方向应力；σ_{yt}^f 为 Y 方向(环向）的极限拉应力；σ_{zc}^f 为 Z 方向(轴向）极限压应力。

5.3.1.2 钢管

钢管采用 8 节点实体单元 Solid45 模拟，使用双折线随动强化模型(BKIN)[142]输入其应力、应变值，钢管强化阶段的斜率取弹性模量的 1/100，泊松比取 0.3。受力过程满足 Von Mises 屈服准则，当钢管 Von Mises 等效应力超过材料的屈服应力 f_{sy} 时，钢管就发生屈服。

5.3.1.3 混凝土

混凝土采用 ANSYS 中专用于混凝土材料的 8 节点实体单元 Solid65 模拟，泊松比取 0.2，材料本构关系按照多线性等向强化模型(MISO)[142]输入，采用 Popovics 模型[141]。从试验研究[134,136,137]中可以发现，由于受 FRP 管和钢管共同约束，轴压下核心混凝土的应力-应变关系曲线基本属于强约束曲线，未出现明显的下降段。因此如第二章中所述，对 Popovics 模型进行修正，假定混凝土压应力达到抗压强度后应力不变[如图 2 - 12(b)所示]，使用修正后的模型数值计算效果较好。

在 ANSYS 中，Solid65 单元的破坏准则默认采用 William - Wamke 五参数破坏准则。经过试算，本书在定义 TB 和 CONCR 时，开裂的剪力传递系数取 0.5，闭合的剪力传递系数取 0.9，单轴抗拉强度取 $0.1f_c'$，并关闭压碎选项。

5.3.2 有限元模型

5.3.2.1 界面的处理

正如2.4.3.1节所述，FRP管与混凝土之间的界面可按共有界面处理。关于钢管与混凝土之间的界面处理，作者在文献[147]中的研究发现，不考虑黏结-滑移和考虑黏结-滑移对轴压下钢管混凝土柱的力学性能影响很小。虽然文献[147]研究的是钢管外置的情况，而本书研究的是钢管内置的情况，但是钢管表面粗糙程度对钢管与混凝土界面力学性能的影响是相似的。另外，考虑到钢管的屈曲是向外的，即朝向混凝土，轴压下FRP-混凝土-钢混合双管柱中钢管与混凝土之间的共同工作情况应比钢管混凝土柱更好。从试验[134,136,137]观测的结果看，在受压过程中FRP管与混凝土、钢管与混凝土共同工作情况均良好。因此，本书假定FRP管与混凝土、钢管与混凝土之间共用节点和界面，在建立有限元模型时使用GLUE命令将FRP管与混凝土、钢管与混凝土之间的界面黏接起来。

5.3.2.2 边界条件和加载方式

进行轴压下FRP-混凝土-钢混合双管柱非线性有限元模拟分析时，利用对称性，取四分之一柱体建立实体模型，在柱两端各建立一个刚性垫块以利于施加和传递荷载。如图5-7所示，在对称面的节点上施加沿对称面法

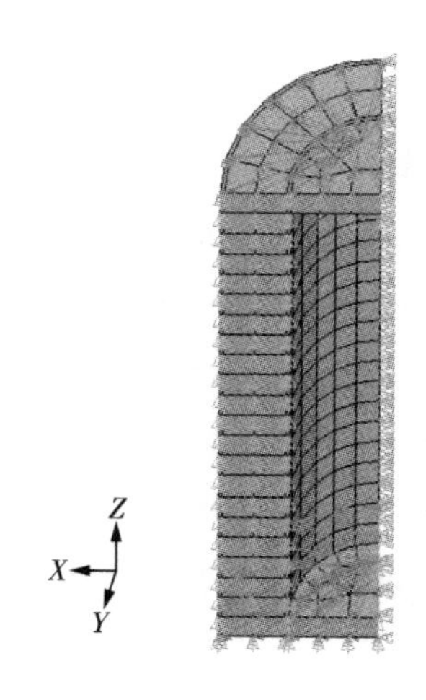

图5-7 有限元分析模型

向的对称约束，将柱底垫块面上的节点的 X、Y 和 Z 方向（分别对应径向、环向和轴向）自由度耦合到一个关键点上，对该关键点施加约束 $UX=0$、$UY=0$ 和 $UZ=0$；将柱顶垫块面上的节点的 X、Y 和 Z 方向自由度也耦合到一个关键点上，对该关键点施加约束 $UX=0$、$UY=0$ 和 Z 方向位移荷载 UZ。

5.3.2.3 计算程序设定

当计算结果达到以下任一种情况时，认为试件破坏，计算终止：

(1) FRP 管最外层纤维应变达到极限拉应变 ε_{fu}（Shell181 模拟时）或强度指数 ξ_3 达到 1（Solid46 模拟时）；

(2) 钢管 Von Mises 等效应力值达到极限强度 f_{su}；

(3) 在计算过程中，迭代超过 50 次不收敛，将加载步长折半，重复折半超过 1000 次不收敛。

在本次分析中，所有算例均计算效果良好，未出现因第(3)种情况终止的现象。

5.3.3 数值模型验证

在以上分析的基础上，参考文献[134，136]的试验数据，对 4 组 FRP-混凝土-钢混合双管短柱进行了数值模拟分析，各文献试件的具体数据可见附录 C。其中试件 DS1B 和 DS2A 中的 FRP 管采用 Shell181 模拟，试件 SC12 和 SC21 中的 FRP 管采用 Solid46 模拟。

图 5-8 所示为各试件数值计算的核心混凝土轴向应力-应变关系曲线与试验报道的核心混凝土轴向应力-应变关系曲线的对比，表 5-1 列出了各试件核心混凝土强度和极限应变的试验值和数值计算值。从图 5-8 中可以看出，数值计算得到的核心混凝土轴向应力-应变关系曲线与试验曲线吻合较好。其中，对试件 DS1B 和 DS2A 数值计算的核心混凝土极限应变比试验结果小，这可能是由于实际加载过程中后期缠绕的 FRP 管易出现褶皱而使其实际的极限拉应变增大，数值计算中未能模拟这种现象导致的。从表 5-1 中可以看出，各试件核心混凝土强度的数值计算值与试验值的误差均在 7.21%之内，可见数值计算结果与试验结果较为接近。数值计算结果与试验结果的基本吻合说明使用本书的数值模型可以较好地模拟 FRP-混凝土-钢混合双管短柱的轴压过程。

表 5-1 数值计算结果与试验结果对比

试件名称	极限应变		强度/MPa		强度误差①/%
	试验值	计算值	试验值	计算值	
DS1B	0.0149	0.0121	41.6	44.6	7.21
DS2A	0.0220	0.0162	56.4	55.9	−0.89
SC12	0.0439	0.0448	105.6	101.3	−4.07
SC21	0.0181	0.0178	47.9	49.4	3.13

注:①误差(%)=100×(计算值−试验值)/试验值。

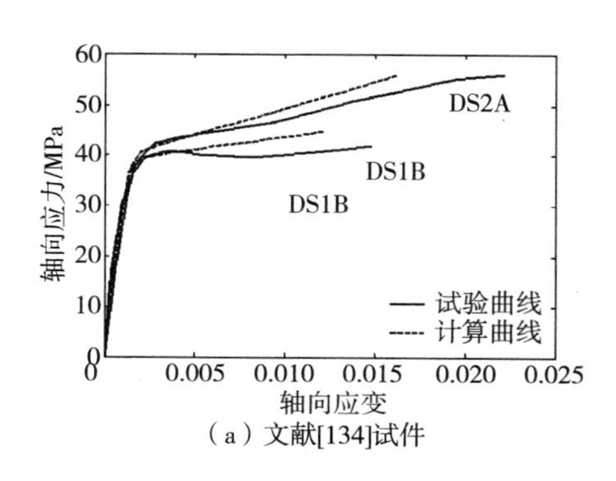

(a) 文献[134]试件

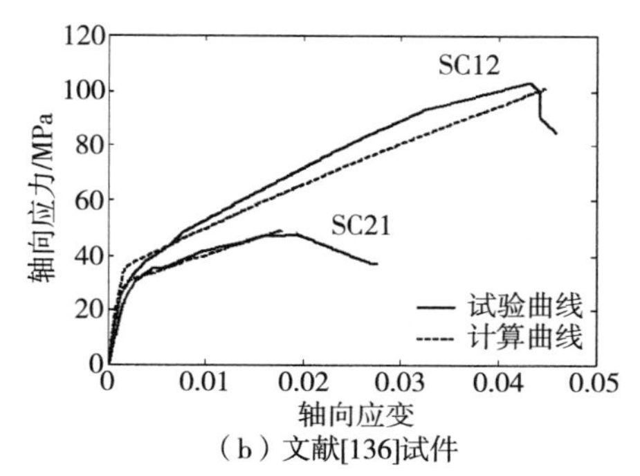

(b) 文献[136]试件

图 5-8 计算曲线与试验曲线对比

5.3.4 数值结果分析

5.3.4.1 破坏类型分析

如图 5-9 所示为试件 DS1B 和 DS2A 破坏时 FRP 管最外层纤维应变与极限拉应变的比值 $\varepsilon_{fh}/\varepsilon_{fu}$ 和钢管 Von Mises 等效应力与极限应力的比值 f_{sq}/f_{su} 沿柱轴向的分布情况。如图 5-10 所示为试件 SC12 和 SC21 破坏时 FRP 管最外层强度指数 ξ_3 和钢管 Von Mises 等效应力与极限应力的比值 f_{sq}/f_{su} 沿柱轴向的分布情况。其中,Z 为建模时实体的轴向坐标,$Z=0$mm 处即柱中,Z 以柱上部为正,柱下部为负。

从图 5-9 和图 5-10 中可以看出:

(1)4 组试件两端由于有刚性垫块约束,各项数值结果均较小,其中试件 DS1B 和 DS2A 的应变比 $\varepsilon_{fh}/\varepsilon_{fu}$ 在靠近柱端处较小。

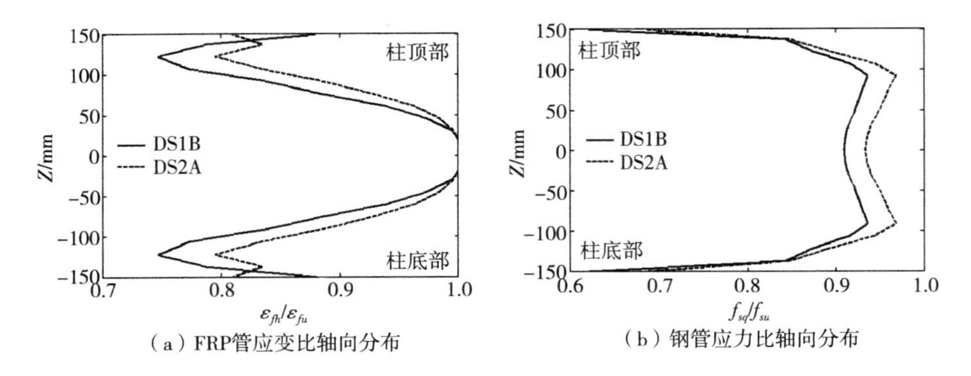

（a）FRP管应变比轴向分布　（b）钢管应力比轴向分布

图 5-9　文献[134]试件数值结果

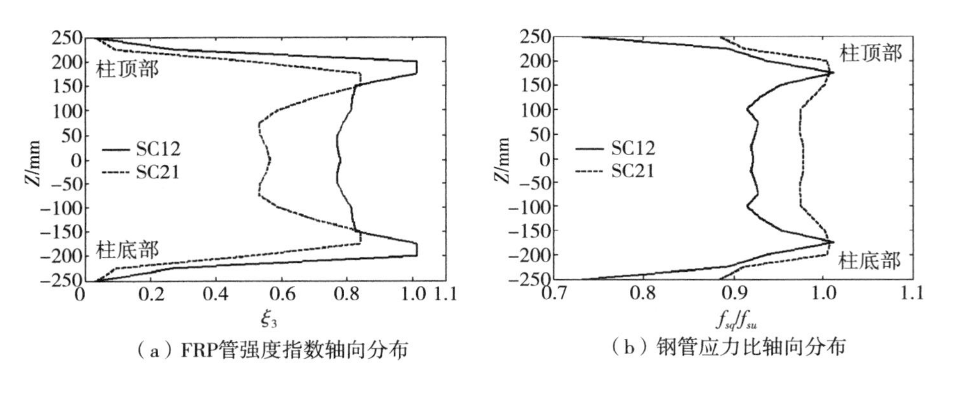

（a）FRP管强度指数轴向分布　（b）钢管应力比轴向分布

图 5-10　文献[136]试件数值结果

(2)对试件 DS1B 和 DS2A 来说，只有钢管和混凝土承受轴向应力，由于钢管的泊松比(0.3)大于混凝土的泊松比(0.2)，钢管的横向变形先于混凝土，圆形钢管一般在靠近柱端位置最先开始向外膨胀变形且变形较大[134,136]。从图 5-9(b)中可以看出，钢管 Von Mises 等效应力最大值出现在 $Z=\pm91.5$mm 处，即此处变形最大，钢管已屈服但尚未达到极限强度。在柱中部，混凝土的横向膨胀变形较大，阻止了此处钢管的变形，同时使此处的 FRP 管纤维应变达到了极限拉应变，说明试件 DS1B 和 DS2A 的破坏主要起因于 FRP 管断裂。

(3)比较试件 DS1B 和 DS2A，随着 FRP 管厚度增大，FRP 管和钢管的变形能力都相应增大，使得试件核心混凝土的承载力和延性得到提高(如图 5-8(a)所示)。

(4)对试件 SC12 和 SC21 来说,虽然 FRP 管也承受轴向应力,但 FRP 管的轴向泊松比(0.1 左右)小于钢管和混凝土的泊松比,钢管的横向变形仍然最先开始,靠近柱端位置钢管的横向变形使混凝土向外膨胀,引起此处 FRP 管最先开始变形且变形较大。由于 FRP 管也承受一部分轴向应力,使得柱中部较大范围内混凝土的横向变形较均匀,反映在此处各项数值结果分布较均匀上。

(5)试件 SC12 破坏时,$Z=\pm175$mm 处的 FRP 管强度指数达到 1,且钢管等效应力达到极限强度,说明其破坏主要起因于 FRP 管断裂和钢管屈服破坏。这里需要说明的是,计算时两者并非同时达到极限状态,事实上 FRP 管先于钢管破坏,但为了更好地分析比较,于是将计算延长了两个加载步至钢管破坏为止。

(6)试件 SC21 破坏时,$Z=\pm175$mm 处的钢管等效应力达到极限强度,而 FRP 管强度指数尚未达到 1,说明其破坏主要起因于钢管屈服破坏。

(7)比较试件 SC12 和 SC21,随着截面空心率(分别为 0.60 和 0.74)增大,钢管整体屈服变形增大,FRP 管变形能力却没有相应增大,使得试件核心混凝土的承载力和延性降低(如图 5-8(b)所示)。

(8)从 4 组试件的破坏位置看,FRP 管不承受轴向应力的试件 DS1B 和 DS2A 的破坏主要发生在柱中部,FRP 管承受轴向应力的试件 SC12 和 SC21 的破坏主要发生在靠近柱两端处,这与相应试验中观察到的结果是一致的(如图 5-11 所示)。

(a)文献[134]试件

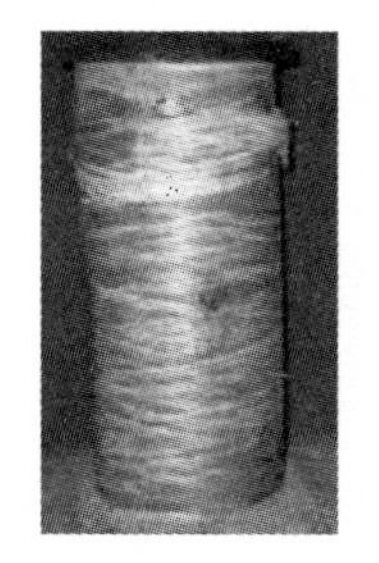

(b)文献[136]试件

图 5-11 FRP-混凝土-钢混合双管柱破坏情况

从以上分析可以看出,轴压 FRP-混凝土-钢混合双管短柱有三种破坏类型：Ⅰ. FRP 管断裂导致的破坏；Ⅱ. FRP 管断裂和钢管屈服破坏共同导致的破坏；Ⅲ. 钢管屈服破坏导致的破坏。这与文献[134,136,137]试验观察到的现象相似。为了能更好地确定 FRP -混凝土-钢混合双管短柱的破坏类型，本书对文献[134,136,137]的部分试验数据进行了采集（见表 5 - 2 所列），发现影响破坏类型的主要因素有钢管径厚比 $2r_s/t_s$、空心率 r_s/r_c 以及 FRP 管平均缠绕角度 $\bar{\theta}$（各层 FRP 纤维与轴向夹角的平均值）。本书建议定义破坏指数 ψ 来确定试件的破坏类型，表达式如下：

$$\psi=\frac{t_s r_c \bar{\theta}}{90^\circ r_s^2} \tag{5-33}$$

表 5 - 2　试件破坏情况

数据来源	试件编号	钢管径厚比	空心率	FRP 管平均缠绕角度	破坏指数	破坏类型
文献[134]	DS1Ba	23.8	0.5	90°	0.169	Ⅰ
文献[134]	DS2Aa	23.8	0.5	90°	0.169	Ⅰ
文献[134]	DS3A	23.8	0.5	90°	0.169	Ⅰ
文献[136]	SC11	52.4	0.74	80°	0.046	Ⅱ
文献[136]	SC12a	45.6	0.6	80°	0.065	Ⅱ
文献[136]	SC13	17.2	0.74	80°	0.141	Ⅰ
文献[136]	SC21a	52.4	0.74	60°	0.035	Ⅲ
文献[136]	SC22	45.6	0.6	60°	0.049	Ⅱ
文献[136]	SC23	17.2	0.74	60°	0.105	Ⅰ
文献[136]	SC31	52.4	0.74	80°	0.046	Ⅱ
文献[136]	SC32	52.4	0.74	80°	0.046	Ⅱ
文献[137]	D37 - A2 - Ⅰ	18.3	0.28	90°	0.398	Ⅰ
文献[137]	D40 - B1 - Ⅰ	23	0.5	90°	0.174	Ⅰ
文献[137]	D47 - B2 - Ⅰ	21.7	0.5	90°	0.185	Ⅰ
文献[137]	D37 - C1 - Ⅰ	41.9	0.58	90°	0.083	Ⅰ
文献[137]	D40 - D2 - Ⅰ	22.1	0.75	90°	0.12	Ⅰ

注：①同时也是本书数值模拟试件。

由于试验数据很少，尚不能给出区分破坏类型的具体界限值。从表5-2中可以看出：破坏指数为0.083～0.398的试件属于破坏类型Ⅰ；破坏指数为0.046～0.065的试件属于破坏类型Ⅱ；破坏指数为0.035的试件属于破坏类型Ⅲ。破坏指数越大，试件越倾向于先发生FRP管断裂；破坏指数越小，试件越倾向于先发生钢管屈服破坏。

5.3.4.2　FRP管和钢管对混凝土的约束作用

从计算结果可知，FRP管和钢管对混凝土的约束应力的方向均为X负向（指向截面圆心），即FRP管对混凝土的约束为压应力，钢管对混凝土的约束为拉应力。如图5-12所示为试件最先达到极限状态的截面上FRP管和钢管对混凝土的约束应力随试件轴向应变的变化曲线（取X负向为正）。

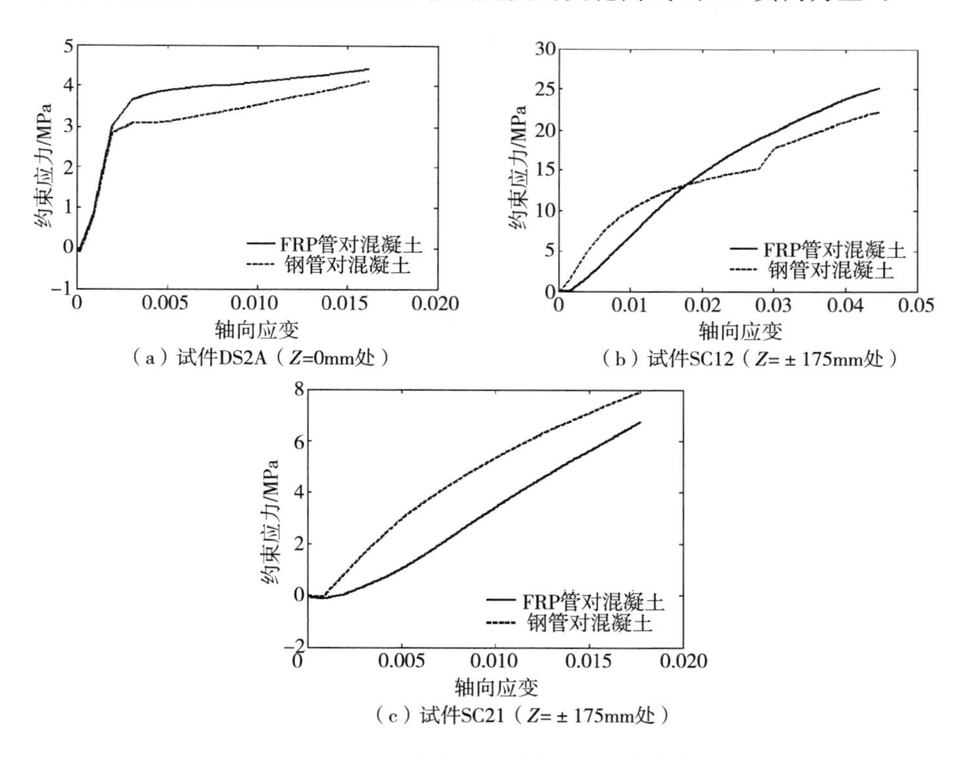

图5-12　约束应力随轴向应变变化曲线

从图5-12中可以看出：

(1)加载初期，试件SC12的FRP管以及试件SC21的FRP管和钢管对混凝土的约束应力均很小，几乎为0，而试件DS2A的FRP管和钢管对混凝土的约束应力几乎从一开始就增大，说明 FRP 管不承受轴向应力在加载初期可以较快地使 FRP 管和钢管对混凝土产生约束作用。

(2)试件 DS2A 在混凝土达到抗压强度后，FRP 管和钢管对混凝土的约束应力增大幅度变小，而试件 SC12 和 SC21 的约束应力却继续增大，说明承受轴向应力的 FRP 管在加载中后期可以增强对混凝土的约束作用。

(3)破坏类型的不同也直接反映在 FRP 管和钢管对混凝土的约束作用上。试件 DS2A 在混凝土达到抗压强度后 FRP 管对混凝土的约束应力一直大于钢管对混凝土的约束应力，最后 FRP 管断裂导致试件破坏；试件 SC12 的 FRP 管和钢管对混凝土的约束应力交替占优，最后 FRP 管断裂和钢管屈服破坏共同导致试件破坏；试件 SC21 的钢管对混凝土的约束应力一直大于 FRP 管对混凝土的约束应力，最后钢管屈服破坏导致试件破坏。

5.3.4.3　FRP 与钢双管约束混凝土强度和极限应变模型

从以上的分析可知，FRP 管和钢管的几何和材料特性决定了其对核心混凝土的约束程度，不同的 FRP 管和钢管对核心混凝土的强度和极限应变有着不同程度的影响。为了研究其影响的程度，对 FRP-混凝土-钢混合双管柱，仿照对FRP约束混凝土柱的研究，本书定义FRP与钢双管约束混凝土的侧向约束应力 f_{fs} 和侧向约束刚度 E_{fs} 分别为：

$$f_{fs}=\frac{f_{fh}t_f r_c+f_{sy}t_s r_s}{r_c^2-r_s^2} \tag{5-34}$$

$$E_{fs}=\frac{E_{fh}t_f r_c+E_{se}t_s r_s}{1000(r_c^2-r_s^2)} \tag{5-35}$$

根据第三章对 FRP 约束混凝土柱强度和极限应变模型的研究，FRP 与钢双管约束混凝土的强度 f_{cc} 和极限应变 ε_{cu} 可分别写成以下格式：

$$\frac{f_{cc}}{f'_c}=1+c_1\left(\frac{f_{fs}}{f'_c}\right)^{c_2} \tag{5-36}$$

$$\frac{\varepsilon_{cu}}{\varepsilon'_c}=1+c_3\left(\frac{f_{fs}}{f'_c}\right)^{c_4}E_{fs}^{c_5} \tag{5-37}$$

式中，c_1、c_2、c_3、c_4 和 c_5 为待定的系数。通过对试验和数值结果的回归分析可以确定系数 c_1、c_2、c_3、c_4 和 c_5，从而得到：

$$\frac{f_{cc}}{f'_c}=1+1.27\left(\frac{f_{fs}}{f'_c}\right)^{2.58} \tag{5-38}$$

$$\frac{\varepsilon_{cu}}{\varepsilon'_c}=1+125.1\left(\frac{f_{fs}}{f'_c}\right)^{1.32}E_{fs}^{-1.07} \tag{5-39}$$

式(5-38)和式(5-39)的 R^2 分别为 0.87 和 0.95。图 5-13 给出了通过式(5-38)和式(5-39)计算得到的强度和极限应变与试验值和数值计算值的对比。从图 5-13 中可以看出,理论计算值与试验值和数值计算值基本吻合,说明本书提出的 FRP 与钢双管约束混凝土的强度和极限应变模型可以较好地对试验和数值计算结果进行预测。

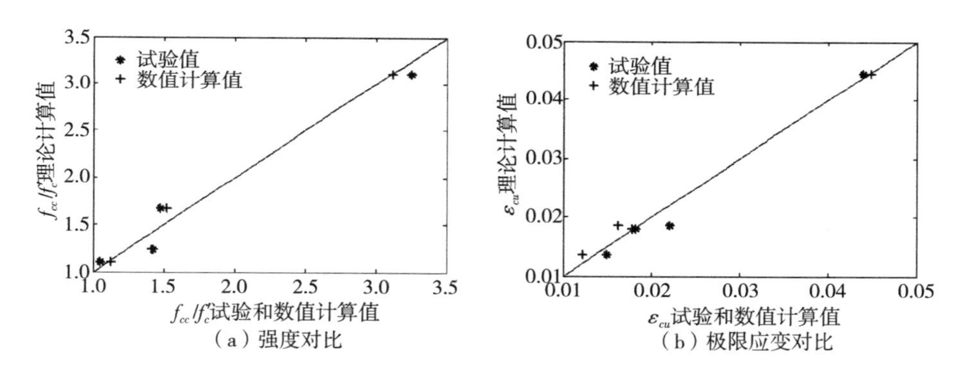

图 5-13 强度和极限应变对比

5.4 加载方式对 FRP-混凝土-钢混合双管柱轴压性能的影响

本节将通过理论分析得出不同加载方式对轴压下 FRP 与钢双管约束混凝土应力-应变关系的影响,并利用前面提出的数值模型进行验证。

5.4.1 不同加载方式下轴压性能的理论分析

假定 FRP 管与混凝土、混凝土与钢管之间共同工作性能良好,变形协调,界面连续。如图 5-14 所示(以下分析中应力以图 5-14 中规定方向为正;反之为负),对钢管有:

$$\frac{\mathrm{d}\sigma_{sz}}{\mathrm{d}z}+\frac{2\tau_1 r}{r^2-r_v^2}=0 \tag{5-40}$$

式中，τ_1 为径向坐标 r 处钢管的剪切应力；z 为轴向坐标。

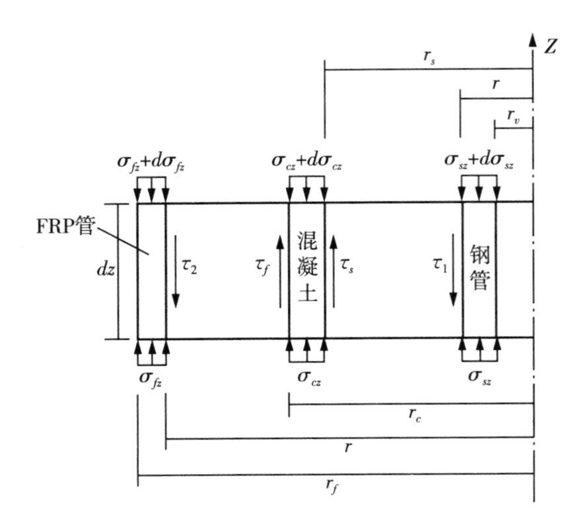

图 5-14　单元长度柱体

当 $r=r_s$ 时，$\tau_1=\tau_s$，τ_s 为混凝土与钢管之间的剪切应力，于是：

$$\frac{\mathrm{d}\sigma_{sz}}{\mathrm{d}z}+\frac{2\tau_s r_s}{r_s^2-r_v^2}=0 \tag{5-41}$$

由式(5-40)和式(5-41)可得：

$$\tau_1=\frac{r_s(r^2-r_v^2)}{r(r_s^2-r_v^2)}\tau_s \tag{5-42}$$

根据胡克定律有：

$$\tau_1=G_s\frac{\mathrm{d}w}{\mathrm{d}r}=\frac{E_s}{2(1+\nu_s)}\frac{\mathrm{d}w}{\mathrm{d}r} \tag{5-43}$$

式中，G_s 为钢管的剪切弹性模量；w 为轴向位移。

由式(5-42)和式(5-43)可得：

$$\frac{r_s(r^2-r_v^2)}{r(r_s^2-r_v^2)}\tau_s\mathrm{d}r=\frac{E_s}{2(1+\nu_s)}\mathrm{d}w \tag{5-44}$$

其边界条件为：

$$\begin{cases} w\big|_{r=\overline{r_1}} = w_s \\ w\big|_{r=r_s} = w_c \end{cases} \tag{5-45}$$

式中，w_s 和 w_c 分别为钢管和混凝土的轴向平均位移；$\overline{r_1}$ 为 w_s 对应的径向坐标。

对式(5-44)两边积分：

$$\int_{\overline{r_1}}^{r_s} \frac{r_s(r^2 - r_v^2)}{r(r_s^2 - r_v^2)}\tau_s \mathrm{d}r = \int_{w_s}^{w_c} \frac{E_s}{2(1+\nu_s)}\mathrm{d}w \tag{5-46}$$

解得：

$$\tau_s = \frac{E_s(r_s^2 - r_v^2)(w_c - w_s)}{r_s(1+\nu_s)\left[(r_s^2 - \overline{r_1}^2) - 2r_v^2(\ln r_s - \ln \overline{r_1})\right]} \tag{5-47}$$

将式(5-47)代入式(5-41)可得：

$$\frac{\mathrm{d}\sigma_{sz}}{\mathrm{d}z} + \frac{2E_s(w_c - w_s)}{(1+\nu_s)\left[(r_s^2 - \overline{r_1}^2) - 2r_v^2(\ln r_s - \ln \overline{r_1})\right]} = 0 \tag{5-48}$$

如图5-14所示，对FRP管有：

$$\frac{\mathrm{d}\sigma_{fz}}{\mathrm{d}z} + \frac{2\tau_2 r}{r_f^2 - r^2} = 0 \tag{5-49}$$

式中，τ_2 为径向坐标 r 处FRP管的剪切应力。

当 $r = r_c$ 时，$\tau_2 = \tau_f$，τ_f 为FRP管与混凝土之间的剪切应力，于是：

$$\frac{\mathrm{d}\sigma_{fz}}{\mathrm{d}z} + \frac{2\tau_f r_c}{r_f^2 - r_c^2} = 0 \tag{5-50}$$

由式(5-49)和式(5-50)可得：

$$\tau_2 = \frac{r_c(r_f^2 - r^2)}{r(r_f^2 - r_c^2)}\tau_f \tag{5-51}$$

根据胡克定律有：

$$\tau_2 = G_{fz}\frac{\mathrm{d}w}{\mathrm{d}r} \tag{5-52}$$

式中，G_{fz} 为FRP管轴向的剪切弹性模量。

由式(5-51)和式(5-52)可得：

$$\frac{r_c(r_f^2-r^2)}{r(r_f^2-r_c^2)}\tau_f\mathrm{d}r=G_{fz}\mathrm{d}w \tag{5-53}$$

其边界条件为：

$$\begin{cases}w|_{r=\overline{r_2}}=w_f\\ w|_{r=r_c}=w_c\end{cases} \tag{5-54}$$

式中，w_f 为 FRP 管轴向平均位移；$\overline{r_2}$ 为 w_f 对应的径向坐标。

对式(5－53) 两边积分：

$$\int_{r_c}^{\overline{r_2}}\frac{r_c(r_f^2-r^2)}{r(r_f^2-r_c^2)}\tau_f\mathrm{d}r=\int_{w_c}^{w_f}G_{fz}\mathrm{d}w \tag{5-55}$$

解得：

$$\tau_f=\frac{2G_{fz}(r_f^2-r_c^2)(w_f-w_c)}{r_c[2r_f^2(\ln\overline{r_2}-\ln r_c)-(\overline{r_2}^2-r_c^2)]} \tag{5-56}$$

将式(5－56) 代入式(5－50) 可得：

$$\frac{\mathrm{d}\sigma_{fz}}{\mathrm{d}z}+\frac{4G_{fz}(w_f-w_c)}{[2r_f^2(\ln\overline{r_2}-\ln r_c)-(\overline{r_2}^2-r_c^2)]}=0 \tag{5-57}$$

如图 5－14 所示，对混凝土有：

$$\frac{\mathrm{d}\sigma_{cz}}{\mathrm{d}z}-\frac{2\tau_f r_c+2\tau_s r_s}{r_c^2-r_s^2}=0 \tag{5-58}$$

将式(5－47) 和式(5－56) 代入式(5－58) 可得：

$$\frac{\mathrm{d}\sigma_{cz}}{\mathrm{d}z}-\frac{4G_{fz}(r_f^2-r_c^2)(w_f-w_c)}{(r_c^2-r_s^2)[2r_f^2(\ln\overline{r_2}-\ln r_c)-(\overline{r_2}^2-r_c^2)]}-$$

$$\frac{2E_s(r_s^2-r_v^2)(w_c-w_s)}{(1+\nu_s)(r_c^2-r_s^2)[(r_s^2-\overline{r_1}^2)-2r_v^2(\ln r_s-\ln\overline{r_1})]}=0 \tag{5-59}$$

根据胡克定律有：

$$\sigma_{sz}=E_s\frac{\mathrm{d}w_s}{\mathrm{d}z},\sigma_{cz}=E_c\frac{\mathrm{d}w_c}{\mathrm{d}z},\sigma_{fz}=E_{fz}\frac{\mathrm{d}w_f}{\mathrm{d}z} \tag{5-60}$$

将式(5－60) 代入式(5－48)、式(5－57) 和式(5－59)，可得：

$$\begin{cases} \dfrac{d^2 w_s}{dz^2} - D_1 w_s + D_1 w_c = 0 \\ \dfrac{d^2 w_f}{dz^2} + D_2 w_f - D_2 w_c = 0 \\ \dfrac{d^2 w_c}{dz^2} + D_4 w_s + (D_3 - D_4) w_c - D_3 w_f = 0 \end{cases} \tag{5-61}$$

式中，$D_1 = \dfrac{2}{(1+\nu_s)\left[(r_s^2 - \overline{r_1}^2) - 2r_v^2(\ln r_s - \ln \overline{r_1})\right]}$，

$D_2 = \dfrac{4G_{fz}}{E_{fz}\left[2r_f^2(\ln \overline{r_2} - \ln r_c) - (\overline{r_2}^2 - r_c^2)\right]}$，

$D_3 = \dfrac{4G_{fz}(r_f^2 - r_c^2)}{E_c(r_c^2 - r_s^2)\left[2r_f^2(\ln \overline{r_2} - \ln r_c) - (\overline{r_2}^2 - r_c^2)\right]}$，

$D_4 = \dfrac{2E_s(r_s^2 - r_v^2)}{E_c(1+\nu_s)(r_c^2 - r_s^2)\left[(r_s^2 - \overline{r_1}^2) - 2r_v^2(\ln r_s - \ln \overline{r_1})\right]}$。

解方程(5-61)得：

$$w_s = C_1 + C_2 z + C_3 \exp(-Mz) + C_4 \exp(Mz) + C_5 \exp(-Nz) + C_6 \exp(Nz) \tag{5-62a}$$

$$w_f = C_1 + C_2 z + C_3 F_1 \exp(-Mz) + C_4 F_1 \exp(Mz) + C_5 F_2 \exp(-Nz) + C_6 F_2 \exp(Nz) \tag{5-62b}$$

$$w_c = C_1 + C_2 z + C_3 F_3 \exp(-Mz) + C_4 F_3 \exp(Mz) + C_5 F_4 \exp(-Nz) + C_6 F_4 \exp(Nz) \tag{5-62c}$$

式中，C_1、C_2、C_3、C_4、C_5 和 C_6 是待定的系数；$M = \dfrac{\sqrt{I-2J}}{2}$，$N = \dfrac{\sqrt{I+2J}}{2}$，

$I = 2(D_1 - D_2 - D_3 + D_4)$，$J = \sqrt{(I/2)^2 + 4D_1 D_2 + 4D_1 D_3 + 4D_2 D_4}$，

$F_1 = \dfrac{D_1(-D_1 - D_2 - D_3 + D_4 + J)}{2D_4(D_1 + D_2)}$，

$F_2 = \dfrac{D_1(-D_1 - D_2 - D_3 + D_4 - J)}{2D_4(D_1 + D_2)}$，

$F_3 = \dfrac{D_2(-D_1 - D_2 + D_3 - D_4 - J)}{2D_3(D_1 + D_2)}$，

$F_4=\dfrac{D_2(-D_1-D_2+D_3-D_4+J)}{2D_3(D_1+D_2)}$。

令 $w_s=L_s w_z$，$w_c=L_c w_z$，$w_f=L_f w_z$，其中 w_z 为柱顶（$z=h$）处的轴向平均位移。以下根据不同加载方式下的柱端边界条件计算 L_s、L_c 和 L_f。

（Ⅰ）对全截面加载时应满足边界条件：

$$\begin{cases} w_s\big|_{z=0}=w_c\big|_{z=0}=w_f\big|_{z=0}=0 \\ w_s\big|_{z=h}=w_c\big|_{z=h}=w_f\big|_{z=h}=w_z \end{cases} \tag{5-63}$$

将式（5－62）代入式（5－63）可得：

$$L_s=L_c=L_f=\frac{z}{h} \tag{5-64}$$

（Ⅱ）只对混凝土和钢管加载时应满足边界条件：

$$\begin{cases} w_s\big|_{z=0}=w_c\big|_{z=0}=w_f\big|_{z=0}=0 \\ w_s\big|_{z=h}=w_c\big|_{z=h}=w_z \\ \sigma_{fz}\big|_{z=h}=0 \end{cases} \tag{5-65}$$

将式（5－62）代入式（5－65）可得：

$$L_s=L_c=\frac{z}{h} \tag{5-66a}$$

$$L_f=\frac{F_2(F_3-1)\sinh(Mh)\left[Nz\cosh(Nh)-\sinh(Nz)\right]+F_1(1-F_4)\sinh(Nh)\left[Mz\cosh(Mh)-\sinh(Mz)\right]}{NhF_2(F_3-1)\sinh(Mh)\cosh(Nh)+(F_4-F_3)\sinh(Mh)\sinh(Nh)+MhF_1(1-F_4)\cosh(Mh)\sinh(Nh)} \tag{5-66b}$$

（Ⅲ）只对混凝土和 FRP 管加载时应满足边界条件：

$$\begin{cases} w_s\big|_{z=0}=w_c\big|_{z=0}=w_f\big|_{z=0}=0 \\ w_c\big|_{z=h}=w_f\big|_{z=h}=w_z \\ \sigma_{sz}\big|_{z=h}=0 \end{cases} \tag{5-67}$$

将式（5－62）代入式（5－67）可得：

$$L_c=L_f=\frac{z}{h} \tag{5-68a}$$

$$L_s = \frac{(F_3-F_1)\sinh(Mh)[Nz\cosh(Nh)-\sinh(Nz)]+(F_2-F_4)\sinh(Nh)[Mz\cosh(Mh)-\sinh(Mz)]}{Nh(F_3-F_1)\sinh(Mh)\cosh(Nh)+(F_1F_4-F_2F_3)\sinh(Mh)\sinh(Nh)+Mh(F_2-F_4)\cosh(Mh)\sinh(Nh)} \tag{5-68b}$$

（Ⅳ）只对混凝土加载时应满足边界条件：

$$\begin{cases} w_s|_{z=0}=w_c|_{z=0}=w_f|_{z=0}=0 \\ w_c|_{z=h}=w_z \\ \sigma_{sz}|_{z=h}=\sigma_{fz}|_{z=h}=0 \end{cases} \tag{5-69}$$

将式(5-62)代入式(5-69)可得：

$$L_c=\frac{z}{h} \tag{5-70a}$$

$$L_s = \frac{N(F_2-1)\sinh(Mz)\cosh(Nh)+MNz(F_1-F_2)\cosh(Mh)\cosh(Nh)+M(1-F_1)\cosh(Mh)\sinh(Nz)}{NF_3(F_2-1)\sinh(Mh)\cosh(Nh)+MNh(F_1-F_2)\cosh(Mh)\cosh(Nh)+MF_4(1-F_1)\cosh(Mh)\sinh(Nh)} \tag{5-70b}$$

$$L_f = \frac{NF_1(F_2-1)\sinh(Mz)\cosh(Nh)+MNz(F_1-F_2)\cosh(Mh)\cosh(Nh)+MF_2(1-F_1)\cosh(Mh)\sinh(Nz)}{NF_3(F_2-1)\sinh(Mh)\cosh(Nh)+MNh(F_1-F_2)\cosh(Mh)\cosh(Nh)+MF_4(1-F_1)\cosh(Mh)\sinh(Nh)} \tag{5-70c}$$

在5.2节中已给出了对全截面加载时FRP与钢双管约束混凝土应力-应变关系的理论分析。当只对混凝土和钢管加载、只对混凝土和FRP管加载和只对混凝土加载时，与对全截面加载时的分析过程相同，区别在于FRP管、混凝土和钢管的轴向压应变 ε_{fz}、ε_{cz} 和 ε_{sz} 可能不再相等，但三者均与柱截面轴向压应变 ε_z 有关系。为了统一形式，柱截面轴向压应变 ε_z 可写为：

$$\varepsilon_z=\frac{w_z}{h} \tag{5-71}$$

相应地，FRP管、混凝土和钢管轴向压应变 ε_{fz}、ε_{cz} 和 ε_{sz} 应分别写为：

$$\varepsilon_{fz}=\frac{\mathrm{d}w_f}{\mathrm{d}z}=\frac{\mathrm{d}L_f}{\mathrm{d}z}h\varepsilon_z,\ \varepsilon_{cz}=\frac{\mathrm{d}w_c}{\mathrm{d}z}=\frac{\mathrm{d}L_c}{\mathrm{d}z}h\varepsilon_z,\ \varepsilon_{sz}=\frac{\mathrm{d}w_s}{\mathrm{d}z}=\frac{\mathrm{d}L_s}{\mathrm{d}z}h\varepsilon_z \tag{5-72}$$

式(5－14)中的 B_1 和 B_2 应分别写为：

$$B_1=\left(\nu_c\frac{\mathrm{d}L_c}{\mathrm{d}z}-\nu_{fz}\frac{\mathrm{d}L_f}{\mathrm{d}z}\right)hr_c,B_2=\left(\nu_s\frac{\mathrm{d}L_s}{\mathrm{d}z}-\nu_c\frac{\mathrm{d}L_c}{\mathrm{d}z}\right)hr_s \tag{5-73}$$

式(5－25)应写为：

$$\sigma_{sz}=\frac{\mathrm{d}L_s}{\mathrm{d}z}hE_s\varepsilon_z+\frac{\nu_s q_s(r_s+r_v)}{2t_s} \tag{5-74}$$

式(5－29)应写为：

$$\sigma_{fz}=\frac{\mathrm{d}L_f}{\mathrm{d}z}hE_{fz}\varepsilon_z-\frac{\nu_{fh}E_{fz}q_f(r_f+r_c)}{2t_fE_{fh}} \tag{5-75}$$

5.4.2 算例分析

下面将通过一个算例来分析不同加载方式对轴压下 FRP-混凝土-钢混合双管柱轴压性能的影响,并利用前面提出的数值模型进行验证。用于分析的试件的基本参数包括:柱高 h 为 440mm;FRP 管采用 GFRP 管;GFRP 管厚度 t_f 为 3.5mm,GFRP 管内半径 r_c 为 106mm,钢管外半径 r_s 为 53mm,钢管厚度 t_s 为 3mm;钢管屈服强度为 235MPa,弹性模量 E_{se} 为 206GPa;混凝土抗压强度为 40MPa;GFRP 管轴向抗拉强度、弹性模量、剪切模量和泊松比分别为 220MPa、18GPa、8.18GPa 和 0.12,环向抗拉强度、弹性模量和泊松比分别为 440MPa、27GPa 和 0.3。对前文分析中的 $\bar{r}_1$ 和 $\bar{r}_2$ 在算例分析时分别取 $\bar{r}_1=r_s/2$,$\bar{r}_2=r_f/2$。计算程序仍按照图 5－4 所示进行。

图 5－15 所示为根据本节和 5.2 节理论分析计算得到的 FRP 与钢双管约束混凝土应力-应变关系曲线与利用 5.3 节数值模型计算得到的曲线的对比,为了便于比较,图 5－15(a)和(b)的右图给出了左图的局部放大图。表 5－3列出了理论分析计算结果与数值模型计算结果的对比。

从图 5－15 和表 5－3 中可以看出:

(1)理论计算曲线与数值计算曲线基本吻合,理论计算强度值与数值计算强度值的误差均在 2.28%之内,说明本节对不同加载方式下轴压性能的理论分析是合理的,对分析中的 $\bar{r}_1$ 和 $\bar{r}_2$ 在算例分析时的取值($\bar{r}_1=r_s/2$,$\bar{r}_2=r_f/2$)也是可行的。

(2)比较四种不同的加载方式,对全截面加载与只对混凝土和 FRP 管加

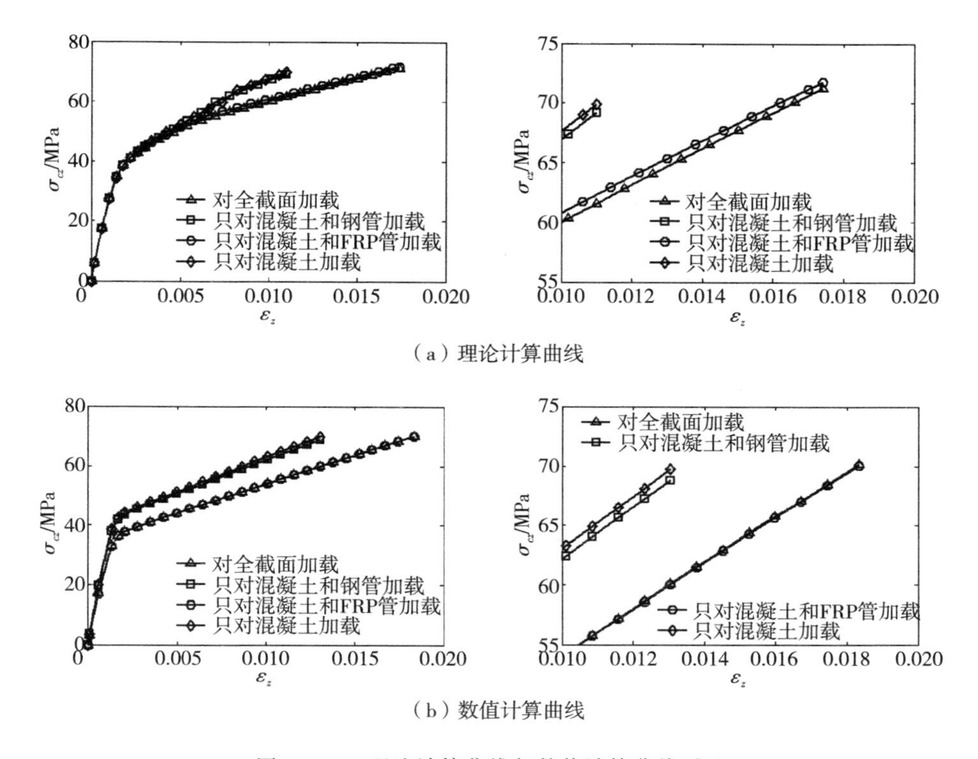

（a）理论计算曲线

（b）数值计算曲线

图 5-15 理论计算曲线与数值计算曲线对比

载时，FRP 与钢双管约束混凝土应力-应变关系曲线相似；只对混凝土和钢管加载与只对混凝土加载时，FRP 与钢双管约束混凝土应力-应变关系曲线相似。这说明是否对 FRP 管加载对 FRP-混凝土-钢混合双管柱轴压性能的影响很大。

（3）比较四种不同的加载方式，对全截面加载与只对混凝土和 FRP 管加载时核心混凝土的延性比只对混凝土和钢管加载与只对混凝土加载时更好。这可能是因为对全截面加载与只对混凝土和 FRP 管加载时 FRP 管早期受到的轴向压力比只对混凝土和钢管加载与只对混凝土加载时大，增大了 FRP 管向外膨胀的程度，从而延缓了 FRP 管对混凝土环向约束作用的发挥造成的。这一点从图 5-15(b)中也可以看出，当数值计算曲线从弹性段进入塑性段时，对全截面加载与只对混凝土和 FRP 管加载时的转折点应力要比只对混凝土和钢管加载与只对混凝土加载时低。

（4）比较四种不同的加载方式，对全截面加载与只对混凝土和 FRP 管加载时核心混凝土的强度比只对混凝土和钢管加载与只对混凝土加载时稍大。这可能是由于对全截面加载与只对混凝土和 FRP 管加载时 FRP 管早期的变形比只对混凝土和钢管加载与只对混凝土加载时更充分,使 FRP 管对混凝土后期的环向约束作用更加有效造成的。

表 5-3 理论计算结果与数值计算结果对比

加载方式	极限应变		强度/MPa		强度误差①/%
	理论	数值	理论	数值	
对全截面加载	0.0174	0.0183	71.2	70.2	1.42
只对混凝土和钢管加载	0.0110	0.0130	69.2	68.8	0.58
只对混凝土和 FRP 管加载	0.0174	0.0183	71.7	70.1	2.28
只对混凝土加载	0.0110	0.0130	69.9	69.8	0.14

注:①误差(%)=100×(理论计算值-数值试验值)/数值试验值。

综上所述,是否对 FRP 管加载是影响 FRP-混凝土-钢混合双管柱轴压性能的关键因素。建议在实际工程应用时,应优先选择对全截面加载或只对混凝土和 FRP 管加载。当工程中造成只能对混凝土和钢管加载或只能对混凝土加载时,可对 FRP 管额外施加单独的轴向作用力,以减少只对混凝土和钢管加载与只对混凝土加载时产生的延性较差等不利影响。

5.5 本章小结

本章完成的工作和得到的主要结论如下:

(1)在平面应变条件下,对 FRP-混凝土-钢混合双管柱进行了力学分析,考虑了混凝土和钢管的弹塑性,通过钢管和 FRP 管有无达到极限状态判断试件是否破坏,提出了 FRP 与钢双管约束混凝土应力-应变关系理论模型。理论计算曲线与试验曲线吻合较好。

(2)基于理论模型的参数分析表明 FRP 管类型、空心率和混凝土强度对 FRP 与钢双管约束混凝土应力-应变关系有影响,钢管径厚比和钢管强度几乎没有影响。

(3)提出了可以模拟 FRP -混凝土-钢混合双管柱轴压力学过程的非线性有限元分析模型,数值计算结果与试验结果的较好吻合证明了本书数值模型的可行性。

(4)对数值计算结果的分析得出 FRP -混凝土-钢混合双管短柱存在三种破坏类型,并定义了确定破坏类型的破坏指数;FRP 管和钢管对混凝土的约束作用受 FRP 管是否承受轴向应力影响,且反映了试件的破坏类型;给出了 FRP 与钢双管约束混凝土的强度和极限应变模型。

(5)从理论和数值模拟两方面分析了加载方式对 FRP -混凝土-钢混合双管柱轴压性能的影响,研究表明是否对 FRP 管加载是影响 FRP -混凝土-钢混合双管柱轴压性能的关键因素。建议在实际工程应用时,应优先选择对全截面加载或只对混凝土和 FRP 管加载。

第六章 结论与展望

6.1 主要工作及结论

本书对 FRP 约束混凝土柱受压性能的若干问题进行了研究，包括对 FRP 约束混凝土柱轴压性能的研究，对 FRP 约束钢筋混凝土柱偏压性能的研究以及对 FRP-混凝土-钢混合双管柱轴压性能的研究。主要完成的工作如下：

(1)在理论分析和回归分析的基础上提出了 FRP 约束混凝土柱应力-应变关系统一计算模型，既可用于预测圆形和矩形截面的应力-应变关系，也可用于预测有强化段时和有软化段时的应力-应变关系。在提出的应力-应变关系模型的基础上，提出了判别 FRP 对混凝土强弱约束的新模型。

(2)建立了用于模拟 FRP 约束混凝土柱轴压过程的数值计算模型，其中对 FRP 采用分层壳体模拟，对混凝土根据强弱约束分别选取不同的应力-应变关系模型，并且对数值计算结果进行了适当的分析。

(3)对已有的 FRP 约束混凝土柱强度和极限应变模型进行了收集，分别就圆形截面强约束试件、圆形截面弱约束试件、矩形截面强约束试件和矩形截面弱约束试件对已有模型进行了评估。

(4)基于新的模型建立理念，在预测较准确的 Campione 强度模型和 De Lorenzis 极限应变模型的基础上，提出了预测更为准确、形式统一且计算简便的强度和极限应变模型。

(5)建立了用于模拟 FRP 约束钢筋混凝土柱偏压过程的数值计算模型，其中针对 FRP 约束钢筋混凝土柱的特点，对通常的钢筋整体式法进行了改进，并对数值计算结果进行了适当的分析。在数值模型的基础上，对偏压下FRP约束钢筋混凝土柱开展了大量的数值试验研究，研究参数包括截面偏心率以及试件长细比。

(6)在数值模拟研究的基础上，提出了计算偏压下FRP约束钢筋混凝土柱承载力的计算模型，包括分析模型和设计模型。在设计模型基础上，提出了偏压下FRP约束钢筋混凝土柱承载力-弯矩关系的简化计算模型，并对承载力-弯矩关系进行了参数分析。

(7)在平面应变条件下，建立了FRP与钢双管约束混凝土应力-应变关系的理论分析模型，并基于理论模型开展了应力-应变关系的参数分析。

(8)提出了用于模拟FRP-混凝土-钢混合双管柱轴压过程的数值计算模型，其中针对FRP管不同的制作方式建议选取不同的单元模拟FRP管，并且对数值计算结果进行了适当的分析。

(9)对不同加载方式下FRP-混凝土-钢混合双管柱的轴压性能进行了理论分析，通过算例采用提出的数值计算模型对理论分析结果进行了验证。

以上研究得到的主要结论如下：

(1)与试验曲线的对比表明，本书建立的FRP约束混凝土柱应力-应变关系统一计算模型能够反映FRP约束混凝土柱在不同参数下的反应规律，且计算简便，能够满足计算的精度要求。提出的强弱约束判别模型虽然不能对所有试件的强弱约束进行完全正确的判别，但是相对于已有模型，其正确率较高，误判率和未判率均较少，且具有通用性。

(2)与试验结果的对比表明，本书提出的数值计算模型可以较好地模拟FRP约束混凝土柱的轴压力学过程。数值分析结果表明，FRP应变比最大值均位于柱中部和截面中部；FRP对矩形截面混凝土的约束作用主要集中在角部；混凝土裂缝最先产生于柱两端角部靠近FRP处，进而向中部发展。

(3)对已有的强度和极限应变模型的评估结果表明，已有模型对强度的预测要好于对极限应变的预测。已有模型中，Campione模型对圆形截面强约束试件和矩形截面弱约束试件强度的预测较准确；Shehata模型对圆形截面弱约束试件强度的预测较准确；Mirmiran模型对矩形截面强约束试件强度的预测较准确。De Lorenzis模型对圆形截面试件极限应变的预测较准确；已有模型对矩形截面试件极限应变的预测均不准确。

(4)与已有模型的各种评估结果的对比表明,本书建议模型对强度和极限应变的预测均较准确,且计算简便,可供工程应用。

(5)与试验结果的对比表明,本书提出的数值计算模型可以较好地模拟FRP约束钢筋混凝土柱的偏压力学过程。数值分析结果表明,FRP应变比最大值均出现在柱中部;当试件达到其承载力时,沿柱纵向和横向的FRP应变比均未达到1.0;柱截面应变发展基本上满足平截面假定;与偏压下普通钢筋混凝土柱一样,偏压下FRP约束钢筋混凝土柱也存在大小偏心受压情况之分;偏心距和FRP缠绕量对混凝土裂缝的分布有影响;柱长-侧向变形曲线与正弦半波曲线十分接近;当混凝土强度和FRP的约束作用相同时,柱中部受压区混凝土的最大应力基本上不随偏心率的变化而变化,而最大应变却随着偏心率的增大而减小。数值试验结果表明,柱中部受压区混凝土的最大应力和最大应变都与混凝土强度和FRP的约束作用有关,此外最大应变还与试件的偏心率和长细比成反比。在本书提出的强度和极限应变模型的基础上,给出了计算最大应力和最大应变的表达式。

(6)与数值计算结果以及试验结果的对比表明,本书提出的分析模型和设计模型均能够较好地预测偏压下FRP约束钢筋混凝土柱的承载力,本书建议的承载力-弯矩关系简化计算模型能够较好地反映偏压下FRP约束钢筋混凝土柱的承载力P-弯矩M关系。基于承载力-弯矩关系简化计算模型的参数分析表明,FRP类型、FRP缠绕量以及混凝土强度对小偏心受压试件的承载力和弯矩影响较大,对大偏心受压试件影响较小;纤维约束方式、FRP层数、钢筋屈服强度以及截面尺寸变化的长细比对大、小偏心受压试件的承载力和弯矩均有较大影响;试件长度变化的长细比对大、小偏心受压试件的承载力和弯矩的影响不大。

(7)根据本书建立的FRP与钢双管约束混凝土应力-应变关系理论模型计算得到的曲线与试验曲线吻合较好。基于理论模型的参数分析表明,FRP管类型、空心率和混凝土强度对FRP与钢双管约束混凝土应力-应变关系有影响,钢管径厚比和钢管强度则几乎没有影响。

(8)与试验结果的对比表明,本书提出的数值计算模型可以较好地模拟FRP-混凝土-钢混合双管短柱的轴压力学过程。对数值计算结果的分析表明,FRP-混凝土-钢混合双管短柱存在三种破坏类型,并定义了确定破坏类型的破坏指数;FRP 管和钢管对混凝土的约束作用受 FRP 管是否承受轴向应力影响,且反映了试件的破坏类型;给出了 FRP 与钢双管约束混凝土的强度和极限应变模型。

(9)算例分析表明,理论分析得出的不同加载方式对 FRP 与钢双管约束混凝土应力-应变关系的影响与数值计算结果基本一致。研究表明,是否对 FRP 管加载是影响 FRP -混凝土-钢混合双管柱轴压性能的关键因素,建议在实际工程应用时,应优先选择对全截面加载或只对混凝土和 FRP 管加载。

6.2　主要创新点

本书研究中主要的创新点如下:

(1)从理论上推导出了转折点应力、应变的计算式以及极限应变与极限应力的关系式,具有理论意义。

(2)在对轴压下 FRP 约束混凝土柱进行数值模拟时,建议对强弱约束不同试件选取不同的混凝土本构关系模型;在对数值结果分析时,提出了混凝土对 FRP 的约束作用这一新的理念。

(3)在建立强度和极限应变模型时基于的理念是,对具有相当可信度的已有模型进行适当的改进,使其在保持原有方面准确性的基础上提高其在其他方面的准确性或可用于其他方面。

(3)在对偏压下 FRP 约束钢筋混凝土柱进行数值模拟时,考虑到 FRP 对混凝土的约束作用,对通常的钢筋整体式法进行了改进。

(4)数值分析得出柱中部受压区混凝土的最大应力和最大应变都与混凝土强度和 FRP 的约束作用有关,此外最大应变还与试件的偏心率和长细比成反比,并给出了最大应力和最大应变的计算式。

(5)在计算偏压下 FRP 约束钢筋混凝土柱承载力的分析模型和设计模型中,将强弱约束曲线均简化为有强化段的曲线,建立了依据 FRP 约束钢筋混凝土柱自身特性的等效矩形应力图计算方法。

(6)将偏压下 FRP 约束钢筋混凝土柱承载力-弯矩关系曲线简化为五个力学关键点组成的曲线。

(7)推导出了计算 FRP 与钢双管约束混凝土应力-应变关系曲线全过程的理论分析模型。

(8)数值分析得出 FRP -混凝土-钢混合双管短柱存在三种破坏类型,并定义了确定破坏类型的破坏指数;给出了 FRP 与钢双管约束混凝土的强度和极限应变模型。

(9)建立了分析不同加载方式下 FRP -混凝土-钢混合双管柱轴压性能的相关理论。比较不同的加载方式,是否对 FRP 管加载是影响 FRP -混凝土-钢混合双管柱轴压性能的关键因素。

6.3 有待解决的问题

今后的研究工作可以从以下几方面展开:

(1)应对 FRP 管约束混凝土柱的轴压性能进行更为深入的研究。由于目前对 FRP 管约束混凝土柱的研究已有不少,因此今后的研究应关注于对其应力-应变关系统一模型的提出、数值模拟技术的开发以及强度和极限应变模型统一形式的建立等方面。其中,不可忽视的地方是,不同于 FRP 布,FRP 管已能承受部分轴向压力。

(2)从数值和试验研究结果中可以发现,不论是承受轴压还是偏压,FRP 约束混凝土柱的破坏主要是由柱中部的 FRP 断裂引起的。基于此,本书作者在文献[148]中提出,应开展混合 FRP 约束混凝土柱研究。其依据在于,对常用的 FRP 材料 CFRP 和 GFRP 来说,从力学性能上看,CFRP 弹性模量更大,CFRP 约束混凝土柱承载力更高,GFRP 弹性模量较小,但 GFRP 约束混凝土柱延性更好;从使用费用上看,CFRP 较贵,GFRP 更便宜。因此,将 CFRP 和 GFRP 合理组合混合使用,既可发挥两者力学性能的优势,又可节约费用。就 FRP 约束混凝土柱来说,其力学性能主要取决于柱中部 FRP 对混凝土的约束效果,因此可在柱中部根据实际工程需求采用 CFRP 和 GFRP 混合加固,在其他部位采用性能一般且价格便宜的 GFRP 缠绕。目前这只是初步的设想,具体效果如何还有待于开展相关的试验研究进行论证。

(3)本书对 FRP 约束钢筋混凝土柱偏压性能研究的试件均属于小尺寸

试件(截面宽度不超过250mm,试件长度不超过1500mm),进一步的工作应对更大尺寸试件的偏压性能进行研究。

(4)如第一章中图1-4所示,FRP-混凝土-钢混合双管柱除了本书研究的内外管均为圆形这一截面形式外,还有内管为圆形、外管为矩形,内外管均为矩形以及内管偏置等截面形式,对它们的试验研究、理论研究以及数值模拟研究也是今后一个很好的研究方向。

附 录

附录 A FRP 约束混凝土柱轴压试验资料

数据来源文献	试件名称	几何特性			FRP					混凝土		强度 f_{cc} /MPa	极限应力 f_{cu} /MPa	极限应变 ε_{cu} /$\mu\varepsilon$	强弱约束
		构件长度 L /mm	截面直径(宽度) $d(b)$ /mm	拐角半径 r /mm	类型	单层厚度 t_f /mm	层数 n	弹性模量 E_f /GPa	抗拉强度 f_f /MPa	抗压强度 f'_c /MPa	峰值应变 ε'_c /$\mu\varepsilon$				
[13]	S - r5	500	150	5	CFRP	1.2	1	75.1	935	28.7	2000	41.2	35.2	4091	弱
[13]	S - r25 - 1	500	150	25	CFRP	1.2	1	75.1	935	31.8	2000	48.3	48.3	6949	强
[13]	S - r25 - 2	500	150	25	CFRP	1.2	1	75.1	935	28.5	2000	45.6	45.6	6949	强
[13]	S - r38 - 1	500	150	38	CFRP	1.2	1	75.1	935	27.7	2000	57	57	7907	强
[13]	S - r38 - 2	500	150	38	CFRP	1.2	1	75.1	935	30.3	2000	55	55	7907	强
[13]	S - r50 - 1	500	150	50	CFRP	1.2	1	75.1	935	26.7	2000	61.7	61.7	11147	强
[13]	S - r50 - 2	500	150	50	CFRP	1.2	1	75.1	935	28.3	2000	63.7	63.7	11147	强
[13]	CYL - 1	500	150	75	CFRP	1.2	1	75.1	935	32.4	2000	83.2	83.2	9699	强
[13]	CYL - 2	500	150	75	CFRP	1.2	1	75.1	935	36.2	2000	85	85	9699	强

（续表）

数据来源文献	试件名称	几何特性			FRP					混凝土		强度 f_{cc} /MPa	极限应力 f_{cu} /MPa	极限应变 ε_{cu} /με	强弱约束
		构件长度 L /mm	截面直径（宽度）$d(b)$ /mm	拐角半径 r /mm	类型	单层厚度 t_f /mm	层数 n	弹性模量 E_f /GPa	抗拉强度 f_f /MPa	抗压强度 f_c' /MPa	峰值应变 ε_c' /με				
[17]	C－1	305	152	76	CFRP	0.3	1	25	350	32.1	2800	32.9	32	6000	弱
[17]	C－2	305	152	76	CFRP	0.3	2	25	350	32.1	2800	35.8	35.8	8600	强
[17]	C－3	305	152	76	CFRP	0.3	3	25	350	32.1	2800	52.2	52.2	13800	强
[17]	G－1	305	152	76	GFRP	0.3	1	10.3	154	32.1	2800	36.8	23.3	4400	弱
[17]	G－2	305	152	76	GFRP	0.3	2	10.3	154	32.1	2800	36.6	27.2	4000	弱
[17]	G－3	305	152	76	GFRP	0.3	3	10.3	154	32.1	2800	36.6	32.9	5000	弱
[17]	G－6	305	152	76	GFRP	0.3	6	10.3	154	32.1	2800	37.6	37.6	5700	强
[17]	G－9	305	152	76	GFRP	0.3	9	10.3	154	32.1	2800	46.7	46.7	6800	强
[17]	G－12	305	152	76	GFRP	0.3	12	10.3	154	32.1	2800	50.2	50.2	8200	强
[17]	G－15	305	152	76	GFRP	0.3	15	10.3	154	32.1	2800	60	60	8700	强
[18]	C1－1	305	152	76	CFRP	0.17	1	259	4239	35.9	2030	50.4	50.4	12730	强
[18]	C1－2	305	152	76	CFRP	0.17	1	259	4239	35.9	2030	47.2	47.2	11060	强

（续表）

数据来源文献	试件名称	几何特性			FRP					混凝土		强度 f_{cc} /MPa	极限应力 f_{cu} /MPa	极限应变 ε_{cu} /με	强弱约束
		构件长度 L /mm	截面直径（宽度）$d(b)$ /mm	拐角半径 r /mm	类型	单层厚度 t_f /mm	层数 n	弹性模量 E_f /GPa	抗拉强度 f_f /MPa	抗压强度 f_c' /MPa	峰值应变 ε_c' /με				
[18]	C1－3	305	152	76	CFRP	0.17	1	259	4239	35.9	2030	53.2	53.2	12920	强
[18]	C2－1	305	152	76	CFRP	0.17	2	259	4239	35.9	2030	68.7	68.7	16830	强
[18]	C2－2	305	152	76	CFRP	0.17	2	259	4239	35.9	2030	69.9	69.9	19620	强
[18]	C2－3	305	152	76	CFRP	0.17	2	259	4239	35.9	2030	71.6	71.6	18500	强
[18]	C3－1	305	152	76	CFRP	0.17	3	259	4239	34.3	1880	82.6	82.6	20460	强
[18]	C3－2	305	152	76	CFRP	0.17	3	259	4239	34.3	1880	90.4	90.4	24130	强
[18]	C3－3	305	152	76	CFRP	0.17	3	259	4239	34.3	1880	97.3	97.3	25160	强
[18]	G1－2	305	152	76	GFRP	1.27	1	22.5	490	38.5	2230	51.9	51.9	12880	强
[18]	G1－3	305	152	76	GFRP	1.27	1	22.5	490	38.5	2230	58.3	58.3	16280	强
[18]	G2－2	305	152	76	GFRP	1.27	2	22.5	490	38.5	2230	77.3	77.3	15830	强
[18]	G2－3	305	152	76	GFRP	1.27	2	22.5	490	38.5	2230	75.2	75.2	16400	强
[20]	C1－25－1	320	160	80	CFRP	0.17	1	230	3200	25	2330	42.8	42.8	16330	强

（续表）

数据来源文献	试件名称	几何特性			FRP					混凝土		强度 f_{cc} /MPa	极限应力 f_{cu} /MPa	极限应变 ε_{cu} /$\mu\varepsilon$	强弱约束
		构件长度 L /mm	截面直径（宽度）$d(b)$ /mm	拐角半径 r /mm	类型	单层厚度 t_f /mm	层数 n	弹性模量 E_f /GPa	抗拉强度 f_f /MPa	抗压强度 f_c' /MPa	峰值应变 ε_c' /$\mu\varepsilon$				
[20]	C1－25－2	320	160	80	CFRP	0.17	1	230	3200	25	2330	37.8	37.8	9320	强
[20]	C1－25－3	320	160	80	CFRP	0.17	1	230	3200	25	2330	45.8	45.8	16740	强
[20]	C2－25－1	320	160	80	CFRP	0.17	2	230	3200	25	2330	56.7	56.7	17250	强
[20]	C2－25－2	320	160	80	CFRP	0.17	2	230	3200	25	2330	55.2	55.2	15770	强
[20]	C2－25－3	320	160	80	CFRP	0.17	2	230	3200	25	2330	56.1	56.1	16800	强
[20]	GE2－25－1	320	160	80	GFRP	0.17	2	74	2500	25	2330	42.8	42.8	16980	强
[20]	GE2－25－2	320	160	80	GFRP	0.17	2	74	2500	25	2330	42.3	42.3	16870	强
[20]	GE2－25－3	320	160	80	GFRP	0.17	2	74	2500	25	2330	43.1	43.1	17110	强
[20]	C1－40－1	320	160	80	CFRP	0.11	1	230	3200	40.1	2000	49.8	49.8	5540	强
[20]	C1－40－2	320	160	80	CFRP	0.11	1	230	3200	40.1	2000	50.8	50.8	6630	强
[20]	C1－40－3	320	160	80	CFRP	0.11	1	230	3200	40.1	2000	48.8	48.8	6080	强
[20]	C1.5－40－1	320	160	80	CFRP	0.11	1.5	230	3200	40.1	2000	53.7	53.7	6600	强

（续表）

数据来源文献	试件名称	几何特性			FRP					混凝土		强度 f_{cc} /MPa	极限应力 f_{cu} /MPa	极限应变 ε_{cu} /$\mu\varepsilon$	强弱约束
		构件长度 L /mm	截面直径（宽度）$d(b)$ /mm	拐角半径 r /mm	类型	单层厚度 t_f /mm	层数 n	弹性模量 E_f /GPa	抗拉强度 f_f /MPa	抗压强度 f_c' /MPa	峰值应变 ε_c' /$\mu\varepsilon$				
[20]	C1.5－40－2	320	160	80	CFRP	0.11	1.5	230	3200	40.1	2000	54.7	54.7	6190	强
[20]	C1.5－40－3	320	160	80	CFRP	0.11	1.5	230	3200	40.1	2000	51.8	51.8	6390	强
[20]	C2－40－1	320	160	80	CFRP	0.11	2	230	3200	40.1	2000	59.7	59.7	5990	强
[20]	C2－40－2	320	160	80	CFRP	0.11	2	230	3200	40.1	2000	60.7	60.7	6930	强
[20]	C2－40－3	320	160	80	CFRP	0.11	2	230	3200	40.1	2000	60.2	60.2	7300	强
[20]	C4－40－1	320	160	80	CFRP	0.11	4	230	3200	40.1	2000	91.6	91.6	14430	强
[20]	C4－40－2	320	160	80	CFRP	0.11	4	230	3200	40.1	2000	89.6	89.6	13640	强
[20]	C4－40－3	320	160	80	CFRP	0.11	4	230	3200	40.1	2000	86.6	86.6	11660	强
[20]	C9－40－1	320	160	80	CFRP	0.11	9	230	3200	40.1	2000	142.4	142.4	24610	强
[20]	C9－40－2	320	160	80	CFRP	0.11	9	230	3200	40.1	2000	140.4	140.4	23890	强
[20]	C12－40－1	320	160	80	CFRP	0.11	12	230	3200	40.1	2000	166.3	166.3	27000	强
[20]	GE2－40－1	320	160	80	GFRP	0.11	2	74	2500	40.1	2000	44.8	44.8	5260	强

（续表）

数据来源文献	试件名称	几何特性			FRP					混凝土		强度 f_{cc} /MPa	极限应力 f_{cu} /MPa	极限应变 ε_{cu} /με	强弱约束
		构件长度 L /mm	截面直径（宽度）$d(b)$ /mm	拐角半径 r /mm	类型	单层厚度 t_f /mm	层数 n	弹性模量 E_f /GPa	抗拉强度 f_f /MPa	抗压强度 f_c' /MPa	峰值应变 ε_c' /με				
[20]	GE2-40-2	320	160	80	GFRP	0.11	2	74	2500	40.1	2000	46.3	46.3	4670	强
[20]	GE2-40-3	320	160	80	GFRP	0.11	2	74	2500	40.1	2000	49.8	49.8	4960	强
[20]	GE3-40-1	320	160	80	GFRP	0.11	3	74	2500	40.1	2000	50.8	50.8	6320	强
[20]	GE3-40-2	320	160	80	GFRP	0.11	3	74	2500	40.1	2000	50.8	50.8	5820	强
[20]	GE3-40-3	320	160	80	GFRP	0.11	3	74	2500	40.1	2000	51.8	51.8	6350	强
[20]	GE5-40-1	320	160	80	GFRP	0.11	5	74	2500	40.1	2000	66.7	66.7	10500	强
[20]	GE5-40-2	320	160	80	GFRP	0.11	5	74	2500	40.1	2000	68.2	68.2	12400	强
[20]	GE5-40-3	320	160	80	GFRP	0.11	5	74	2500	40.1	2000	67.7	67.7	11680	强
[20]	C2-50-1	320	160	80	CFRP	0.17	2	230	3200	52	2270	82.6	82.6	8320	强
[20]	C2-50-2	320	160	80	CFRP	0.17	2	230	3200	52	2270	82.8	82.8	6990	强
[20]	C2-50-3	320	160	80	CFRP	0.17	2	230	3200	52	2270	82.3	82.3	7650	强
[20]	C4-50-1	320	160	80	CFRP	0.17	4	230	3200	52	2270	108.1	108.1	11410	强

（续表）

数据来源文献	试件名称	几何特性			FRP					混凝土		强度 f_{cc} /MPa	极限应力 f_{cu} /MPa	极限应变 ε_{cu} /με	强弱约束
		构件长度 L /mm	截面直径（宽度）$d(b)$ /mm	拐角半径 r /mm	类型	单层厚度 t_f /mm	层数 n	弹性模量 E_f /GPa	抗拉强度 f_f /MPa	抗压强度 f_c' /MPa	峰值应变 ε_c' /με				
[20]	C4－50－2	320	160	80	CFRP	0.17	4	230	3200	52	2270	112	112	11240	强
[20]	C4－50－3	320	160	80	CFRP	0.17	4	230	3200	52	2270	107.9	107.9	11210	强
[20]	GE3－50－1	320	160	80	GFRP	0.17	3	74	2500	52	2270	64.7	64.7	5290	强
[20]	GE3－50－2	320	160	80	GFRP	0.17	3	74	2500	52	2270	75.1	75.1	11320	强
[23]	CⅠ－M1	305	152	76	CFRP	0.17	1	250	3800	41.1	2560	52.6	52.6	9000	强
[23]	CⅠ－M2	305	152	76	CFRP	0.17	1	250	3800	41.1	2560	57	57	12100	强
[23]	CⅠ－M3	305	152	76	CFRP	0.17	1	250	3800	41.1	2560	55.4	55.4	11100	强
[23]	CⅡ－M1	305	152	76	CFRP	0.17	2	250	3800	38.9	2500	76.8	76.8	19100	强
[23]	CⅡ－M2	305	152	76	CFRP	0.17	2	250	3800	38.9	2500	79.1	79.1	20800	强
[23]	CⅡ－M3	305	152	76	CFRP	0.17	2	250	3800	38.9	2500	65.8	65.8	12500	强
[28]	S5－C3	300	152	5	CFRP	0.3	3	82.7	1265	42	2200	42.4	25.2	6900	弱
[28]	S25－C3－1	300	152	25	CFRP	0.3	3	82.7	1265	42	2200	42.4	41.6	9400	弱

（续表）

数据来源文献	试件名称	几何特性			FRP					混凝土		强度 f_{cc} /MPa	极限应力 f_{cu} /MPa	极限应变 ε_{cu} /με	强弱约束
		构件长度 L /mm	截面直径（宽度）$d(b)$ /mm	拐角半径 r /mm	类型	单层厚度 t_f /mm	层数 n	弹性模量 E_f /GPa	抗拉强度 f_f /MPa	抗压强度 f_c' /MPa	峰值应变 ε_c' /με				
[28]	S25 - C3 - 2	300	152	25	CFRP	0.3	3	82.7	1265	42	2200	43.3	42.4	8900	弱
[28]	S38 - C3 - 1	300	152	38	CFRP	0.3	3	82.7	1265	42	2200	47.5	47.4	10800	弱
[28]	S38 - C3 - 2	300	152	38	CFRP	0.3	3	82.7	1265	42	2200	50.4	49.1	11600	弱
[28]	C100 - C2 - 1	200	100	50	CFRP	0.3	2	82.7	1265	42	2200	73.5	73.5	16000	强
[28]	C100 - C2 - 2	200	100	50	CFRP	0.3	2	82.7	1265	42	2200	73.5	73.5	15700	强
[28]	C100 - C2 - 3	200	100	50	CFRP	0.3	2	82.7	1265	42	2200	67.6	67.6	13500	强
[28]	S5 - C5	300	152	5	CFRP	0.3	5	82.7	1265	43.9	2200	44.3	27.2	10200	弱
[28]	S25 - C4 - 1	300	152	25	CFRP	0.3	4	82.7	1265	43.9	2200	50.9	50.8	13500	弱
[28]	S25 - C5 - 1	300	152	25	CFRP	0.3	5	82.7	1265	43.9	2200	47.9	46.1	9000	弱
[28]	S25 - C4 - 2	300	152	25	CFRP	0.3	4	82.7	1265	35.8	2200	52.3	52.3	20400	强
[28]	S25 - C5 - 2	300	152	25	CFRP	0.3	5	82.7	1265	35.8	2200	57.6	57.6	21200	强
[28]	S38 - C4	300	152	38	CFRP	0.3	4	82.7	1265	35.8	2200	59.4	59.4	19200	强

（续表）

数据来源文献	试件名称	几何特性			FRP					混凝土		强度 f_{cc} /MPa	极限应力 f_{cu} /MPa	极限应变 ε_{cu} /με	强弱约束
		构件长度 L /mm	截面直径（宽度）$d(b)$ /mm	拐角半径 r /mm	类型	单层厚度 t_f /mm	层数 n	弹性模量 E_f /GPa	抗拉强度 f_f /MPa	抗压强度 f_c' /MPa	峰值应变 ε_c' /με				
[28]	S38－C5	300	152	38	CFRP	0.3	5	82.7	1265	35.8	2200	68.7	68.7	23900	强
[28]	R25－C3	300	152	25	CFRP	0.3	3	82.7	1265	42	2200	42.4	29.4	7900	弱
[28]	R38－C3	300	152	38	CFRP	0.3	3	82.7	1265	42	2200	43.7	42	8500	弱
[28]	R5－C5	300	152	5	CFRP	0.3	5	82.7	1265	43.9	2200	44.3	42.1	9800	弱
[28]	R25－C4	300	152	25	CFRP	0.3	4	82.7	1265	43.9	2200	44.3	32	9300	弱
[28]	S5－A3	300	152	5	AFRP	0.42	3	13.6	230	43	2200	50.7	23.7	10600	弱
[28]	S5－A6	300	152	5	AFRP	0.42	6	13.6	230	43	2200	51.6	28.4	14900	弱
[28]	S5－A9	300	152	5	AFRP	0.42	9	13.6	230	43	2200	53.8	34.8	20800	弱
[28]	S5－A12	300	152	5	AFRP	0.42	12	13.6	230	43	2200	54.2	46.9	12400	弱
[28]	S25－A3	300	152	25	AFRP	0.42	3	13.6	230	43	2200	51.2	30.5	7900	弱
[28]	S25－A6	300	152	25	AFRP	0.42	6	13.6	230	43	2200	51.2	44.3	9700	弱
[28]	S25－A9	300	152	25	AFRP	0.42	9	13.6	230	43	2200	53.3	49.9	11000	弱

（续表）

数据来源文献	试件名称	几何特性			FRP					混凝土		强度 f_{cc} /MPa	极限应力 f_{cu} /MPa	极限应变 ε_{cu} /με	强弱约束
		构件长度 L /mm	截面直径（宽度）$d(b)$ /mm	拐角半径 r /mm	类型	单层厚度 t_f /mm	层数 n	弹性模量 E_f /GPa	抗拉强度 f_f /MPa	抗压强度 f_c' /MPa	峰值应变 ε_c' /με				
[28]	S25－A12	300	152	25	AFRP	0.42	12	13.6	230	43	2200	57.2	57.2	12600	强
[28]	S38－A6	300	152	38	AFRP	0.42	6	13.6	230	43	2200	50.7	43.9	9600	弱
[28]	S38－A9	300	152	38	AFRP	0.42	9	13.6	230	43	2200	52.9	52.9	11800	强
[28]	C150－A3	300	150	75	AFRP	0.42	3	13.6	230	43	2200	47.3	43.4	11100	弱
[28]	C150－A6	300	150	75	AFRP	0.42	6	13.6	230	43	2200	58.9	58.9	14700	强
[28]	C150－A9	300	150	75	AFRP	0.42	9	13.6	230	43	2200	71	71	16900	强
[28]	C150－A12	300	150	75	AFRP	0.42	12	13.6	230	43	2200	74.4	74.4	17400	强
[29]	S11－C3	300	152	11	GFRP	0.3	3	10.3	154	31.2	1600	37.4	27.3	630[illegible]	[illegible]
[29]	S25－C3	300	152	25	GFRP	0.3	3	10.3	154	32.4	2700	37.9	27[illegible]	[illegible]	[illegible]
[29]	C152－C3	300	152	76	GFRP	0.3	3	10.3	154	31.8	1900	37[illegible]	[illegible]	[illegible]	[illegible]
[29]	S11－C9	300	152	11	GFRP	0.3	9	10.3	154	31.2	16[illegible]	[illegible]	[illegible]	[illegible]	[illegible]
[29]	S25－C9	300	152	25	GFRP	0.3	9	10.3	154	3[illegible]	[illegible]	[illegible]	[illegible]	[illegible]	[illegible]

数据来源文献	试件名称	几何特性			FRP					混凝土		强度 f_{cc} /MPa	极限应力 f_{cu} /MPa	极限应变 ε_{cu} /με	强弱约束
		构件长度 L /mm	截面直径（宽度）$d(b)$ /mm	拐角半径 r /mm	类型	单层厚度 t_f /mm	层数 n	弹性模量 E_f /GPa	抗拉强度 f_f /MPa	抗压强度 f_c' /MPa	峰值应变 ε_c' /με				
[29]	C152－C9	300	152	76	GFRP	0.3	9	10.3	154	31.8	1900	53.2	53.2	9500	强
[33]	AcL1M(3)	320	200	30	CFRP	0.18	1	240	3720	33	1710	38.4	38.4	4790	强
[33]	AcL3M(3)	320	200	30	CFRP	0.18	3	240	3720	33	1710	45.9	45.9	10080	强
[33]	AcL5M(3)	320	200	30	CFRP	0.18	5	240	3720	33	1710	55.6	55.6	11110	强
[33]	AgL3M(3)	320	200	30	CFRP	0.14	3	65	1820	33	1710	42.6	39	5980	弱
[33]	AgL6M(3)	320	200	30	CFRP	0.14	6	65	1820	33	1710	44.4	44.4	9810	强
[33]	AgL9M(3)	320	200	30	CFRP	0.14	9	65	1820	33	1710	51.9	51.9	11240	强
[36]	C30－r0－1	300	150	0	CFRP	0.17	1	230	3500	31.7	2372	32.2	16.3	14200	弱
[36]	C30－r15－1	300	150	15	CFRP	0.17	1	230	3500	31.9	2372	30.8	27.5	17500	弱
[36]	C30－r30－1	300	150	30	CFRP	0.17	1	230	3500	32.3	2372	39.8	39.8	16900	强
[36]	C30－r45－1	300	150	45	CFRP	0.17	1	230	3500	30.7	2372	40.8	40.8	13900	强
[36]	C30－r60－1	300	150	60	CFRP	0.17	1	230	3500	31.5	2372	50	50	18300	强

（续表）

数据来源文献	试件名称	几何特性			FRP					混凝土		强度 f_{cc} /MPa	极限应力 f_{cu} /MPa	极限应变 ε_{cu} /με	强弱约束
		构件长度 L /mm	截面直径（宽度）$d(b)$ /mm	拐角半径 r /mm	类型	单层厚度 t_f /mm	层数 n	弹性模量 E_f /GPa	抗拉强度 f_f /MPa	抗压强度 f_c' /MPa	峰值应变 ε_c' /με				
[36]	C30－r75－1	300	150	75	CFRP	0.17	1	230	3500	30.9	2372	55.8	55.8	23600	强
[36]	C30－r0－2	300	150	0	CFRP	0.17	2	230	3500	31.7	2372	32.2	18.7	25600	弱
[36]	C30－r15－2	300	150	15	CFRP	0.17	2	230	3500	31.9	2372	42.2	42.2	27200	强
[36]	C30－r30－2	300	150	30	CFRP	0.17	2	230	3500	32.3	2372	56.5	56.5	25600	强
[36]	C30－r45－2	300	150	45	CFRP	0.17	2	230	3500	30.7	2372	69.4	69.4	28500	强
[36]	C30－r60－2	300	150	60	CFRP	0.17	2	230	3500	31.5	2372	78.9	78.9	25500	强
[36]	C30－r75－2	300	150	75	CFRP	0.17	2	230	3500	30.9	2372	84.8	84.8	32300	强
[36]	C50－r0－1	300	150	0	CFRP	0.17	1	230	3500	52.1	2600	53.7	28.5	12900	弱
[36]	C50－r15－1	300	150	15	CFRP	0.17	1	230	3500	54.1	2600	55	35.4	8970	弱
[36]	C50－r30－1	300	150	30	CFRP	0.17	1	230	3500	52	2600	55.9	49.3	6600	弱
[36]	C50－r45－1	300	150	45	CFRP	0.17	1	230	3500	52.7	2600	56.4	54.8	7820	弱
[36]	C50－r60－1	300	150	60	CFRP	0.17	1	230	3500	52.7	2600	62.6	62.6	10100	强

（续表）

数据来源文献	试件名称	几何特性			FRP					混凝土		强度 f_{cc} /MPa	极限应力 f_{cu} /MPa	极限应变 ε_{cu} /με	强弱约束
		构件长度 L /mm	截面直径（宽度）$d(b)$ /mm	拐角半径 r /mm	类型	单层厚度 t_f /mm	层数 n	弹性模量 E_f /GPa	抗拉强度 f_f /MPa	抗压强度 f_c' /MPa	峰值应变 ε_c' /με				
[36]	C50－r75－1	300	150	75	CFRP	0.17	1	230	3500	52.1	2600	67.9	67.9	12200	强
[36]	C50－r0－2	300	150	0	CFRP	0.17	2	230	3500	52.1	2600	55.9	27.1	10100	弱
[36]	C50－r15－2	300	150	15	CFRP	0.17	2	230	3500	54.1	2600	59.4	51.8	18500	弱
[36]	C50－r30－2	300	150	30	CFRP	0.17	2	230	3500	52	2600	63	57.2	8540	弱
[36]	C50－r45－2	300	150	45	CFRP	0.17	2	230	3500	52.7	2600	80.3	80.3	12600	强
[36]	C50－r60－2	300	150	60	CFRP	0.17	2	230	3500	52.7	2600	89.8	89.8	16200	强
[36]	C50－r75－2	300	150	75	CFRP	0.17	2	230	3500	52.1	2600	99.3	99.3	19900	强
[71]	S2	300	150	75	CFRP	0.11	1	230	4232	45.1	2800	46.2	35.3	6900	弱
[71]	S3	300	150	75	CFRP	0.11	1	230	4232	45.1	2800	46.7	39.8	7900	弱
[71]	S4	300	150	75	CFRP	0.11	1	230	4232	45.1	2800	47.8	40	8900	弱
[71]	S5	300	150	75	CFRP	0.11	1	230	4232	45.1	2800	50.5	50.5	10700	强
[71]	S6	300	150	75	CFRP	0.11	2	230	4232	45.1	2800	65	65	16500	强

（续表）

数据来源文献	试件名称	几何特性			FRP					混凝土		强度 f_{cc} /MPa	极限应力 f_{cu} /MPa	极限应变 ε_{cu} /με	强弱约束
		构件长度 L /mm	截面直径（宽度）$d(b)$ /mm	拐角半径 r /mm	类型	单层厚度 t_f /mm	层数 n	弹性模量 E_f /GPa	抗拉强度 f_f /MPa	抗压强度 f_c' /MPa	峰值应变 ε_c' /με				
[71]	S9	300	150	75	DFRP	0.26	1	70	1832	45.1	2800	46.6	24.5	11600	弱
[71]	S10	300	150	75	DFRP	0.26	1	70	1832	45.1	2800	46	32	16400	弱
[71]	S11	300	150	75	DFRP	0.26	1	70	1832	45.1	2800	47.4	34.8	18400	弱
[71]	S12	300	150	75	DFRP	0.26	1	70	1832	45.1	2800	47.3	44.1	23400	弱
[71]	S13	300	150	75	DFRP	0.26	2	70	1832	45.1	2800	65.9	65.9	44000	强
[134]	FCC1A	305	152	76	GFRP	0.17	1	80.1	1826	39.6	2630	41.5	38.8	8250	弱
[134]	FCC1B	305	152	76	GFRP	0.17	1	80.1	1826	39.6	2630	40.8	37.2	9420	弱
[134]	FCC2A	305	152	76	GFRP	0.17	2	80.1	1826	39.6	2630	54.6	54.6	21300	强
[134]	FCC2B	305	152	76	GFRP	0.17	2	80.1	1826	39.6	2630	56.3	56.3	18250	强
[134]	FCC3A	305	152	76	GFRP	0.17	3	80.1	1826	39.6	2630	65.7	65.7	25580	强
[134]	FCC3B	305	152	76	GFRP	0.17	3	80.1	1826	39.6	2630	60.9	60.9	17920	强

附录B FRP约束钢筋混凝土柱偏压试验资料

数据来源文献	试件名称	几何特性						FRP						混凝土	钢筋
		构件长度 L /mm	偏心距 e /mm	截面宽度×高度 $b\times h$ /(mm×mm)	拐角半径 r /mm	保护层厚度 /mm	纵向钢筋直径 /mm	类型	纤维方向	单层厚度 t_f /mm	层数 n	弹性模量 E_f /GPa	抗拉强度 f_f /MPa	抗压强度 f'_c /MPa	屈服强度 f_{sy} /MPa
[100]	BC-2L-E3	3500	75	200×350	25	15	19	CFRP	双向	0.5	2	45	540	25	414
[100]	BC-2L-E6	3500	150	200×350	25	15	19	CFRP	双向	0.5	2	45	540	25	414
[100]	BC-2L-E12	3500	300	200×350	25	15	19	CFRP	双向	0.5	2	45	540	25	414
[100]	BC-2L-E16	3500	400	200×350	25	15	19	CFRP	双向	0.5	2	45	540	25	414
[107]	Z2	1350	35	250×250	20	25	16	CFRP	单向	0.16	1	235	3399	24.4	403.7
[107]	Z3	1350	55	250×250	20	25	16	CFRP	单向	0.16	1	235	3399	24.4	403.7
[107]	Z4	1350	75	250×250	20	25	16	CFRP	单向	0.16	1	235	3399	24.4	403.7
[107]	Z5	1350	115	250×250	20	25	16	CFRP	单向	0.16	1	235	3399	24.4	403.7
[114]	FW-e1	1200	37.5	125×125	10	15	10	CFRP	单向	0.381	1	65.4	894	28.5	550
[114]	FW-e2	1200	54	125×125	10	15	10	CFRP	单向	0.381	1	65.4	894	28.5	550
[114]	FW-e3	1200	71	125×125	10	15	10	CFRP	单向	0.381	1	65.4	894	28.5	550
[114]	FW-e4	1200	107.5	125×125	10	15	10	CFRP	单向	0.381	1	65.4	894	28.5	550
[114]	PW-e1a	1200	37.5	125×125	10	15	10	CFRP	单向	0.381	1	65.4	894	28.5	550
[114]	PW-e2 a	1200	54	125×125	10	15	10	CFRP	单向	0.381	1	65.4	894	28.5	550
[114]	PW-e3 a	1200	71	125×125	10	15	10	CFRP	单向	0.381	1	65.4	894	28.5	550
[114]	PW-e4 a	1200	107.5	125×125	10	15	10	CFRP	单向	0.381	1	65.4	894	28.5	550

注：①采用FRP部分缠绕，FRP宽度为65mm，间距为40mm。

附录C FRP-混凝土-钢混合双管柱轴压试验资料

数据来源文献	试件名称	几何特性					FRP管						钢管			混凝土
		构件长度 L /mm	FRP管厚度 t_f /mm	钢管厚度 t_s /mm	FRP管内半径 /mm	钢管外半径 /mm	类型	环向强度 f_{fh} /MPa	环向弹性模量 E_{fh} /GPa	轴向强度 f_{fz} /MPa	轴向弹性模量 E_{fz} /GPa	屈服强度 f_{sy} /MPa	极限强度 f_{su} /MPa	弹性模量 E_{se} /GPa	抗压强度 f_c' /MPa
[134]	DS1B	305	0.17	3.2	76.25	38.05	GFRP	1825.5	80.1	—	—	352.7	380.4	207.3	39.6
[134]	DS2A	305	0.34	3.2	76.25	38.05	GFRP	1825.5	80.1	—	—	352.7	380.4	207.3	39.6
[136]	SC12	500	2.47	2.5	95	57	GFRP	753	53.6	77.25	18.5	363	453	206	32.49
[136]	SC21	500	2.28	2.67	95	70	GFRP	213	23.8	79.46	17.2	313	391	206	32.49
[137]	D37-C1-Ⅰ	305	0.17	2.1	76.25	44	GFRP	1825.5	80.1	—	—	337.8	387.5	208.9	36.9
[137]	D37-C2-Ⅰ	305	0.34	2.1	76.25	44	GFRP	1825.5	80.1	—	—	337.8	387.5	208.9	36.9

参考文献

[1] Tastani S P, Pantazopoulou S J. Experimental evaluation of FRP jackets in upgrading RC corroded columns with substandard detailing [J]. Engineering Structures, 2004, 26(6): 817 - 829.

[2] Saenz N, Pantelides C P. Short and medium term durability evaluation of FRP-confined circular concrete[J]. Journal of Composites for Construction, ASCE, 2006, 10(3): 244 - 253.

[3] Green M F, Bisby L A, Fam A Z, et al. FRP confined concrete columns: behavior under extreme conditions[J]. Cement and Concrete Composites, 2006, 28(10): 928 - 937.

[4] Belarbi A, Bae S. An experimental study on the effect of environmental exposures and corrosion on RC columns with FRP composite jackets[J]. Composites: Part B, 2007, 38(5/6): 674 - 684.

[5] Tao Z, Han L H. Behavior of fire-exposed concrete-filled steel tubular beam columns repaired with CFRP wraps [J]. Thin-walled Structures, 2007, 45(1): 63 - 76.

[6] Tao Z, Han L H, Wang L L. Compressive and flexural behavior of CFRP-repaired concrete-filled steel tubes after exposure to fire[J]. Journal of Constructional Steel Research, 2007, 63(8): 1116 - 1126.

[7] El Maaddawy T. Behavior of corrosion-damaged RC columns wrapped with FRP under combined flexural and axial loading[J]. Cement and Concrete Composites, 2008, 30(6): 524 - 534.

[8] Tao Z, Han L H, Zhuang J P. Cyclic performance of fire-damaged concrete-filled steel tubular beam-columns repaired with CFRP wraps [J]. Journal of Constructional Steel Research, 2008, 64(1): 37 - 50.

[9] Ji G F, Li G Q, Li X G, et al. Experimental study of FRP tube encased concrete cylinders exposed to fire[J]. Composite Structures, 2008, 85(2): 149 - 154.

[10] Xiao Y, Ma R. Seismic retrofit of RC circular columns using prefabricated composite jacketing [J]. Journal of Structural Engineering, ASCE, 1997, 123(10): 1357 - 1364.

[11] Mortazavi A A, Pilakoutas K, Son K S. RC column strengthening by lateral pre-tensioning of FRP[J]. Construction and Building Materials, 2003, 17(6/7): 491 - 497.

[12] Xiao Y, Wu H. Retrofit of reinforced concrete columns using partially stiffened steel jackets [J]. Journal of Structural Engineering, ASCE, 2003, 129(6): 725 - 732.

[13] Al-Salloum Y A. Influence of edge sharpness on the strength of square concrete columns confined with FRP composite laminates [J]. Composites: Part B, 2007, 38(5/6): 640 - 650.

[14] Wu Y F, Liu T, Wang L. Experimental investigation on seismic retrofitting of square RC columns by carbon FRP sheet confinement combined with transverse short glass FRP bars in bored holes[J]. Journal of Composites for Construction, ASCE, 2008, 12(1): 53 - 60.

[15] Yan Z, Pantelides C P, Reaveley L D. Post-tensioned FRP composite shells for concrete confinement[J]. Journal of Composites for Construction, ASCE, 2007, 11(1): 81 - 90.

[16] Mirmiran A. Concrete composite construction for durability and strength[C]//Proceedings of the Symposium on Extending Lifespan of Structures. San Francisco, 1995: 1155 - 1160.

[17] Harries K A, Kharel G. Experimental investigation of the behavior of variably confined concrete[J]. Cement and Concrete Research, 2003, 33(6): 873 - 880.

[18] Lam L, Teng J G. Ultimate condition of fiber reinforced polymer-confined concrete[J]. Journal of Composites for Construction, ASCE, 2004, 8(6): 539 - 548.

[19] Au C. ,Buyukozturk O. Effect of fiber orientation and ply mix on fiber reinforced polymer-confined concrete[J]. Journal of Composites for Construction,ASCE,2005,9(5):397 - 407.

[20] Berthet J F, Ferrier E, Hamelin P. Compressive behavior of concrete externally confined by composite jackets. Part A: experimental study[J]. Construction and Building Materials,2005,19(3):223 - 232.

[21] Chaallal O, Hassan M, Leblanc M. Circular columns confined with FRP: experimental versus predictions of models and guidelines [J]. Journal of Composites for Construction,ASCE,2006,10(1):4 - 12.

[22] Silva M A G. Rodrigues C C. Size and relative stiffness effects on compressive failure of concrete columns wrapped with glass FRP [J]. Journal of Materials in Civil Engineering,ASCE,2006,18(3):334 - 342.

[23] Lam L,Teng J G,Cheng C H,et al. FRP-confined concrete under axial cyclic compression[J]. Cement and Concrete composites, 2006, 28 (10):949 - 958.

[24] Shao Y, Zhu Z, Mirmiran A. Cyclic modeling of FRP-confined concrete with improved ductility[J]. Cement and Concrete Composite, 2006,28(10):959 - 968.

[25] Li G Q,Maricherla D,Singh K,et al. Effect of fiber orientation on the structural behavior of FRP wrapped concrete cylinders[J]. Composites Structures,2006,74(4):475 - 483.

[26] Eid R, Roy N, Paultre P. Normal-and High-strength concrete circular elements wrapped with FRP composites[J]. Journal of Composites for Construction,ASCE,2009,13(2):113 - 124.

[27] I ssa C A, Chami P, Saad G. Compressive strength of concrete cylinders with variable widths CFRP wraps: experimental study and numerical modeling[J]. Construction and Building Materials,2009,23(6): 2306 - 2318.

[28] Rochette P, Labossière P. Axial testing of rectangular column models confined with composites [J] . Journal of Composites for Construction,ASCE,2000,4(3):129 - 136.

[29] Harries K A,Carey S A. Shape and"gap" effect on the behavior of variably confined concrete[J]. Cement and Concrete Research,2003,33(6):881-890.

[30] Mukherjee A,Boothby T E,Bakis C E,et al. Mechanical behavior of fiber-reinforced polymer-wrapped concrete columns—complicating effects [J]. Journal of Composites for Construction,ASCE,2004,8(2):97-103.

[31] Tastani S P,Pantazopoulou S J,Zdoumba D,et al. Limitations of FRP jacketing in confining old-type reinforced concrete members in axial compression[J]. Journal of Composites for Construction, ASCE, 2006, 10 (1):13-25.

[32] Campione G. Influence of FRP wrapping techniques on the compressive behavior of concrete prisms [J]. Cement and Concrete Composites,2006,28(5):497-505.

[33] Rousakis T C,Karabinis A I,Kiousis P D. FRP-confined concrete members: axial compression experiments and plasticitymodeling [J]. Engineering Structures,2007,29(7):1343-1353.

[34] Kumutha R, Vaidyanathan R, Palanichamy M S. Behavior of reinforced concrete rectangular columns strengthened using GFRP [J]. Cement and Concrete Composite,2007,29(8):609-615.

[35] Ilki A, Peker O, Karamuk E, et al. FRP retrofit of low and medium strength circular and rectangular reinforced concrete columns [J]. Journal of Materials in Civil Engineering,ASCE,2008,20(2):169-188.

[36] Wang L M,Wu Y F. Effect of corner radius on the performance of CFRP-confined square concrete columns: Test [J]. Engineering Structures,2008,30(2):493-505.

[37] Turgay T,Polat Z,Köksal H O,et al. Compressive behavior of large-scale square reinforced concrete columns confined with carbon fiber reinforced polymer jackets[J]. Materials and Design,2010,31(1):357-364.

[38] Teng J G, Lam L. Compressive behavior of carbon fiber reinforced ploymer-confined concrete in elliptical columns[J]. Journal of Structural Engineering,ASCE,2002,128(12):1535-1543.

[39] Karantzikis M, Papanicolaou C G, Antonopoulos C P, et al. Experimental investigation of nonconventional confinement for concrete using FRP[J]. Journal of Composites for Construction, ASCE, 2005, 9(6): 480 - 487.

[40] Prota A, Manfredi G, Cosenza E. Ultimate behavior of axially loaded RC wall-like columns confined with GFRP[J]. Composites: Part B, 2006, 37(7/8): 670 - 678.

[41] Matthys S, Toutanji H, Taerwe L. Stress-strain behavior of large-scale circular columns confined with FRP composites [J]. Journal of Structural Engineering, ASCE, 2006, 132(1): 123 - 133.

[42] Pan J L, Xu T, Hu Z J. Experimental investigation of load carrying capacity of the slender reinforced concrete columns wrapped with FRP[J]. Construction and Building Materials, 2007, 21(11): 1991 - 1996.

[43] Zhu Z, Ahmad I, Mirmiran A. Effect of column parameters on axial compression behavior of concrete-filled FRP tubes [J]. Advanced Structural Engineering, 2005, 8(4): 443 - 449.

[44] Mandal S, Hoskin A, Fam A. Influence of concrete strength on confinement effectiveness of fiber-reinforced polymer circular jackets [J]. ACI Structural Journal, 2005, 102(3): 383 - 392.

[45] Li G Q. Experimental study of FRP confined concrete cylinders [J]. Engineering Structures, 2006, 28(7): 1001 - 1008.

[46] Hong W K, Kim H C. Behavior of concrete columns confined by carbon composite tubes[J]. Canadian Journal of Civil Engineering, 2004, 31(2): 178 - 188.

[47] Fam A, Schnerch D, Rizkalla S. Rectangular filament-wound glass fiber reinforced polymer tubes filled with concrete under flexural and axial loading: experimental investigation [J]. Journal of Composites for Construction, ASCE, 2005, 9(1): 25 - 33.

[48] El Chabib H, Nehdi M, El Naggar M H. Behavior of SCC confined in short GFRP tubes[J]. Cement and Concrete Composites, 2005, 27(1): 55 - 64.

[49] Ozbakkaloglu T, Oehlers D J. Concrete-filled square and

rectangular FRP tubes under axial compression[J]. Journal of Composites for Construction, ASCE, 2008, 12(4): 469 - 477.

[50] Wong Y L, Yu T, Teng J G, et al. Behavior of FRP-confined concrete in annular section columns[J]. Composites: Part B, 2008, 39(3): 451 - 466.

[51] Saadatmanesh H, Ehsani M R, Li M W. Strength and ductility of concrete columns externally reinforced with fiber composite straps[J]. ACI Structural Journal, 1994, 91(4): 434 - 447.

[52] Seible F, Burgueno R, Abdallah M G, et al. Advanced composite carbon shell system for bridge columns under seismic loads [C]// Proceedings of the National Seismic Conference on Bridges and Highways. San Diego, 1995: 10 - 13.

[53] Mander J B, Priestley M J N, Park R. Theoretical stress-strain model for confined concrete[J]. Journal of Structural Engineering, ASCE, 1988, 114(8): 1804 - 1826.

[54] Mirmiran A, Shahawy M, Samaan M, et al. Effect of column parameters on FRP-confinedconcrete [J]. Journal of Composites for Construction, ASCE, 1998, 2(4): 175 - 185.

[55] Samaan M, Mirmiran A, Shahawy M. Model of concrete confined by fiber composites[J]. Journal of Structural Engineering, ASCE, 1998, 124(9): 1025 - 1031.

[56] Spoelstra M R, Monti G. FRP-confined concrete model [J]. Journal of Composites for Construction, ASCE, 1999, 3(3): 143 - 150.

[57] Toutanji H A. Stress-straincharacteristics of concrete column externally confined with advanced fiber composite sheets[J]. ACI Materials Journal, 1999, 96(3): 397 - 404.

[58] Xiao Y, Wu H. Compressive behavior of concrete confined by carbon fiber composite jackets [J]. Journal of Materials in Civil Engineering, ASCE, 2000, 12(2): 139 - 146.

[59] Shehata L A E M, Carneiro L A V, Shehata L C D. Strength of short concrete columns confined with CFRP sheets [J]. Materials and

Structures,2002,35(1):50 - 58.

[60] De Lorenzis L, Tepfers R. Comparative study of models on confinement of concret cylinders with fiber-reinforced polymer composites [J]. Journal of Composites for Construction,ASCE,2003,7(3):219 - 237.

[61] Lam L, Teng J G. Design-oriented stress-strain model for FRP-confined concrete[J]. Construction and Building Materials,2003,17(6/7):471 - 489.

[62] Lam L, Teng J G. Design-oriented stress-strain model for FRP-confined concrete in rectangular columns[J]. Journal of Reinforced Plastics and Composites,2003,22(13):1149 - 1186.

[63] Campione G, Miraglia N. Strength and strain capacities of concrete compression members reinforced with FRP [J]. Cement and Concrete Composites,2003,25(1):31 - 41.

[64] I lki A, Kumbasar N, Koc V. Low strength concrete members externally confined with FRP sheets [J]. Structural Engineering and Mechanics,2004,18(2):167 - 194.

[65] Teng J G, Lam L. Behavior and modeling of fiber reinforced polymer-confined concrete[J]. Journal of Structural Engineering, ASCE, 2004,130(11):1713 - 1723.

[66] 敬登虎,曹双寅. 方形截面混凝土柱 FRP 约束下的轴向应力-应变曲线计算模型[J]. 土木工程学报,2005,38(12):32 - 37.

[67] Wu G, Lü Z T, Wu Z S. Strength and ductility of concrete cylinders confined with FRP composites [J]. Construction and Building Materials,2006,20(3):134 - 148.

[68] Berthet J F, Ferrier E, Hamelin P. Compressive behavior of concrete externally confined by composite jackets. Part B: modeling [J]. Construction and Building Materials,2006,20(5):338 - 347.

[69] Harajli M H. Axial stress-strain relationship for FRP confined circular and rectangular concrete columns [J]. Cement and Concrete Composites,2006,28(10):938 - 948.

[70] 刘明学,钱稼茹. FRP 约束圆柱混凝土受压应力-应变关系模型

[J]. 土木工程学报,2006,39(11):1-6.

[71] 吴刚,吴智深,吕志涛 .FRP约束混凝土圆柱有软化段时的应力-应变关系研究[J]. 土木工程学报,2006,39(11):7-14.

[72] Wu G,Wu Z S,Lü Z T. Design-oriented stress-strain model for concrete prisms confined with FRP composites [J]. Construction and Building Materials,2007,21(5):1107-1121.

[73] Sheikh S A,Li Y. Design of FRP confinement for square concrete columns[J]. Engineering Structures,2007,29(6):1074-1083.

[74] Youssef M N,Feng M Q,Mosallam A S. Stress-strain model for concrete confined by FRP composites[J]. Composites:Part B,2007,38(5/6):614-628.

[75] Pantelides C P, Yan Z. Confinement model of concrete with externally bonded FRP jackets or post-tensioned FRP shells[J]. Journal of Structural Engineering,ASCE,2007,133(9):1288-1296.

[76] Rocca S,Galati N,Nanni A. Review of design guidelines for FRP confinement of reinforced concrete columns of noncircular cross sections [J]. Journal of Composites for Construction,ASCE,2008,12(1):80-92.

[77] Vintzileou E,Panagiotidou E. An empirical model for predicting the mechanical properties of FRP-confined concrete[J]. Construction and Building Materials,2008,22(5):841-854.

[78] 魏洋,吴刚,吴智深,等 .FRP约束混凝土矩形柱有软化段时的应力-应变关系研究[J]. 土木工程学报,2008,41(3):21-28.

[79] Wang Y C, Hsu K. Design of FRP-wrapped reinforced concrete columns for enhancing axial load carrying capacity [J]. Composites Structures,2008,82(1):132-139.

[80] Teng J G,Jiang T,Lam L,et al. Refinement of a design-oriented stress-strain model for FRP-confined concrete[J]. Journal of Composites for Construction,ASCE,2009,13(4):269-278.

[81] Wu Y F, Wang L M. Unified strength model for square and circular concrete columns confined by external jacket [J]. Journal of Structural Engineering,ASCE,2009,135(3):253-261.

[82] Fujikake K, Mindess S, Xu H. Analytical model for concrete confined with fiber reinforced polymer composite[J]. Journal of Composites for Construction, ASCE, 2004, 8(4): 341 - 351.

[83] 陶忠，高献，于清，等. FRP约束混凝土的应力-应变关系[J]. 工程力学，2005，22(4)：187 - 195.

[84] Binici B. An analytical model for stress-strain behavior of confined concrete[J]. Engineering Structures, 2005, 27(7): 1040 - 1051.

[85] Luccioni B M, Rougier V C. A plastic damage approach for confined concrete[J]. Computers and Structures, 2005, 83(27): 2238 - 2256.

[86] Braga F, Gigliotti R, Laterza M. Analytical stress-strain relationship for concrete confined by steel stirrups and/or FRP jackets[J]. Journal of Structural Engineering, ASCE, 2006, 132(9): 1402 - 1416.

[87] Teng J G, Huang Y L, Lam L, et al. Theoretical model for fiber-reinforced polymer-confinedconcrete [J]. Journal of Composites for Construction, ASCE, 2007, 11(2): 201 - 210.

[88] Jiang T, Teng J G. Analysis-oriented stress-strain models for FRP-confined concrete[J]. Engineering Structures, 2007, 29(11): 2968 - 2986.

[89] Binici B, Mosalam K M. Analysis of reinforced concrete columns retrofitted with fiber reinforced polymer lamina[J]. Composites: Part B, 2007, 38(2): 265 - 276.

[90] Saenz N, Pantelides C P. Strain-based confinement model for FRP-confined concrete[J]. Journal of Structural Engineering, ASCE, 2007, 133(6): 825 - 833.

[91] Eid R, Paultre P. Analytical model for FRP-confined circular reinforced concrete columns[J]. Journal of Composites for Construction, ASCE, 2008, 12(5): 541 - 552.

[92] Rousakis T C, Karabinis A I, Kiousis P D, et al. Analytical modeling of plastic behavior of uniformly FRP confined concrete members [J]. Composites: Part B, 2008, 39(7/8): 1104 - 1113.

[93] Lee C S, Hegemier G A. Model of FRP-confined concrete cylinders in axial compression[J]. Journal of Composites for Construction,

ASCE,2009,13(5):442－454.

[94] Turgay T, Köksal H O, Polat Z, et al. Stress-strain model for concrete confined with CFRP jackets[J]. Materials and Design, 2009, 30(8):3243－3251.

[95] Becque J, Patnaik A K, Rizkalla S H. Analytical model for concrete confined with FRP tubes [J]. Journal of Composites for Construction, ASCE, 2003, 7(1):31－38.

[96] 鲁国昌,叶列平,杨才千,等.FRP管约束混凝土的轴压应力-应变关系研究[J]. 工程力学,2006,23(9):98－103.

[97] Albanesi T, Nuti C, Vanzi I. Closed form constitutive relationship for concrete filled FRP tubes under compression[J]. Construction and Building Materials, 2007, 21(2):409－427.

[98] Nanni A, Norris M S. FRP jacketed concrete under flexure and combined flexure-compression[J]. Construction and Building Materials, 1995, 9(5):273－281.

[99] Mirmiran A, Shahawy M, Samaan M. Strength and ductility of hybrid FRP-concrete beam-columns[J]. Journal of Structural Engineering, ASCE, 1999, 125(10):1085－1093.

[100] haallal O, Shahawy M. Performance of fiber-reinforced polymer-wrapped reinforced concrete column under combined axial-flexural loading [J]. ACI Structural Journal, 2000, 97(4):659－668.

[101] Parvin A, Wang W. Behavior of FRP jacketed concrete columns under eccentric loading[J]. Journal of Composites for Construction, ASCE, 2001, 5(3):146－152.

[102] Li J, Hadi M N S. Behavior of externally confined high-strength concrete columns under eccentric loading[J]. Composite Structures, 2003, 62(2):145－153.

[103] 周长东,黄承逵.玻璃纤维聚合物加固砼偏心受压柱力学性能研究[J]. 工程力学,2004,21(5):87－93.

[104] 陶忠,于清,韩林海,等.FRP约束钢筋混凝土圆柱力学性能的试验研究[J]. 建筑结构学报,2004,25(6):75－82.

[105] 陶忠，于清，滕锦光．FRP约束方形截面钢筋混凝土偏压长柱的试验研究[J]. 工业建筑，2005，35(9)：5-7.

[106] 潘景龙，王威，金熙男，等．偏心荷载作用下FRP约束钢筋混凝土短柱的特性研究[J]. 土木工程学报，2005，38(2)：46-50.

[107] 曹双寅，敬登虎，孙宁．碳纤维布约束加固混凝土偏压柱的试验研究与分析[J]. 土木工程学报，2006，39(8)：26-32.

[108] Hadi M N S. Behavior of FRP wrapped normal strength concrete columns under eccentric loading[J]. Composite Structures，2006，72(4)：503-511.

[109] Hadi M N S. Comparative study of eccentrically loaded FRP wrapped columns[J]. Composite Structures，2006，74(2)：127-135.

[110] Lignola G P，Prota A，Manfredi G，et al. Experimental performance of RC hollow columns confined with CFRP[J]. Journal of Composites for Construction，ASCE，2007，11(1)：42-49.

[111] Hadi M N S. Behavior of FRP strengthened concrete columns under eccentric compression loading[J]. Composite Structures，2007，77(1)：92-96.

[112] Hadi M N S. The behavior of FRP wrapped HSC columns under different eccentric loads[J]. Composite Structures，2007，78(4)：560-566.

[113] El Maaddawy T. Post-repair performance of eccentrically loaded RC columns wrapped with CFRP composites[J]. Cement and Concrete Composites，2008，30(9)：822-830.

[114] El Maaddawy T. Strengthening of eccentrically loaded reinforced concrete columns with fiber-reinforced polymer wrapping system：experimental investigation and analytical modeling [J]. Journal of Composites for Construction，ASCE，2009，13(1)：13-24.

[115] Yazici V，Hadi M N S. Axial load-bending moment diagrams of carbon FRP wrapped hollow core reinforced concrete columns[J]. Journal of Composites for Construction，ASCE，2009，13(4)：262-268.

[116] Hadi M N S. Behavior of eccentric loading of FRP confined fiber steel reinforced concrete columns[J]. Construction and Building Materials，2009，23(2)：1102-1108.

[117] Rocca S, Galati N, Nanni A. Interaction diagram methodology for design of FRP-confined reinforced concrete columns[J]. Construction and Building Materials,2009,23(4):1508－1520.

[118] 陆新征,冯鹏,叶列平. FRP布约束混凝土方柱轴心受压性能的有限元分析[J]. 土木工程学报,2003,36(2):46－51.

[119] Malvar L J, Morrill K B, Crawford J E. Numerical modeling of concrete confined by fiber-reinforced composites[J]. Journal of Composites for Construction, ASCE,2004,8(4):315－322.

[120] Montoya E, Vecchio F J, Sheikh S A. Numerical evaluation of the behavior of steel-and FRP-confined concrete columns using compression fieldmodeling[J]. Engineering Structures,2004,26(11):1535－1545.

[121] Parvin A, Jamwal A S. Effect of wrap thickness and ply configuration on composites-confined concrete cylinders[J]. Composites Structures,2005,67(4):437－442.

[122] Parvin A, Jamwal A S. Performance of externally FRP reinforced columns for changes in angle and thickness of the wrap and concrete strength[J]. Composites Structures,2006,73(4):451－457.

[123] Karabinis A I, Rousakis T C, Manolitsi G E. 3D finite-element analysis of substandard RC columns strengthened by fiber-reinforced polymer sheets[J]. Journal of Composites for Construction, ASCE,2008,12(5):531－540.

[124] 黄艳,亓路宽. FRP布约束混凝土圆柱轴心受压性能非线性有限元分析[J]. 中国铁路科学,2008,29(1):46－50.

[125] Doran B. Numerical simulation of conventional RC columns under concentric loading[J]. Materials and Design,2009,30(6):2158－2166.

[126] Doran B, Köksal H O, Turgay T. Nonlinear finite element modeling of rectangular or square concrete columns confined with FRP[J]. Materials and Design,2009,30(8):3066－3075.

[127] Varma R K, Barros J A O, Sena-Cruz J M. Numerical model for CFRP confined concrete elements subject to monotonic and cyclic loadings[J]. Composites: Part B,2009,40(8):766－775.

[128] 王庆利，张永丹，谢广鹏，等．圆截面 CFRP－钢管混凝土柱的偏压试验[J]．沈阳建筑大学学报（自然科学版），2005，21(5)：425－428.

[129] 陶忠，庄金平，于清．FRP 约束钢管混凝土轴压构件力学性能研究[J]．工业建筑，2005，35(9)：20－23.

[130] Li G Q. Experimental study of hybrid composite cylinders [J]. Composite Structures，2007，78(2)：170－181.

[131] 周乐，王连广，李绥．FRP 约束 SRHC 压弯构件正截面承载力计算[J]．东北大学学报（自然科学版），2008，29(3)：408－411.

[132] Teng J G，Ko J M，Chan T H T，et al. Third-generation structures：intelligent high-performance structures for sustainable urban systems[C]. Proceedings of the International Symposium on Diagnosis，Treatment and Regeneration for Sustainable Urban Systems. Japan，2003：41－55.

[133] Teng J G，Yu T，Wong Y L. Behavior of hybrid FRP-concrete-steel double-skin tubular columns[C]. Proceedings of the 2nd International Conference on FRP Composites in Civil Engineering. Adelaide，Australia，2004：811－818.

[134] Teng J G，Yu T，Wong Y L，et al. Hybrid FRP-concrete-steel tubular columns：concept and behavior [J]. Construction and Building Materials，2007，21(4)：846－854.

[135] 钱稼茹，刘明学．FRP－混凝土－钢双壁空心管长柱轴心受压试验[J]．混凝土，2006(9)：31－34.

[136] 钱稼茹，刘明学．FRP－混凝土－钢双壁空心管短柱轴心抗压试验研究[J]．建筑结构学报，2008，29(2)：104－113.

[137] Wong Y L，Yu T，Teng J G，et al. Behavior of FRP-confined concrete in annular section columns[J]. Composites：Part B，2008，39(3)：451－466.

[138] Ahmad S H，Shah S P. Stress-strain curves of concrete confined by spiral reinforcement[J]. ACI Journal，1982，79(6)：484－490.

[139] ACICommittee 318. Building code requirements for structural concrete(ACI 318－02) and commentary(ACI 318R－02)[S]. American

Concrete Institute,Michigan,2002.

[140] Ottosen N S. Constitutive model for short-time loading of concrete[J]. Journal of the Engineering Mechanics Divison, ASCE, 1979, 105(EM1):127 - 141.

[141] Popovics S. A numerical approach to the complete stress-strain curve of concrete[J]. Cement and Concrete Research,1973,3(5):583 - 599.

[142] ANSYS Inc. ANSYS user's manual,revision 10. 0.

[143] 中华人民共和国国家标准．混凝土结构设计规范(GB50010—2002)[S],2002,4.

[144] Candappa D C, Sanjayan J G, Setunge S. Complete triaxial stress-strain curves of high-strength concrete[J]. Journal of Materials in Civil Engineering,ASCE,2001,13(3):209 - 215.

[145] 赵渠森．复合材料[M]. 北京:国防工业出版社,1979.

[146] Tsai S W,Wu E M. A general theory of strength for anisotropic materials[J]. Journal of Composite Materials,1971,5(1):58 - 80.

[147] 胡波,王建国．钢管与混凝土黏结-滑移相互作用的数值模拟[J]. 中国公路学报,2009,22(4):84 - 91.

[148] 胡波,王建国．FRP 约束混凝土柱的研究现状与展望[J]. 建筑科学与工程学报,2009,26(3):96 - 104.

致　谢

衷心感谢王建国老师在课题研究上对我的指导和支持，导师的言传身教将使我终身受益。

感谢段建中老师、王晓玲师母以及沈小璞老师一直以来在生活和学业上对我的关心。

感谢各位老师和同学的帮助。

感谢我的父亲和母亲。

胡　波

2015 年 3 月 1 日